水下结构物变可信度近似建模方法与应用

周 奇 程远胜 蒋 平 张锦岚 著

科 学 出 版 社
北 京

内 容 简 介

将人工智能技术与装备优化设计过程深度融合，形成耗时系统性能响应的快速预测已成为海洋防务装备重点发展方向之一。用于构建智能预测模型的变可信度近似建模技术在装备优化设计中的关注度日益上升。本书系统阐述了变可信度近似建模理论与方法及其在水下结构物设计中的应用，分为理论方法和工程应用两部分。理论方法部分（第 3～6 章）包含单输出/多输出场景下的变可信度近似建模方法、变可信度近似模型的序贯试验设计方法、变可信度近似模型预测不确定性量化方法，可为装备优化设计提供共性技术支撑；工程应用部分（第 7～9 章）包含典型头型结构空化流场特性预测、典型基座结构阻抗特性预测、变刚度加筋圆柱壳强度和总体稳定性预测等三个工程案例，为相关理论方法提供较好的应用验证。

本书可为机械工程、船舶与海洋工程等相关专业的研究人员提供参考，也可作为高等院校相关专业学生的辅导书籍。

图书在版编目（CIP）数据

水下结构物变可信度近似建模方法与应用 / 周奇等著. -- 北京 ：科学出版社, 2025. 6. -- ISBN 978-7-03-081189-9

Ⅰ. TU289-39

中国国家版本馆CIP数据核字第2025X26J18号

责任编辑：朱英彪　赵微微 / 责任校对：樊雅琼
责任印制：肖　兴 / 封面设计：有道文化

科学出版社出版
北京东黄城根北街 16 号
邮政编码: 100717
http://www.sciencep.com
北京中科印刷有限公司印刷
科学出版社发行　各地新华书店经销
*
2025 年 6 月第　一　版　开本：720 × 1000　1/16
2025 年 6 月第一次印刷　印张：16 1/2
字数：333 000

定价：138.00 元

（如有印装质量问题，我社负责调换）

前　言

水下结构物是复杂的大型工程装备，涉及结构、流体、声学、动力、电力等多个子系统，而每个子系统的性能仿真分析十分耗时，直接调用数值仿真模型的优化设计方法已无法满足水下结构物快速高效的设计需求。近似建模技术通过对数值仿真模型或物理试验进行近似替代，可有效缩短设计周期、降低设计成本。在近似建模过程中，若完全依赖于高精度分析模型，数值仿真的耗时或试验成本将令设计者望而却步；反之，若完全依赖于低精度分析模型，获得的近似模型通常很难反映复杂装备的真实特征。因此，近似建模需要平衡模型性能与建模成本之间的矛盾。随着人工智能技术的蓬勃发展，变可信度近似建模技术受到更多关注，其利用高/低精度分析模型的各自优势，使用较多的低精度分析模型样本点以降低计算复杂性，同时使用少量的高精度分析模型样本点来保证变可信度近似模型的预测性能，可有效平衡近似模型性能与建模成本之间的矛盾，在装备优化设计中展现出巨大的潜力。恰如美国航空航天局发布的《计算流体力学 2030 愿景：通往革命性计算航空科学之路》(*CFD Vision 2030 Study: A Path to Revolutionary Computational Aerosciences*) 中阐述的那样：变可信度近似模型需要长期研究，五年后可能仍是活跃的研究主题。

作者所在课题组经过十余年的研究，基本建立了耗时系统性能快速预测的变可信度近似建模理论与方法体系。在此基础上，课题组以水下结构物性能快速预测为应用对象，对取得的研究成果进行总结，形成本书。

全书共 9 章。第 1 章介绍变可信度近似模型的研究背景、关键技术、研究进展与工程应用现状；第 2 章介绍变可信度近似模型的基本理论及术语，为后续理论方法和工程应用的阐述提供必要的基础；第 3～6 章介绍变可信度近似建模的理论与方法，包括单输出场景下的变可信度近似建模方法、多输出场景下的变可信度近似建模方法、变可信度近似模型的序贯试验设计方法、变可信度近似模型预测不确定性量化方法；第 7～9 章分别就典型头型结构空化流场特性预测、典型基座结构阻抗特性预测及变刚度加筋圆柱壳强度和总体稳定性预测等三个工程案例开展理论与方法的应用验证。本书第 1、2 章由周奇、程远胜撰写，第 3～5 章由周奇撰写，第 6、7 章由蒋平撰写，第 8 章由程远胜撰写，第 9 章由张锦岚撰写。全书由周奇、程远胜、蒋平和张锦岚统稿和审校。

本书相关研究工作得到了国家重点研发计划项目（2023YFB3406900）、国家自然科学基金项目(52175231、52105254、52105256)、“十四五”装备预研共用技术项目、船舶总体性能创新研究开放基金项目(11322202)、国防科技工业海洋防务技术创新中心创新基金项目(JJ2021-719-02、JJ2021-719-03)等的资助。感谢课题组胡杰翔老师、钱家昌研究员、谢婷丽老师、舒乐时老师，以及邬宇达、林泉、余飞鹏、程吉、阮雄风、魏华、钟林君、彭玉童、程萌、易家祥、江璞玉、曾勇等研究生对本书工作的协助。

由于作者水平有限，书中难免存在不妥之处。如有任何意见和建议，敬请读者与作者联系(qizhou@hust.edu.cn)。

周　奇

2025 年 5 月

目　录

第1章 绪　论

1.1 变可信度近似模型的研究背景

水下结构物通常包含多个存在复杂耦合关系的部件或子系统，涉及结构、流体、声学、动力、电力等多个学科，其设计本质是多学科优化设计问题。随着计算机技术的飞速发展，各学科相继引入了各类先进的数值仿真分析工具，如结构学科的 Ansys、Abaqus 等，流体学科的 Fluent、CFX 等。数值仿真分析过程通常需要耗费巨大的时间成本，在进行优化设计过程中，通常需要多次直接调用数值仿真分析才能获得最优设计方案。这种优化设计的计算耗时无法满足快速高效的设计需求。在此背景下，近似模型/近似建模技术应运而生，迅速成为多学科优化设计的关键技术[1]，并被成功应用于军工装备的优化设计。常用的近似模型主要包括：多项式响应面(polynomial response surface, PRS)模型、径向基函数(radical basis function, RBF)模型、克里金(Kriging)模型、支持向量回归(support vector regression, SVR)模型、人工神经网络(artificial neural network, ANN)模型、移动最小二乘(moving least squares, MLS)曲线模型、多元自适应回归样条(multivariate adaptive regression splines, MARS)模型等。上述近似模型各有千秋，国内外学者从不同侧重面对近似模型的理论与方法及其工程应用情况进行了综述[2-11]。

在 21 世纪初的十年中，先进近似模型技术的发展以及基于伴随方法的最优形状设计技术的引入，使得计算流体动力学(computational fluid dynamics, CFD)技术可以用于飞机和燃气轮机组件的空气动力学优化，但使用高精度分析模型处理多学科优化设计问题仍旧属于高端技术，绝非常规做法[12]。在近似建模过程中，既不能完全依赖高精度分析模型，也不能完全依赖低精度分析模型。因此，近似建模需要平衡模型性能与建模成本之间的矛盾关系。在此背景下，变可信度近似建模方法被提出，其利用高/低精度分析模型的各自优势，有效平衡模型性能与建模成本之间的矛盾，在复杂装备优化设计中展现出了巨大潜力。图 1.1 总结了 2000～2023 年变可信度近似模型相关的文献发表量与引用热度。从图 1.1 中可以看出，变可信度近似模型及其在优化设计中的应用受到的关注度逐年递增。

与单精度近似模型相比，变可信度近似模型的预测性能和建模效率优势明显，其适用范围亟待进一步挖掘与拓宽。变可信度近似模型需要长期的研究，五年后可能仍是活跃的研究主题[13]。研究变可信度近似建模理论与方法，并将其应用于水下结构物性能快速预测具有重要的工程应用价值。

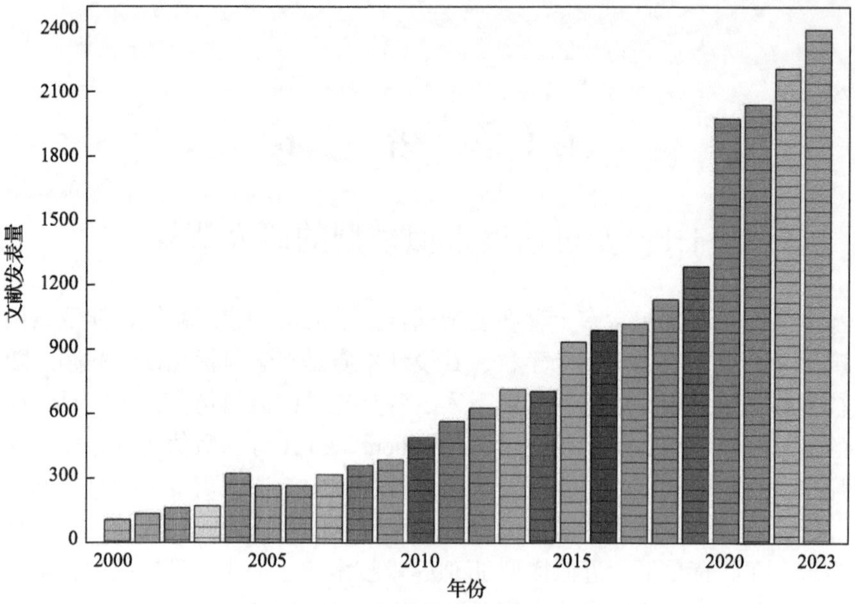

(a) 变可信度近似模型文献发表量

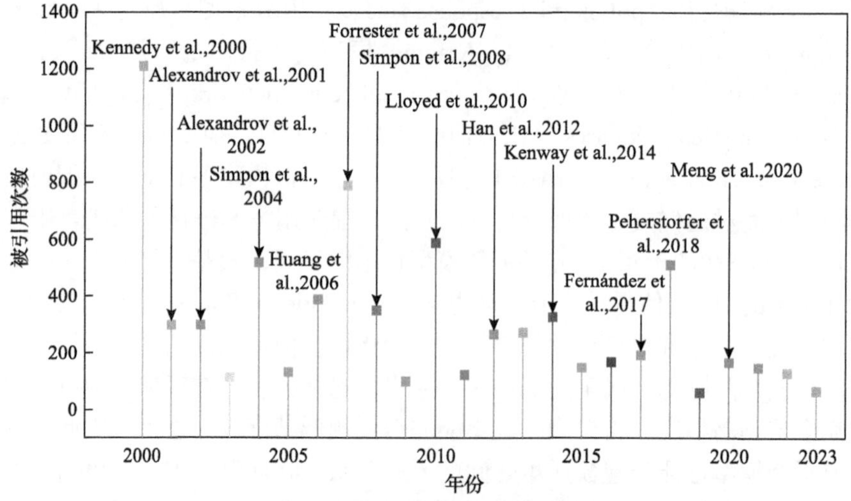

(b) 变可信度近似模型文献引用热度

图 1.1　2000～2023 年变可信度近似模型相关的文献发表量与引用热度

1.2　变可信度近似模型的关键技术

变可信度近似建模方法利用反映装备输出性能整体趋势的低精度分析模型样本点(下称低精度样本点)降低变可信度近似建模的计算复杂性，同时使用少量的高精度分析模型样本点(下称高精度样本点)保证变可信度近似模型的预测精度。如图 1.2 所示，变可信度近似建模过程主要包括以下四个核心步骤。

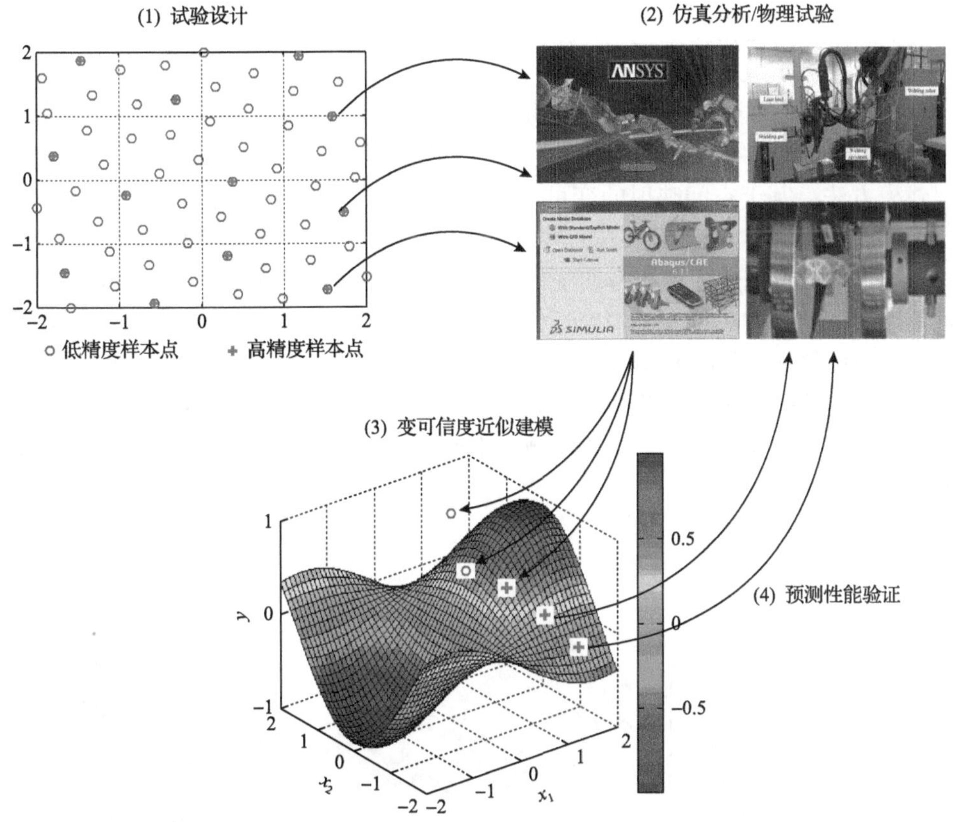

图 1.2 变可信度近似建模过程

(1)试验设计：试验设计是设计变量空间的抽样方法，这一步的关键问题是，在算力或费用受限制的条件下，如何布置设计空间内的样本点以获得尽可能多的装备输出性能特征。

(2)仿真分析/物理试验：在这一步，设计者通过计算机仿真或物理试验获得高/低精度分析模型在试验样本点处的输出响应。

(3)变可信度近似建模：这一步的关键问题是，如何有效融合高/低精度样本点构建变可信度近似模型。

(4)预测性能验证：变可信度近似模型辅助装备优化设计的前提是变可信度近似模型的预测精度能够满足设计者的使用要求。模型验证的目的即是检验变可信度近似模型的预测性能。

1.3　变可信度近似模型的研究进展

1.3.1　变可信度近似建模方法的研究进展

变可信度近似建模中所需解决的核心问题是如何有效融合高/低精度分析模型的数据。当前，变可信度近似建模方法主要包括三类：基于标度函数的变可信度近似建模方法、基于空间映射的变可信度近似建模方法、协同克里金(Co-Kriging)变可信度近似建模方法。通过对近年来的 135 篇变可信度近似模型的文献分析，三类变可信度近似建模方法占比统计及优缺点如图 1.3 所示。基于标度函数的变可信度近似建模方法是变可信度近似建模方法中最常用的方法，主要因为其概念直观且建模简洁，易被工程师接受；Co-Kriging 变可信度近似建模方法紧随其后，其优点在于能够提供非试验样本点处的预测误差；而基于空间映射的变可信度近似建模方法主要应用于电子工程领域。下面将对这三类方法的研究进展进行简要概述。

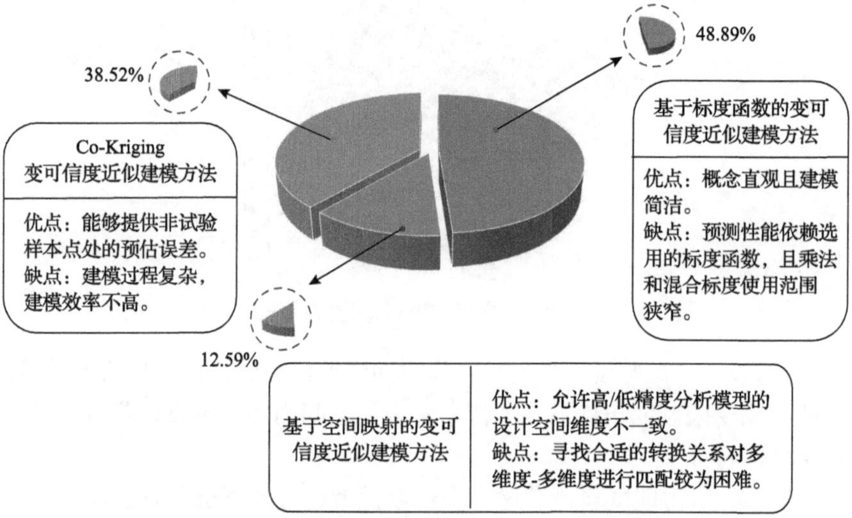

图 1.3　三类变可信度近似建模方法的占比统计及优缺点

1. 基于标度函数的变可信度近似建模方法

该方法建立高/低精度分析模型之间的标度函数(加法函数、乘法函数或混合函数)，将标度函数和低精度分析模型融合以构建变可信度近似模型。基于标度函数的变可信度近似建模方法既可用于构建局部近似模型，也可用于构建全局近似模型。高精度样本点数量有限，因此通常基于标度函数构建的变可信度近似模型的预测性能主要取决于标度函数。表 1.1 总结了文献中标度函数的类型及对应的近似模型的类型。由表 1.1 可以看出，Kriging 模型的文献远超其他类型。这主要归因于 Kriging 模型在建模中具有如下特点和优势[14-18]：①Kriging 模型属于插值类近似模型，即模型经过所有试验样本点，这对于确定性仿真是非常有必要的；②即使输出响应值存在噪声，Kriging 模型仍可通过其本身具有的建模机制(块金效应或误差项)进行插值拟合；③通常待拟合的函数为黑箱函数，即函数的内在特性无法获知，而 Kriging 模型对大多数函数类型适应性良好；④作为一种高斯过程模型，Kriging 模型能够集成不同设计阶段的数据，包括设计者获得的先验信息；⑤Kriging 模型能够提供非试验样本点处的预测误差，这一特征在有限样本点条件下对于获取近似模型的预测性能格外重要。

表 1.1 文献中标度函数的类型及对应的近似模型的类型

标度方法	PRS	RBF	Kriging	SVR	ANN
加法标度	[19-27]	[28-30]	[30-46]	[30, 47, 48]	[49]
乘法标度	[19, 24, 50-56]	—	[57, 58]	—	—
混合标度	[59]	[60, 61]	[25, 62-68]	—	—

2. 基于空间映射的变可信度近似建模方法

寻找合适的转换函数，将高精度分析模型的设计变量空间映射到低精度分析模型的设计变量空间(输入-输入空间映射)，或将低精度分析模型的输出空间映射到高精度分析模型的输出空间(输出-输出空间映射)，是该方法构建变可信度近似模型的基础。基于输入-输入空间映射的变可信度近似建模方法的主要优点是允许高/低精度分析模型的设计空间维度不一致，该方法主要用于电子工程领域[69,70]。由于装备优化设计问题通常属于多维度问题，所以在输入-输入空间映射过程中，寻找合适的转换关系对多维度-多维度进行匹配较为困难，这无疑制约了其在装备优化设计领域的应用。基于输出-输出空间映射的变可信度近似建模方法的主要优点是对于输入空间维度较高且高精度样本点稀缺的问题，通常也能得到较高的预测精度。值得说明的是，该方法在高/低精度样本点嵌套时会得到较好的效果。

3. Co-Kriging 变可信度近似建模方法

Co-Kriging 变可信度近似建模方法基于贝叶斯(Bayesian)理论，以低精度分析模型为趋势，通过对高精度样本点进行插值，构建变可信度近似模型。Co-Kriging 模型起源于地质统计学领域，后由 Kennedy 等[71]首次应用于融合高/低精度分析模型的数据。Co-Kriging 模型作为 Kriging 模型的拓展，继承了 Kriging 模型特有的优点。当前应用较为广泛的 Co-Kriging 建模方法主要包括：Kennedy-O'Hagan

(KOH)模型[71]、Qian Co-Kriging(Qian-CK)模型[72]、递归 Co-Kriging(recursive Co-Kriging，RCK)模型[73]、层次 Kriging(hierachical Kriging，HK)模型[74]。除了从高/低精度分析模型数据融合方式上开展 Co-Kriging 建模方法的研究，当前对 Co-Kriging 建模方法的延伸性探索主要集中在以下两方面。

(1)提高 Co-Kriging 模型的建模效率：Han 等[75]提出简化 Co-Kriging 模型相关矩阵计算过程的方法，该方法中 Co-Kriging 模型的超参数计算复杂度与传统 Kriging 模型相当；Zimmermann 等[76]引入辅助变量对 Co-Kriging 模型相关矩阵进行表达，极大降低了 Co-Kriging 模型中待估超参数的数量；Bertram 等[77]提出 Co-Kriging 模型中协方差矩阵和极大似然估计理论问题的解决方案；卢月明等[78]采用主成分分析方法对输入变量进行降维，显著降低了 Co-Kriging 模型的计算复杂度和预测误差。

(2)拓展 Co-Kriging 模型的应用场景：Yamazaki 等[79]在 Han 等[75]的工作基础上，将可融合的分析模型精度拓展为三层；Xiao 等[80]将传统的两层 Co-Kriging 模型扩展到多层 Co-Kriging 模型；Han 等[81]对两层 HK 模型进行拓展，拓展后的 HK 模型可用于融合来源于多层精度分析模型的数据；Rokita 等[82]将本征正交分解用于对多精度分析模型的多输出响应降维，提出可用于高维输出响应的 Co-Kriging 模型；为有效处理高/低精度样本点非对称问题，Liu 等[83]将 Co-Kriging 模型分解为全局趋势项和局部差异项，同时在局部差异项中引入权重系数以利用高/低精度模型相似度信息；Zaytsev 等[84,85]提出一种可用于大数据的 Co-Kriging 模型；为了融合非层次型精度分析模型数据，Chen 等[86]提出三种基于多输出高斯过程的 Co-Kriging 模型；考虑到低精度分析模型提供的响应趋势不准将对变可信度近似模型的精度产生负面影响，Perdikaris 等[87]提出了非线性 Co-Kriging 模型。

除了上述方法，其他变可信度近似建模方法在装备优化设计中也有应用，如基于神经网络的方法，感兴趣的读者可参阅文献[88]和[89]。

1.3.2 变可信度近似模型试验设计的研究进展

变可信度近似模型的试验设计所需要解决的核心问题是如何在设计空间中布置高/低精度样本点，为构建变可信度近似模型提供合理、有效的数据。试验设计方法可以分为两类：①一次性试验设计方法，即一次性获得所有高/低精度样本点构建变可信度近似模型；②序贯试验设计方法，即初始选定少量均匀分散在整个设计空间的高/低精度样本点，序贯过程中通过已有样本点数据信息来指导试验设计过程。

1. 一次性试验设计方法

变可信度近似模型的一次性试验设计方法是指将所有可用资源一次性用于获

得所有样本点，以构建变可信度近似模型。根据变可信度近似模型对高/低精度样本点关系的限定，可分为高/低精度样本点嵌套和非嵌套两种，即高精度样本点是否为低精度样本点的子集，如图 1.4 所示。

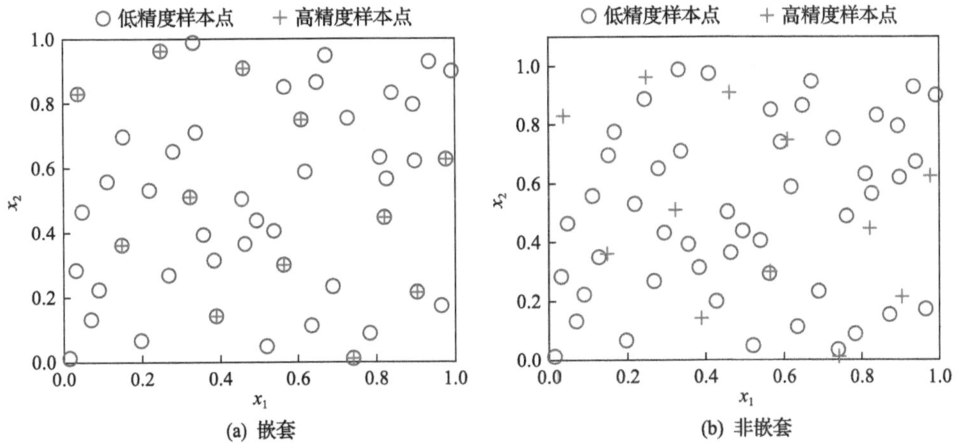

图 1.4 嵌套与非嵌套样本点集示意

(1)高/低精度样本点嵌套：有一些变可信度近似模型(如 KOH 等)要求高/低精度样本点满足嵌套关系，即 $X^{\mathrm{h}} \subset X^{\mathrm{l}}$。为了生成嵌套的高/低精度样本点，一般有三种处理方法：①采用传统试验设计方法独立生成高/低精度样本点，然后通过对高/低精度样本点平移满足嵌套关系[96-98]。例如，Le Gratiet[96]提出最近邻域采样方法，该方法通过优化拉丁超立方试验设计分别生成高/低精度样本点，然后将距离各个高精度样本点最近的低精度样本点平移至高精度样本点处，以保证高/低精度样本点嵌套。②采用传统试验设计方法生成低精度样本点，然后通过空间填充准则在低精度样本点中选取子集作为高精度样本点[99,100]。例如，Yi 等[99]基于连续局部枚举和改进的全局和声搜索算法从低精度样本点中根据最大最小距离准则确定高精度样本点的位置；Balabanov 等[100]采用复合设计生成低精度样本点，随后按照 D-最优准则在低精度样本点集中选出高精度样本点集；Qian 等[101]结合伽罗瓦域和正交阵列构建基于正交阵列以及基于空间填充的嵌套样本点；Qian[102]基于特殊随机排列提出一种嵌套拉丁超立方设计，该设计易于满足任意设计变量及样本点数量的场景；Rennen 等[103]提出基于最大最小距离准则的嵌套拉丁超立方试验设计方法，展示了三种不同类型的嵌套网格设计，具有良好的空间填充特性。③对优化拉丁超立方试验设计方法进行改进，并列生成嵌套的高/低精度样本点[104-106]。例如，Tsai[104]提出一种新的嵌套正交阵列——平行-平面型嵌套正交阵列，用于生成具有两级精度的嵌套样本点，并提出了一种启发算法用于中小规模试验的设计；Qian[105]提出一种特殊的拉丁超立方试验设计，称为切片拉丁超立方设计，每个切片都是一个小的拉丁超立方设计，可用于输入变量个数不确定的嵌套试验设计；He 等[106]基于正交阵列提出一种同时生成高/低精度样本点的嵌套拉丁超立方试验设计方法，该方法相比于 Qian[102]提出的嵌套拉丁超立方试验设计方法有着更好的空间填充性。

(2) 高/低精度样本点非嵌套：一般而言，传统的试验设计方法，如正交设计(orthogonal design)[90]、拉丁超立方设计(Latin hypercube design, LHD)[91]、均匀设计(uniform design, UD)[92]、最大最小设计(maximin/minimax design, MMD)[93]等均可直接用于生成非嵌套高/低精度样本点。有关传统试验设计方法的研究综述，感兴趣的读者可参阅文献[94]和[95]。

2. 序贯试验设计方法

相比一次性试验设计方法，序贯试验设计方法旨在充分利用建模过程中获得的数据信息(如高/低精度分析模型之间的相关信息、差异信息等)指导变可信度近似模型样本点的选取。典型的变可信度近似模型序贯试验设计方法遵循以下步骤，如图 1.5 所示。

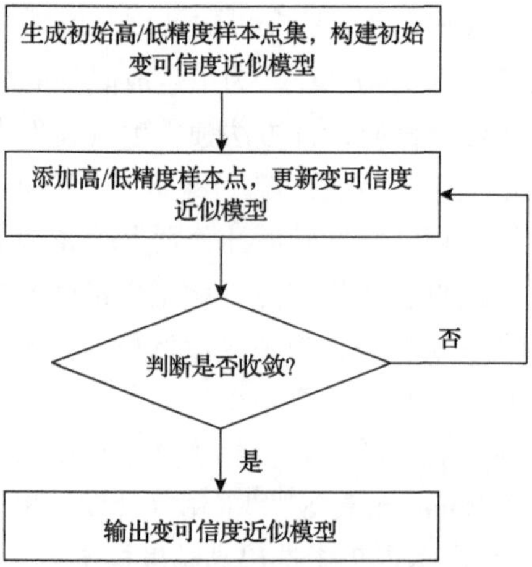

图 1.5 变可信度近似模型序贯试验设计方法步骤

步骤 1：生成初始高/低精度样本点集，获取高/低精度分析模型的响应值，构建初始变可信度近似模型。

步骤 2：根据特定的准则，添加高/低精度样本点，同时更新变可信度近似模型。

步骤 3：根据设定的收敛准则，判断序贯更新过程是否结束。若满足收敛准则，则输出当前变可信度近似模型；反之，则返回继续执行步骤 2。

变可信度近似模型的序贯试验设计方法的核心在于步骤 2：选择高/低精度样本点用于序贯更新变可信度近似模型。这也是不同的序贯试验设计方法的主要区别。当前，针对下面两种场景，研究者相继开展了一些工作。

(1)低精度样本点的获取成本相较于高精度样本点可忽略。在这种场景下，因大量低精度样本点可应用于构建变可信度近似模型，则序贯更新变可信度近似模型仅需考虑高精度样本点的空间位置分布。Xiong 等[107]提出一种序贯嵌套拉丁超立方试验设计方法，该方法根据交叉验证误差准则序贯更新高/低精度样本点；Cai 等[89]提出一种基于泰森多边形法和交叉验证的自适应试验设计方法用于对高精度样本点集更新；Zhou 等[108]提出加权累计误差准则用于追踪高/低精度模型差异变化非光滑的区域，同时引入距离惩罚避免高精度样本点积聚；Benamara 等[109]在本征正交分解的变可信度框架的基础上，提出一种改进的投影误差准则，依据该准则序贯更新变可信度近似模型；Xia 等[110]将验证点按照变可信度近似模型的预测方差由大到小排序，并逐次用于更新变可信度近似模型；Elsayed[111]通过最大化近似模型的预测方差获得高精度样本点，用于序贯更新变可信度近似模型。通常来讲，单精度近似模型的序贯试验设计方法均可直接拓展应用于该场景。感兴趣的读者可参阅文献[3]、[112]～[114]，了解单精度近似模型的序贯试验设计方法的研究现状。

(2)低精度样本点的获取成本相较于高精度样本点不可忽略。在这种场景下，序贯更新变可信度近似模型除了需要考虑高精度样本点的空间位置，还需考虑低精度样本点的空间位置及高/低精度样本点的获取成本比率 q 。Le Gratiet 等[115]在迭代过程中通过最大化积分均方预测方差的减少量 $\mathrm{IMSE}_{\mathrm{red}}(x)$ ，以获得潜在的高/低精度样本点 $x^{\mathrm{h},*}$ 和 $x^{\mathrm{l},*}$ ，然后建立高/低精度样本点对 $\mathrm{IMSE}_{\mathrm{red}}(x)$ 贡献的判断准则，若设计点 x^* 处高/低精度 $\mathrm{IMSE}_{\mathrm{red}}(x)$ 满足关系 $\mathrm{IMSE}_{\mathrm{red}}^{\mathrm{h}}(x^*) > q\mathrm{IMSE}_{\mathrm{red}}^{\mathrm{l}}(x^*)$ ，则更新高精度样本点 $x^{\mathrm{h},*}$ ，反之则仅添加低精度样本点 $x^{\mathrm{l},*}$ ；Pellegrini 等[116]在迭代过程中最大化变可信度近似模型的预测方差（$s_{\mathrm{m}}^2 = s_{\mathrm{l}}^2(x) + s_{\delta}^2(x)$）获得潜在的样本点 x^* ，在此基础上，比较标度函数预测方差 $s_{\delta}^2(x^*)$ 与 q 倍的低精度近似模型的预测方差 $qs_{\mathrm{l}}^2(x^*)$ 的大小，若 $s_{\delta}^2(x^*) > qs_{\mathrm{l}}^2(x^*)$ ，则同时将高/低精度样本点 $x^{\mathrm{h},*}$ 和 $x^{\mathrm{l},*}$ 用于更新变可信度近似模型，反之则仅添加低精度样本点 $x^{\mathrm{l},*}$ ；考虑到在给定计算资源下，高/低精度样本点的分配比对变可信度近似模型的预测性能有重要影响，Zhou 等[33]在迭代过程中首先最大化变可信度近似模型的预测方差，分别获得潜在的高精度样本点 $x^{\mathrm{h},*}$ 及等成本的 q 个低精度样本点 $x_1^{\mathrm{l},*}, x_2^{\mathrm{l},*}, \cdots, x_q^{\mathrm{l},*}$ ，然后，通过提出的高/低精度预测提高水平准则判断更新高精度样本点或 q 个低精度样本点来同时达到高/低精度样本点最优空间位置和资源分配比；Ghosh 等[34]在迭代过程中以最大化预测均方差/单位成本$\left(s_{\mathrm{l}}(x), s_{\delta}(x)/q\right)$获得潜在的样本点 x^* ，随后比较标度函数预测均方差 $s_{\delta}(x)/q$ 与低精度近似模型的预测均方差 $s_{\mathrm{l}}(x^*)$ 的大小，若

$s_{\delta}(x)/q > s_{1}(x^{*})$，则添加高精度样本点 $x^{\mathrm{h},*}$，反之则添加低精度样本点 $x^{\mathrm{l},*}$，该方法借助 Believer 策略，可分别求解潜在的高/低精度样本点。

变可信度近似模型序贯试验设计方法的收敛准则有两种：①变可信度近似模型的精度达到预设要求[89,107,109-111,117]；②用于获取高/低精度样本点的资源达到许用上限[34,35,47,107,115,118]。这两种准则也用于衡量序贯试验设计方法的优劣性，即在变可信度近似模型满足预设要求精度的情况下，哪种序贯试验设计方法所需的总资源最少；在有限的总资源下，哪种序贯试验设计方法的变可信度近似模型精度最高。

值得说明的是，初始样本点数量会影响序贯试验设计方法的最终效果。与传统单精度近似模型序贯采样方法类似，过少的初始高/低精度样本点使初始模型精度不高，误差预测不准，可能导致序贯过程前期样本点的浪费；反之，过多的初始样本点数据使可允许的序贯高/低精度样本点数量下降，可能导致序贯过程起不到明显的作用。通常，合适的初始样本点数量与当前所要解决的问题维度和复杂度、现有的计算资源及采用的变可信度建模方法密切相关。当前对初始样本点数量的选取研究较少且无统一定论。结合传统单精度近似模型序贯采样方法中对初始样本点数量的讨论[119-122]和作者的经验，这里建议：①若收敛准则要求变可信度近似模型的精度达到预设值，则以问题的设计空间维度 d 作为样本点数量选取依据(高精度样本点数量为 $5d$，低精度样本点数量随着模型精度降低，依次以两倍的高精度数量递增)；②若对总资源有限定，则建议选取 40%～60%的总资源用于获取初始样本点集。

1.3.3　变可信度近似模型预测不确定性量化的研究进展

利用数量有限样本点构建的近似模型不可避免地具有预测不确定性。在装备优化设计过程中若忽略近似模型预测不确定性的影响，可能会导致优化设计方案位于不可行域内[123]。因此，将近似模型应用于装备优化设计前须评估所构建近似模型的预测不确定性大小，以使设计更加可靠。近似模型的预测不确定性量化主要通过计算不确定性量化指标来完成。目前，常用的近似模型不确定性量化指标有均方误差(mean square error, MSE)、留一(leave-one-out, LOO)误差、自举(bootstrap)误差、均方根误差(root mean square error, RMSE)等。这些指标有多种分类方式。例如，按照针对目标区域的不同可将其分为全局指标和局部指标两类；按照是否需要额外仿真可分为依赖于额外验证点的指标和不依赖于额外验证点的指标等。本书将指标按照其在工程设计中应用目的的不同分为四类。

(1)识别输入空间中预测误差较大的区域，作为近似模型的细化定位重点区域。Liu 等[122]提出以 Kriging 预测方差为局部指标，交叉验证误差为全局指标，同时采用一个动态平衡因子平衡采样过程中的局部开采与全局勘探，方法的效果通过基准测试算例进行验证，结果表明该方法在同等仿真成本下具有较高的建模精度；Eason 等[123]提出一种考虑空间填充特性的自适应采样方法，这种方法采用刀切法建立子集，构造近似模型，估计响应的方差，具有较大预测方差的点被选作序贯样本点；Boopathy 等[124]提出将最大绝对差异(maximum absolute discrepancy, MAD)和均方根差异(root mean square discrepancy, RMSD)作为近似模型的全局和局部指标，通过测试发现这两个指标与实际平均绝对误差(mean absolute error, MAE)和 RMSE 值有很好的一致性，同时该指标被应用于建模样本点的选择过程，建模结果优于依赖拉丁超立方采样方法所得到的样本点。

(2)全面评估所构建近似模型的预测精度。Jin 等[125]使用自相关系数(R^2)、相对平均绝对误差(relative average absolute error, RAAE)、相对最大绝对误差(relative maximum absolute error, RMAE)评估四种近似模型性能，发现 RBF 模型在小样本点且样本点分布稀疏的情况下效果较好。Willmott 等[126]比较 RMSE 和 MAE 的性能，得出反映模型平均误差时，MAE 是比 RMSE 更自然的误差指标。Chai 等[127]认为在模型误差服从正态分布的情况下，RMSE 的性能优于 MAE。Zhou 等[33]在基于低精度近似模型和高/低精度分析模型之间差异模型预测方差的自适应建模方法中，利用预测方差在一系列点上的均值来表示所构建近似模型的预测精度。

(3)组合近似模型中，确定各组合模型的最优权重。Viana 等[128]讨论了融合预测残余方差和(predicted residual sum of squares, PRESS)与 RMSE 的指标 PRESS-RMSE 进行模型选择的性能，发现 PRESS-RMSE 在有充足样本点的情况下能很好地筛选预测性能较差的近似模型。Goel 等[129]使用广义均方误差(general mean square error, GMSE)作为全局指标计算基于 PRS、Kriging 和 RBF 的组合近似模型的权重，并利用一种启发式框架将各种近似模型在所有样本点处的误差考虑进来。Acar 等[130]同样建议使用 GMSE 作为组合模型的全局指标，但是他们通过最小化整体 GMSE 计算组合近似模型的最优权重而不是各近似模型在每个样本点处的精度。除了应用全局指标，Sanchez 等[131]提出使用预测方差作为局部指标，得到的各组合模型权重在整个设计空间内是不断变化的。此外，Acar[132]提出使用各点处的交叉验证误差代替预测方差作为局部指标。通过具有不同特性的问题进行测试，发现基于这两种指标的组合模型建模方法具有相同的性能。

(4)当有多个近似模型可供选择时，根据指标选取精度最高的近似模型。Goel 等[133]采用 RMSE、PRESS 和平均逐点交叉验证误差率(mean pointwise cross-validation error ratio, PRESS-ratio)来选择最佳 RBF 网络结构，利用 R^2、RMSE 和 MAE 来估计所构建近似模型的精度。结果表明基于 PRESS 指标选择最佳 RBF 网络结构有最稳定的结果，基于 PRESS-ratio 的选择方法效果相对较好，但这种方法对样本点的分布较为敏感。Mao 等[134]提出一种新的交叉验证方法用来构造最优多维支持向量回归模型，以提升其在多输入多输出问题中的预测性能。相比于传统 LOO 方法，Mao 等所提出的方法更加高效稳定，并通过两个算例从泛化性能、数值稳定性和计算成本几个方面说明了该方法的优越性。虽然 LOO 方法在模型选择中较为常见[135-138]，但其在模型选择时并不总为最佳选择。Gronau 等[138]讨论了贝叶斯交叉验证方法在模型选择中的局限性。

1.4 变可信度近似模型的工程应用现状

变可信度近似模型已广泛应用于航空航天、船舶、汽车、装备加工制造、电子电器等工程领域。低精度分析模型的选取是否恰当是变可信度近似模型在工程应用中能否达到理想效果的一个重要因素。高/低精度分析模型实则是一个相对的概念，它们是对同一复杂装备在不同复杂程度条件下的描述。低精度分析模型通常由高精度分析模型简化处理得来。表 1.2～表 1.7 总结了高/低精度分析模型在航空航天领域、船舶领域、汽车领域、加工领域、电子电器领域的应用情况。

表 1.2 航空航天领域采用的不同精度分析模型(1)

类别	不同精度分析模型及文献汇总
维度	3D panel/Area-rule[46], 2D/3D[139]
仿真求解器	Cart3D/Linearized panel[36], VLM/VRM[140], BLFP/RANS[141], AVL/AADL-3D[37], RANS/XFOIL[42], ADSP/AADL-3D[60], FUN2D/Vortex panel[142], Cart3D/Modified Newtonian[143], BEMT/RANS[144], HOST/elsA[145], ASWING/VABS[146], RANS/ADSP[147], AVL/Euler[148], STAGS-A/ BOCS[149]
粗网络/细网络	[50], [64], [66], [67], [74], [75], [79], [150]～[153]
仿真/试验	[23], [116], [154]
半收敛/收敛	[69]
稳态/瞬态	[155], [156]

表 1.3 航空航天领域采用的不同精度分析模型(2)

参考文献	解析法	经验法	线下法	欧拉法	雷诺平均方程法
[70]	低	—	高	—	—
[21], [157]	低	—	—	高	—
[82], [158]	低	—	—	—	高
[159], [160]	—	低	—	—	高

续表

参考文献	解析法	经验法	线下法	欧拉法	雷诺平均方程法
[37]	—	—	低	—	高
[29], [36]	—	—	低	高	—
[39], [49], [64], [66], [74], [75], [79], [161]～[163]	—	—	—	低	高

表 1.4 船舶领域采用的不同精度分析模型

类别	不同精度分析模型
分析公式	简化/非简化[57,164]
粗网络/细网络	粗/细[165-170]
维度	2D/3D[171]
仿真求解器	k-Epsilon/SST k-ω[166]
近似模型/仿真模型	近似/仿真[172,173]

表 1.5 汽车领域采用的不同精度分析模型

类别	不同精度分析模型
分析公式	简化/非简化[174]
粗网络/细网络	粗/细[24]
仿真求解器	一步求解器/增量求解器[26,175,176]

表 1.6 加工领域采用的不同精度分析模型

类别	参考文献
分析模型/仿真模型	[177]
仿真/试验	[178], [179]

表 1.7 电子电器领域采用的不同精度分析模型

类别	参考文献
维度	[110], [180]
粗网络/细网络	[181], [182]

从表 1.2 中可以得出，复杂装备优化设计中常用的简化方式主要有：①简化物理模型的描述，通过简化需要求解的微分方程/物性条件来获取低精度分析模型；②对物理模型降维处理，采用与高维度对应的低维度模型来获取装备的性能；③改变模型的离散化程度，采用粗糙的有限元网格简化精细化加密的有限元网格；④简化装备性能的获取方式，采用计算机仿真作为物理试验的简化；

⑤减少迭代次数，采用半收敛结果作为低精度模型。由表 1.3 可知，复杂装备优化设计中具体数值模拟方法的精度从低到高分别有解析法、经验法、线下法、欧拉法和雷诺平均方程法。

1.5 本书主要内容

本书系统阐述了变可信度近似建模理论及其在水下结构物设计中的应用。全书共 9 章，其中第 1 章为绪论，第 2 章为基本理论及术语，第 3～6 章介绍变可信度近似建模的理论与方法，第 7～9 章为水下结构物设计应用案例。具体安排和介绍如下。

第 1 章介绍变可信度近似模型的研究背景，分析其关键技术，介绍其理论和工程应用研究进展，同时给出本书的总体研究思路和组织结构。

第 2 章介绍变可信度近似模型涉及的基本理论及术语，包括试验设计方法、变可信度近似模型及模型预测精度评价指标，为后续理论方法和工程应用的阐述提供必要的基础。

第 3 章介绍单输出场景下变可信度近似建模方法，包括基于标度函数的变可信度近似建模方法、基于空间映射的变可信度近似建模方法以及 Co-Kriging 变可信度近似建模方法。

第 4 章分析多输出场景下构建变可信度近似模型的挑战，发展一种可有效利用输出之间相关性数据信息的变可信度近似建模方法。

第 5 章介绍典型的变可信度近似模型的序贯试验设计方法，针对低精度分析模型成本可忽略和不可忽略两种情形，分别发展基于加权累积误差准则的序贯试验设计方法和基于预测精度提高水平的序贯试验设计方法。

第 6 章介绍常用的四种不依赖额外验证点的不确定性量化指标，分析这四种不确定性量化指标的预测效果，在此基础上发展一种基于组合加权平均的变可信度近似建模方法。

第 7 章介绍典型头型结构类型及空化机理，分析不同头型和来流条件下的空化流场特性，将变可信度近似模型应用于空化特性预测。

第 8 章介绍典型基座结构类型及阻抗计算方法，针对基座阻抗特性提出基于凸多边形技术的基座阻抗处理方法，将变可信度近似建模方法应用于基座阻抗特性预测，同时讨论不同低精度分析模型对预测性能的影响。

第 9 章介绍变刚度加筋圆柱壳强度与稳定性理论分析，建立变刚度加筋圆柱壳强度与稳定性有限元模型，将变可信度近似建模方法应用于变刚度加筋圆柱壳强度与稳定性的变可信度近似模型预测，同时讨论基于等刚度理论和基于变刚度有限元粗网格两种不同低精度分析模型对预测性能的影响。

参考文献

[1] Wang G G, Shan S. Review of metamodeling techniques in support of engineering design optimization[J]. Journal of Mechanical Design, 2007, 129(4): 370-380.

[2] Bhosekar A, Ierapetritou M. Advances in surrogate based modeling, feasibility analysis, and optimization: A review[J]. Computers & Chemical Engineering, 2018, 108: 250-267.

[3] Liu H T, Ong Y S, Cai J F. A survey of adaptive sampling for global metamodeling in support of simulation-based complex engineering design[J]. Structural and Multidisciplinary Optimization, 2018, 57(1): 393-416.

[4] 龙腾, 刘建, Wang G G, 等. 基于计算试验设计与代理模型的飞行器近似优化策略探讨[J]. 机械工程学报, 2016, 52(14): 79-105.

[5] 韩忠华. Kriging 模型及代理优化算法研究进展[J]. 航空学报, 2016, 37(11): 3197-3225.

[6] Chatterjee T, Chakraborty S, Chowdhury R. A critical review of surrogate assisted robust design optimization[J]. Archives of Computational Methods in Engineering, 2019, 26(1): 245-274.

[7] Stork J, Friese M, Zaefferer M, et al. Open issues in surrogate-assisted optimization[M]//Bartz-Beielstein T, Filipič B, Korošec P, et al. High-Performance Simulation-Based Optimization. Cham: Springer International Publishing, 2020: 225-244.

[8] Forrester A I J, Keane A J. Recent advances in surrogate-based optimization[J]. Progress in Aerospace Sciences, 2009, 45(1-3): 50-79.

[9] Viana F A C, Gogu C, Haftka R T. Making the most out of surrogate models: Tricks of the trade[C]. ASME International Design Engineering Technical Conferences and Computers and Information in Engineering Conference, Montreal, 2010: 587-598.

[10] Garud S S, Karimi I A, Kraft M. Design of computer experiments: A review[J]. Computers & Chemical Engineering, 2017, 106(1): 71-95.

[11] Zhang J, Chowdhury S, Zhang J, et al. Adaptive hybrid surrogate modeling for complex systems[J]. American Institute of Aeronautics and Astronautics Journal, 2013, 51(3): 643-656.

[12] Slotnick J, Khodadoust A, Alonso J, et al. CFD vision 2030 study: A path to revolutionary computational aerosciences[R]. NASA CR-2014-218178, 2014.

[13] Slotnick J P, Khodadoust A, Alonso J J, et al. Enabling the environmentally clean air transportation of the future: A vision of computational fluid dynamics in 2030[J]. Philosophical Transactions Series A, Mathematical, Physical, and Engineering Sciences, 2014, 372(2022): 20130317.

[14] Li M. An improved Kriging-assisted multi-objective genetic algorithm[J]. Journal of Mechanical Design, 2011, 133(7): 071008.

[15] Han Z H, Zhang Y, Song C X, et al. Weighted gradient-enhanced Kriging for high-dimensional

surrogate modeling and design optimization[J]. American Institute of Aeronautics and Astronautics Journal, 2017, 55(12): 4330-4346.

[16] Mehdad E, Kleijnen J P C. Classic Kriging versus Kriging with bootstrapping or conditional simulation: Classic Kriging's robust confidence intervals and optimization[J]. Journal of the Operational Research Society, 2015, 66(11): 1804-1814.

[17] Kleijnen J P C. Kriging metamodeling in simulation: A review[J]. European Journal of Operational Research, 2009, 192(3): 707-716.

[18] Wang H, Chen L, Li E Y. Time dependent sheet metal forming optimization by using Gaussian process assisted firefly algorithm[J]. International Journal of Material Forming, 2018, 11(2): 279-295.

[19] Sharma A, Gogu C, Martinez O, et al. Multi-fidelity design of an integrated thermal protection system for spacecraft reentry[C]. 49th AIAA/ASME/ASCE/AHS/ASC Structures, Structural Dynamics, and Materials Conference, Schaumburg, 2008: 2062-2074.

[20] Palar P S, Tsuchiya T, Parks G T. Multi-fidelity non-intrusive polynomial chaos based on regression[J]. Computer Methods in Applied Mechanics and Engineering, 2016, 305: 579-606.

[21] Viana F A C, Steffen V, Butkewitsch S, et al. Optimization of aircraft structural components by using nature-inspired algorithms and multi-fidelity approximations[J]. Journal of Global Optimization, 2009, 45(3): 427-449.

[22] Marduel X, Tribes C, Trépanier J Y. Variable-fidelity optimization: Efficiency and robustness[J]. Optimization and Engineering, 2006, 7(4): 479-500.

[23] Tao J, Sun G. Application of deep learning based multi-fidelity surrogate model to robust aerodynamic design optimization[J]. Aerospace Science and Technology, 2019, 92: 722-737.

[24] Sun G Y, Li G Y, Stone M, et al. A two-stage multi-fidelity optimization procedure for honeycomb-type cellular materials[J]. Computational Materials Science, 2010, 49(3): 500-511.

[25] Gano S E, Agarwal H, Renaud J E, et al. Reliability-based design using variable-fidelity optimization[J]. Structure and Infrastructure Engineering, 2006, 2(3-4): 247-260.

[26] Sun G Y, Li G Y, Li Q. Variable fidelity design based surrogate and artificial bee colony algorithm for sheet metal forming process[J]. Finite Elements in Analysis and Design, 2012, 59: 76-90.

[27] Fernández-Godino M G, Dubreuil S, Bartoli N, et al. Linear regression-based multifidelity surrogate for disturbance amplification in multiphase explosion[J]. Structural and Multidisciplinary Optimization, 2019, 60(6): 2205-2220.

[28] Song X G, Lv L Y, Sun W, et al. A radial basis function-based multi-fidelity surrogate model: Exploring correlation between high-fidelity and low-fidelity models[J]. Structural and Multidisciplinary Optimization, 2019, 60(3): 965-981.

[29] March A, Willcox K. Provably convergent multifidelity optimization algorithm not requiring high-fidelity derivatives[J]. American Institute of Aeronautics and Astronautics Journal, 2012, 50(5): 1079-1089.

[30] Zhou Q, Shao X, Jiang P, et al. Differing mapping using ensemble of metamodels for global variable-fidelity metamodeling[J]. Computer Modeling in Engineering & Sciences, 2015, 106(5): 323-355.

[31] Zheng J, Shao X, Gao L, et al. A hybrid variable-fidelity global approximation modelling method combining tuned radial basis function base and Kriging correction[J]. Journal of Engineering Design, 2013, 24(8): 604-622.

[32] Xiong Y, Chen W, Tsui K L. A new variable-fidelity optimization framework based on model fusion and objective-oriented sequential sampling[J]. Journal of Mechanical Design, 2008, 130(11): 111401.

[33] Zhou Q, Wang Y, Choi S K, et al. A sequential multi-fidelity metamodeling approach for data regression[J]. Knowledge-Based Systems, 2017, 134: 199-212.

[34] Ghosh S, Kristensen J, Zhang Y M, et al. A strategy for adaptive sampling of multi-fidelity Gaussian process to reduce predictive uncertainty[C]. International Design Engineering Technical Conferences and Computers and Information in Engineering Conference, Anaheim, 2019.

[35] Zhou Q, Shao X Y, Jiang P, et al. An active learning metamodeling approach by sequentially exploiting difference information from variable-fidelity models[J]. Advanced Engineering Informatics, 2016, 30(3): 283-297.

[36] March A, Willcox K. Constrained multifidelity optimization using model calibration[J]. Structural and Multidisciplinary Optimization, 2012, 46(1): 93-109.

[37] Lee D, van Nguyen N, Tyan M, et al. Enhanced multi-fidelity model for flight simulation using global exploration and the Kriging method[J]. Proceedings of the Institution of Mechanical Engineers, Part G: Journal of Aerospace Engineering, 2016, 231(4): 606-620.

[38] Park C, Kim N H, Haftka R T. Including ρ in multi-fidelity surrogate prediction can make discrepancy extrapolation accurate by reducing bumpiness[C]. AIAA/ASCE/AHS/ASC Structures, Structural Dynamics, and Materials Conference, Kissimmee, 2018: 2032-2038.

[39] Ghoreyshi M, Badcock K, Woodgate M. Integration of multi-fidelity methods for generating an aerodynamic model for flight simulation[C]. 46th AIAA Aerospace Sciences Meeting and Exhibit, Reno, 2012: 1-11.

[40] Shu L, Jiang P, Song X, et al. Novel approach for selecting low-fidelity scale factor in multifidelity metamodeling[J]. American Institute of Aeronautics and Astronautics Journal, 2019, 57(12): 5320-5330.

[41] Meliani M, Bartoli N, Lefebvre T, et al. Multi-fidelity efficient global optimization: Methodology and application to airfoil shape design[C]. American Institute of Aeronautics and Astronautics Aviation Forum, Dallas, 2019.

[42] Ariyarit A, Kanazaki M. Multi-fidelity multi-objective efficient global optimization applied to airfoil design problems[J]. Applied Sciences, 2017, 7(12): 1318.

[43] Zhang Y M, Kim N H, Park C, et al. Multifidelity surrogate based on single linear regression[J]. American Institute of Aeronautics and Astronautics Journal, 2018, 56(12): 4944-4952.

[44] Gano S E, Renaud J E, Martin J D, et al. Update strategies for Kriging models used in variable fidelity optimization[J]. Structural and Multidisciplinary Optimization, 2006, 32(4): 287-298.

[45] Zheng J, Gao L, Qiu H B, et al. Variable fidelity metamodel-based analytical target cascading method for green design[J]. The International Journal of Advanced Manufacturing Technology, 2013, 87(5-8): 1203-1216.

[46] Rajnarayan D, Haas A, Kroo I. A multifidelity gradient-free optimization method and application to aerodynamic design[C]. 12th AIAA/ISSMO Multidisciplinary Analysis and Optimization Conference, Victoria, 2012.

[47] Zhou Q, Shao X Y, Jiang P, et al. An adaptive global variable fidelity metamodeling strategy using a support vector regression based scaling function[J]. Simulation Modelling Practice and Theory, 2015, 59(12): 18-35.

[48] Zheng J, Shao X Y, Gao L, et al. Difference mapping method using least square support vector regression for variable-fidelity metamodelling[J]. Engineering Optimization, 2014, 47(6): 719-736.

[49] Kou J Q, Zhang W W. Multi-fidelity modeling framework for nonlinear unsteady aerodynamics of airfoils[J]. Applied Mathematical Modelling, 2019, 76: 832-855.

[50] Alexandrov N M, Lewis R M, Gumbert C R, et al. Approximation and model management in aerodynamic optimization with variable-fidelity models[J]. Journal of Aircraft, 2001, 38(6): 1093-1101.

[51] Haftka R T. Combining global and local approximations[J]. American Institute of Aeronautics and Astronautics Journal, 1991, 29(9): 1523-1525.

[52] Goldfeld Y, Vervenne K, Arbocz J, et al. Multi-fidelity optimization of laminated conical shells for buckling[J]. Structural and Multidisciplinary Optimization, 2005, 30(2): 128-141.

[53] Venkataraman S. Reliability optimization using probabilistic sufficiency factor and correction response surface[J]. Engineering Optimization, 2006, 38(6): 671-685.

[54] Chang K J, Haftka R T, Giles G L, et al. Sensitivity-based scaling for approximating structural response[J]. Journal of Aircraft, 1993, 30(2): 283-288.

[55] Hutchison M G, Unger E R, Mason W H, et al. Variable-complexity aerodynamic optimization

of a high-speed civil transport wing[J]. Journal of Aircraft, 1994, 31(1): 110-116.

[56] Alexandrov N, Nielsen E, Lewis R, et al. First-order model management with variable-fidelity physics applied to multi-element airfoil optimization[C]. 8th Symposium on Multidisciplinary Analysis and Optimization, Long Beach, 2012.

[57] Liu Y, Collette M. Improving surrogate-assisted variable fidelity multi-objective optimization using a clustering algorithm[J]. Applied Soft Computing, 2014, 24: 482-493.

[58] Koziel S, Leifsson L T. Multi-objective airfoil design using variable-fidelity CFD simulations and response surface surrogates[C]. 10th AIAA Multidisciplinary Design Optimization Conference, National Harbor, 2014.

[59] Hu D Y, Mao J X, Wang R Q, et al. Optimization strategy for a shrouded turbine blade using variable-complexity modeling methodology[J]. American Institute of Aeronautics and Astronautics Journal, 2016, 54(9): 2808-2818.

[60] Nguyen N V, Tyan M, Lee J W. A modified variable complexity modeling for efficient multidisciplinary aircraft conceptual design[J]. Optimization and Engineering, 2014, 16(2): 483-505.

[61] Tyan M, Nguyen N V, Lee J W. Improving variable-fidelity modelling by exploring global design space and radial basis function networks for aerofoil design[J]. Engineering Optimization, 2014, 47(7): 885-908.

[62] Fischer C C, Grandhi R V. A surrogate-based adjustment factor approach to multi-fidelity design optimization[C]. 17th AIAA Non-Deterministic Approaches Conference, Kissimmee, 2015.

[63] Hao P, Feng S J, Li Y W, et al. Adaptive infill sampling criterion for multi-fidelity gradient-enhanced Kriging model[J]. Structural and Multidisciplinary Optimization, 2020, 62(1): 353-373.

[64] Rumpfkeil M P, Beran P. Construction of dynamic multifidelity locally optimized surrogate models[J]. American Institute of Aeronautics and Astronautics Journal, 2017, 55(9): 3169-3179.

[65] Gano S E, Renaud J E, Sanders B. Hybrid variable fidelity optimization by using a Kriging-based scaling function[J]. American Institute of Aeronautics and Astronautics Journal, 2005, 43(11): 2422-2433.

[66] Han Z H, Görtz S, Zimmermann R. Improving variable-fidelity surrogate modeling via gradient-enhanced Kriging and a generalized hybrid bridge function[J]. Aerospace Science and Technology, 2013, 25(1): 177-189.

[67] Clark D L, Makas A, Grandhi R V. Status of multifidelity model management strategies in aircraft design[C]. 18th AIAA/ISSMO Multidisciplinary Analysis and Optimization Conference, Denver, 2017.

[68] Son S H, Choi D H. The effects of scale factor and correction on the multi-fidelity model[J]. Journal of Mechanical Science and Technology, 2016, 30(5): 2075-2081.

[69] Ren J, Leifsson L T, Koziel S, et al. Multi-fidelity aerodynamic shape optimization using manifold mapping[C]. 57th AIAA/ASCE/AHS/ASC Structures, Structural Dynamics, and Materials Conference, San Diego, 2016: 0419.

[70] Robinson T, Eldred M, Willcox K, et al. Strategies for multifidelity optimization with variable dimensional hierarchical models[C]. 47th AIAA/ASME/ASCE/AHS/ASC Structures, Structural Dynamics, and Materials Conference, Newport, 2012.

[71] Kennedy M C, O'Hagan A. Predicting the output from a complex computer code when fast approximations are available[J]. Biometrika, 2000, 87(1): 1-13.

[72] Qian P Z G, Wu C F J. Bayesian hierarchical modeling for integrating low-accuracy and high-accuracy experiments[J]. Technometrics, 2008, 50(2): 192-204.

[73] Le Gratiet L, Garnier J. Recursive co-Kriging model for design of computer experiments with multiple levels of fidelity[J]. International Journal for Uncertainty Quantification, 2014, 4(5): 365-386.

[74] Han Z H, Görtz S. Hierarchical Kriging model for variable-fidelity surrogate modeling[J]. American Institute of Aeronautics and Astronautics Journal, 2012, 50(9): 1885-1896.

[75] Han Z H, Zimmerman R, Görtz S. Alternative coKriging method for variable-fidelity surrogate modeling[J]. American Institute of Aeronautics and Astronautics Journal, 2012, 50(5): 1205-1210.

[76] Zimmermann R, Han Z H, Sciences A I M. Simplified cross-correlation estimation for multi-fidelity surrogate coKriging models[J]. Advances and Applications in Mathematical Sciences, 2010, 7(2): 181-202.

[77] Bertram A, Zimmermann R. Theoretical investigations of the new CoKriging method for variable-fidelity surrogate modeling[J]. Advances in Computational Mathematics, 2018, 44(6): 1693-1716.

[78] 卢月明, 王亮, 仇阿根, 等. 一种基于主成分分析的协同克里金插值方法[J]. 测绘通报, 2017,(11): 51-57.

[79] Yamazaki W, Mavriplis D J. Derivative-enhanced variable fidelity surrogate modeling for aerodynamic functions[J]. American Institute of Aeronautics and Astronautics Journal, 2013, 51(1): 126-137.

[80] Xiao M Y, Zhang G H, Breitkopf P, et al. Extended co-Kriging interpolation method based on multi-fidelity data[J]. Applied Mathematics and Computation, 2018, 323: 120-131.

[81] Han Z H, Xu C Z, Zhang L, et al. Efficient aerodynamic shape optimization using variable-fidelity surrogate models and multilevel computational grids[J]. Chinese Journal of

Aeronautics, 2020, 33(1): 31-47.

[82] Rokita T, Friedmann P P. Multifidelity coKriging for high-dimensional output functions with application to hypersonic airloads computation[J]. American Institute of Aeronautics and Astronautics Journal, 2018, 56(8): 3060-3070.

[83] Liu H T, Ong Y S, Cai J F, et al. Cope with diverse data structures in multi-fidelity modeling: A Gaussian process method[J]. Engineering Applications of Artificial Intelligence, 2018, 67: 211-225.

[84] Zaytsev A, Burnaev E. Large scale variable fidelity surrogate modeling[J]. Annals of Mathematics and Artificial Intelligence, 2017, 81(1-2): 167-186.

[85] Burnaev E V, Zaytsev A A. Surrogate modeling of multifidelity data for large samples[J]. Journal of Communications Technology and Electronics, 2015, 60(12): 1348-1355.

[86] Chen S S, Jiang Z, Yang S X, et al. Nonhierarchical multi-model fusion using spatial random processes[J]. International Journal for Numerical Methods in Engineering, 2016, 106(7): 503-526.

[87] Perdikaris P, Raissi M, Damianou A, et al. Nonlinear information fusion algorithms for data-efficient multi-fidelity modelling[J]. Proceedings Mathematical, Physical, and Engineering Sciences, 2017, 473(2198): 20160751.

[88] Berci M, Gaskell P H, Hewson R W, et al. Multifidelity metamodel building as a route to aeroelastic optimization of flexible wings[J]. Proceedings of the Institution of Mechanical Engineers, Part C: Journal of Mechanical Engineering Science, 2011, 225(9): 2115-2137.

[89] Cai X W, Qiu H B, Gao L, et al. Adaptive radial-basis-function-based multifidelity metamodeling for expensive black-box problems[J]. American Institute of Aeronautics and Astronautics Journal, 2017, 55(7): 2424-2436.

[90] Owen A B. Orthogonal arrays for computer experiments, integration and visualization[J]. Statistica Sinica, 1992, 2(2): 439-452.

[91] Mckay M D, Beckman R J, Conover W J. A comparison of three methods for selecting values of input variables in the analysis of output from a computer code[J]. Technometrics, 2000, 42(1): 55-61.

[92] Fang K T, Lin D K, Winker P, et al. Uniform design: Theory and application[J]. Technometrics, 2000, 42(3): 237-248.

[93] Johnson M E, Moore L M, Ylvisaker D. Minimax and maximin distance designs[J]. Journal of Statistical Planning and Inference, 1990, 26(2): 131-148.

[94] Chen V C P, Tsui K L, Barton R R, et al. A review on design, modeling and applications of computer experiments[J]. IIE Transactions, 2006, 38(4): 273-291.

[95] Pronzato L, Müller W G. Design of computer experiments: Space filling and beyond[J].

Statistics and Computing, 2012, 22(3): 681-701.

[96] Le Gratiet L. Multi-fidelity Gaussian process regression for computer experiments[D]. Paris: Université Paris Diderot, 2013.

[97] Jiang P, Xie T L, Zhou Q, et al. A space mapping method based on Gaussian process model for variable fidelity metamodeling[J]. Simulation Modelling Practice and Theory, 2018, 81: 64-84.

[98] Park C, Haftka R T, Kim N H. Remarks on multi-fidelity surrogates[J]. Structural and Multidisciplinary Optimization, 2017, 55(3): 1029-1050.

[99] Yi J, Li X Y, Xiao M, et al. Construction of nested maximin designs based on successive local enumeration and modified novel global harmony search algorithm[J]. Engineering Optimization, 2017, 49(1): 161-180.

[100] Balabanov V, Grossman B, Watson L, et al. Multifidelity response surface model for HSCT wing bending material weight[C]. 7th AIAA/USAF/NASA/ISSMO Symposium on Multidisciplinary Analysis and Optimization, City of Saint Louis, 1998.

[101] Qian P Z G, Tang B X, Wu C F. Nested space-filling designs for computer experiments with two levels of accuracy[J]. Statistica Sinica, 2009, 19(1): 287-300.

[102] Qian P Z G. Nested Latin hypercube designs[J]. Biometrika, 2009, 96(4): 957-970.

[103] Rennen G, Husslage B, van Dam E R, et al. Nested maximin Latin hypercube designs[J]. Structural and Multidisciplinary Optimization, 2009, 41(3): 371-395.

[104] Tsai S F. Construction of nested orthogonal arrays of parallel-flats type[J]. Journal of Statistical Planning and Inference, 2017, 181: 41-51.

[105] Qian P Z G. Sliced Latin hypercube designs[J]. Journal of the American Statistical Association, 2012, 107(497): 393-399.

[106] He X, Qian P Z G. Nested orthogonal array-based Latin hypercube designs[J]. Biometrika, 2011, 98(3): 721-731.

[107] Xiong S F, Qian P Z G, Wu C F J. Sequential design and analysis of high-accuracy and low-accuracy computer codes[J]. Technometrics, 2013, 55(1): 37-46.

[108] Zhou Q, Shao X Y, Jiang P, et al. An active learning variable-fidelity metamodelling approach based on ensemble of metamodels and objective-oriented sequential sampling[J]. Journal of Engineering Design, 2016, 27(4-6): 205-231.

[109] Benamara T, Breitkopf P, Lepot I, et al. Adaptive infill sampling criterion for multi-fidelity optimization based on Gappy-POD[J]. Structural and Multidisciplinary Optimization, 2016, 54(4): 843-855.

[110] Xia B, Hong S, Choi K, et al. Optimal design of winding transposition of power transformer using adaptive co-Kriging surrogate model[J]. IEEE Transactions on Magnetics, 2017, 53(6): 1-4.

[111] Elsayed K. Optimization of the cyclone separator geometry for minimum pressure drop using co-Kriging[J]. Powder Technology, 2015, 269: 409-424.

[112] Crombecq K, Laermans E, Dhaene T. Efficient space-filling and non-collapsing sequential design strategies for simulation-based modeling[J]. European Journal of Operational Research, 2011, 214(3): 683-696.

[113] Jin R C, Chen W, Sudjianto A. On sequential sampling for global metamodeling in engineering design[C]. ASME 2002 International Design Engineering Technical Conferences and Computers and Information in Engineering Conference, Montreal, 2008: 539-548.

[114] Garud S S, Karimi I A, Brownbridge G P E, et al. Evaluating smart sampling for constructing multidimensional surrogate models[J]. Computers & Chemical Engineering, 2018, 108: 276-288.

[115] Le Gratiet L, Cannamela C. CoKriging-based sequential design strategies using fast cross-validation techniques for multi-fidelity computer codes[J]. Technometrics, 2015, 57(3): 418-427.

[116] Pellegrini R, Leotardi C, Iemma U, et al. A multi-fidelity adaptive sampling method for metamodel-based uncertainty quantification of computer simulations[C]. Proceedings of the VII European congress on computational methods in applied sciences and engineering, Crete Island, 2016.

[117] Xu S L, Liu H T, Wang X F, et al. A robust error-pursuing sequential sampling approach for global metamodeling based on Voronoi diagram and cross validation[J]. Journal of Mechanical Design, 2014, 136(7): 071009.

[118] Aute V, Saleh K, Abdelaziz O, et al. Cross-validation based single response adaptive design of experiments for Kriging metamodeling of deterministic computer simulations[J]. Structural and Multidisciplinary Optimization, 2013, 48(3): 581-605.

[119] Lv L Y, Shi M L, Song X G, et al. A fast-converging ensemble infilling approach balancing global exploration and local exploitation: The go-inspired hybrid infilling strategy[J]. Journal of Mechanical Design, 2020, 142(2): 021403.

[120] Loeppky J L, Sacks J, Welch W J. Choosing the sample size of a computer experiment: A practical guide[J]. Technometrics, 2009, 51(4): 366-376.

[121] Picheny V. Improving accuracy and compensating for uncertainty in surrogate modeling[D]. Gainesville: University of Florida, 2009.

[122] Liu H T, Cai J F, Ong Y S. An adaptive sampling approach for Kriging metamodeling by maximizing expected prediction error[J]. Computers & Chemical Engineering, 2017, 106: 171-182.

[123] Eason J, Cremaschi S. Adaptive sequential sampling for surrogate model generation with

artificial neural networks[J]. Computers & Chemical Engineering, 2014, 68: 220-232.

[124] Boopathy K, Rumpfkeil M P. Unified framework for training point selection and error estimation for surrogate models[J]. AIAA Journal, 2014, 53(1): 215-234.

[125] Jin R, Chen W, Simpson T W. Comparative studies of metamodelling techniques under multiple modelling criteria[J]. Structural and Multidisciplinary Optimization, 2001, 23(1): 1-13.

[126] Willmott C J, Matsuura K. Advantages of the mean absolute error (MAE) over the root mean square error (RMSE) in assessing average model performance[J]. Climate Research, 2005, 30(1): 79-82.

[127] Chai T, Draxler R R. Root mean square error (RMSE) or mean absolute error (MAE)?–Arguments against avoiding RMSE in the literature[J]. Geoscientific Model Development, 2014, 7(3): 1247-1250.

[128] Viana F A C, Haftka R T, Steffen V. Multiple surrogates: How cross-validation errors can help us to obtain the best predictor[J]. Structural and Multidisciplinary Optimization, 2009, 39(4): 439-457.

[129] Goel T, Haftka R T, Shyy W, et al. Ensemble of surrogates[J]. Structural and Multidisciplinary Optimization, 2007, 33(3): 199-216.

[130] Acar E, Rais-Rohani M. Ensemble of metamodels with optimized weight factors[J]. Structural and Multidisciplinary Optimization, 2009, 37(3): 279-294.

[131] Sanchez E, Pintos S, Queipo N V. Toward an optimal ensemble of kernel-based approximations with engineering applications[J]. Structural and Multidisciplinary Optimization, 2008, 36(3): 247-261.

[132] Acar E. Various approaches for constructing an ensemble of metamodels using local measures[J]. Structural and Multidisciplinary Optimization, 2010, 42(6): 879-896.

[133] Goel T, Stander N. Comparing three error criteria for selecting radial basis function network topology[J]. Computer Methods in Applied Mechanics and Engineering, 2009, 198(27-29): 2137-2150.

[134] Mao W T, Xu J C, Wang C, et al. A fast and robust model selection algorithm for multi-input multi-output support vector machine[J]. Neurocomputing, 2014, 130: 10-19.

[135] Arlot S, Celisse A. A survey of cross-validation procedures for model selection[J]. Statistics Surveys, 2010, 4: 40-79.

[136] Shao J. Linear model selection by cross-validation[J]. Journal of the American Statistical Association, 1993, 88(422): 486-494.

[137] Yang Y H. Consistency of cross validation for comparing regression procedures[J]. The Annals of Statistics, 2007, 35(6): 2450-2473.

[138] Gronau Q F, Wagenmakers E J. Limitations of Bayesian leave-one-out cross-validation for model selection[J]. Computational Brain & Behavior, 2019, 2(1): 1-11.

[139] Toal D J J, Keane A, Benito D, et al. Multifidelity multidisciplinary whole-engine thermomechanical design optimization[J]. Journal of Propulsion and Power, 2014, 30(6): 1654-1666.

[140] Tao S Y, Apley D W, Chen W, et al. Input mapping for model calibration with application to wing aerodynamics[J]. American Institute of Aeronautics and Astronautics Journal, 2019, 57(7): 2734-2745.

[141] Huang L K, Gao Z H, Zhang D H. Research on multi-fidelity aerodynamic optimization methods[J]. Chinese Journal of Aeronautics, 2013, 26(2): 279-286.

[142] Gano S, Perez V, Renaud J, et al. Multilevel variable fidelity optimization of a morphing unmanned aerial vehicle[C]. 45th AIAA/ASME/ASCE/AHS/ASC Structures, Structural Dynamics & Materials Conference, Palm Springs, 2004: 1-16.

[143] Tancred J, Rumpfkeil M P. Aerodynamic response quantification of complex hypersonic configurations using variable fidelity surrogate modeling[C]. 53rd AIAA Aerospace Sciences Meeting, Kissimmee, 2015: 12759-12773.

[144] Kwon H I, Yi S, Choi S, et al. Design of efficient propellers using variable-fidelity aerodynamic analysis and multilevel optimization[J]. Journal of Propulsion and Power, 2015, 31(4): 1057-1072.

[145] Leusink D, Alfano D, Cinnella P. Multi-fidelity optimization strategy for the industrial aerodynamic design of helicopter rotor blades[J]. Aerospace Science and Technology, 2015, 42: 136-147.

[146] Allaire D, Kordonowy D, Lecerf M, et al. Multifidelity DDDAS methods with application to a self-aware aerospace vehicle[J]. Procedia Computer Science, 2014, 29: 1182-1192.

[147] Nguyen N V, Choi S M, Kim W S, et al. Multidisciplinary unmanned combat air vehicle system design using multi-fidelity model[J]. Aerospace Science and Technology, 2013, 26(1): 200-210.

[148] Feldstein A, Lazzara D, Princen N, et al. Multifidelity data fusion: Application to blended-wing-body multidisciplinary analysis under uncertainty[J]. American Institute of Aeronautics and Astronautics Journal, 2020, 58(2): 889-906.

[149] Singh P, Couckuyt I, Elsayed K, et al. Multi-objective geometry optimization of a gas cyclone using triple-fidelity co-Kriging surrogate models[J]. Journal of Optimization Theory and Applications, 2017, 175(1): 172-193.

[150] Shi R, Liu L, Long T, et al. Multi-fidelity modeling and adaptive co-Kriging based optimization for all-electric geostationary orbit satellite systems[J]. Journal of Mechanical

Design, 2020, 142(2): 021404.

[151] Kim Y, Lee S G, Yee K, et al. High-to-low initial sample ratio of hierarchical Kriging for film hole array optimization[J]. Journal of Propulsion and Power, 2017, 34(1): 108-115.

[152] Berci M, Toropov V V, Hewson R W, et al. Multidisciplinary multifidelity optimisation of a flexible wing aerofoil with reference to a small UAV[J]. Structural and Multidisciplinary Optimization, 2014, 50(4): 683-699.

[153] Benamara T, Breitkopf P, Lepot I, et al. Multi-fidelity POD surrogate-assisted optimization: Concept and aero-design study[J]. Structural and Multidisciplinary Optimization, 2017, 56(6): 1387-1412.

[154] Guo Z D, Song L M, Park C, et al. Analysis of dataset selection for multi-fidelity surrogates for a turbine problem[J]. Structural and Multidisciplinary Optimization, 2018, 57(6): 2127-2142.

[155] Mohammad Zadeh P, Mehmani A, Messac A. High fidelity multidisciplinary design optimization of a wing using the interaction of low and high fidelity models[J]. Optimization and Engineering, 2015, 17(3): 503-532.

[156] 夏露，高正红. 变可信度模型在气动优化中的应用[J]. 应用数学和力学，2006, 27(8): 947-953.

[157] 黄礼铿，高正红，张德虎. 基于变可信度代理模型的气动优化[J]. 空气动力学学报，2013, 31(6): 783-788.

[158] 李晓斌，张为华，陈小前. 基于 Kriging 近似函数的变可信度近似模型[J]. 宇航学报, 2006, 27(B12): 155-159.

[159] 张浩，陈子聿，李毅飞，等. 基于多精度代理模型的高效异型气膜孔设计优化和实验验证[J]. 工程热物理学报, 2020, 41(1): 128-134.

[160] 龚春林，袁建平，谷良贤，等. 基于响应面的变复杂度气动分析模型[J]. 西北工业大学学报, 2006, 24(4): 532-535.

[161] 高正红，左英桃. 变可信度模型管理优化设计方法在气动外形设计中的应用[J]. 应用力学学报, 2008, 25(1): 16-20.

[162] 张德虎，高正红，王明亮. 基于变可信度模型差值的低可信度模型修正方法[J]. 西北工业大学学报, 2011, 29(2): 176-182.

[163] Padron A S, Alonso J J, Eldred M S. Multi-fidelity methods in aerodynamic robust optimization[C]. 18th AIAA Non-Deterministic Approaches Conference, San Diego, 2016: 1-14.

[164] Zhu J D, Wang Y J, Collette M. A multi-objective variable-fidelity optimization method for genetic algorithms[J]. Engineering Optimization, 2013, 46(4): 521-542.

[165] Pellegrini R, Iemma U, Leotardi C, et al. Multi-fidelity adaptive global metamodel of expensive computer simulations[C]. IEEE Congress on Evolutionary Computation Vancouver,

2016: 4444-4451.

[166] 宋保维, 王新晶, 王鹏. 基于变保真度模型的AUV流体动力参数预测[J]. 机械工程学报, 2017, 53(18): 176-182.

[167] Yi J, Liu J, Cheng Y. A fast forecast method based on high and low fidelity surrogate models for strength and stability of stiffened cylindrical shell with variable ribs[C]. IEEE 8th International Conference on Underwater System Technology: Theory and Applications, Wuhan, 2018: 1-6.

[168] Dong H C, Song B W, Wang P, et al. Multi-fidelity information fusion based on prediction of Kriging[J]. Structural and Multidisciplinary Optimization, 2015, 51(6): 1267-1280.

[169] Li C S, Wang P, Dong H C. Kriging-based multi-fidelity optimization via information fusion with uncertainty[J]. Journal of Mechanical Science and Technology, 2018, 32(1): 245-259.

[170] Wang P, Li Y, Li C. An optimization framework based on Kriging method with additive bridge function for variable-fidelity problem[C]. 14th International Symposium on Distributed Computing and Applications for Business Engineering and Science, Guiyang, 2015: 388-389.

[171] Sun S Q, Song B W, Wang P, et al. Shape optimization of underwater wings with a new multi-fidelity bi-level strategy[J]. Structural and Multidisciplinary Optimization, 2019, 61(1): 319-341.

[172] 张守慧, 谢玲玲, 冯佰威, 等. 基于变复杂度方法的船舶型线优化[J]. 船舶工程, 2018, 40(3): 5-9.

[173] 姜哲, 崔维成, 黄小平. 基于响应面的可变复杂度方法在桁架式 Spar 平台方案设计中的应用[J]. 船舶力学, 2010, 14(7): 771-781.

[174] 廖代辉, 成艾国, 钟志华. 基于变复杂度近似模型的汽车安全性和轻量化优化[J]. 中国机械工程, 2013, 24(15): 2118-2121.

[175] Sun G Y, Li G Y, Zhou S W, et al. Multi-fidelity optimization for sheet metal forming process[J]. Structural and Multidisciplinary Optimization, 2010, 44(1): 111-124.

[176] 孙光永, 李光耀, 龚志辉. 基于代理模型的变复杂度方法在板料成形优化中的应用[J]. 机械工程学报, 2009, 45(9): 201-209.

[177] Kim H S, Koç M, Ni J. A hybrid multi-fidelity approach to the optimal design of warm forming processes using a knowledge-based artificial neural network[J]. International Journal of Machine Tools and Manufacture, 2007, 47(2): 211-222.

[178] Zhou Q, Cao L C, Zhou H, et al. Prediction of angular distortion in the fiber laser keyhole welding process based on a variable-fidelity approximation modeling approach[J]. Journal of Intelligent Manufacturing, 2018, 29(3): 719-736.

[179] Zhou Q, Yang Y, Jiang P, et al. A multi-fidelity information fusion metamodeling assisted laser beam welding process parameter optimization approach[J]. Advances in Engineering Software,

2017, 110: 85-97.

[180] Ye H Y, Clemens M, Seifert J. Dimension reduction for the design optimization of large scale high voltage devices using co-Kriging surrogate modeling[J]. IEEE Transactions on Magnetics, 2015, 51(3): 1-4.

[181] Koziel S, Ogurtsov S. Multi-objective design of antennas using variable-fidelity simulations and surrogate models[J]. IEEE Transactions on Antennas and Propagation, 2013, 61(12): 5931-5939.

[182] Koziel S, Bekasiewicz A, Couckuyt I, et al. Efficient multi-objective simulation-driven antenna design using co-Kriging[J]. IEEE Transactions on Antennas and Propagation, 2014, 62(11): 5900-5905.

第 2 章　变可信度近似模型基本理论及术语

变可信度近似模型是通过对已有多精度数据进行插值/回归，用于预测非样本点处输出响应的数学模型。其建模包括试验设计获取样本点、仿真分析/物理试验获取样本点处不同精度的响应、近似建模、预测性能验证四个关键技术流程。本章分别对变可信度近似模型的相关基本理论及术语进行介绍，为后续章节的叙述提供必要的理论基础。

2.1　试验设计方法

试验设计方法是以概率论和数理统计为基础的设计变量空间采样方法，最早可追溯至 20 世纪 20 年代英国生物统计学家 Fisher 的 *Statistical Methods for Research Workers* 一书[1]。50 年代日本统计学家 Taguchi 等[2]将正交设计表格化，并成功应用于新型产品的研发过程。试验设计中需要考虑的关键问题是在计算或费用受限制的条件下，如何在设计空间内布置样本点以获得尽可能多的产品特征信息。直观上来讲，样本点必须在设计变量空间中均匀分布，以获得产品在设计空间的整体特征。表 2.1 总结了近似建模过程中常用的试验设计方法。

表 2.1　近似建模过程中常用的试验设计方法

试验设计方法	作者及文献	试验设计方法	作者及文献
均匀设计	Fang 等[3]	Sobol 序列	Sobol[4]
最大最小设计	Johnson 等[5]	Halton 序列	Halton[6]
网格法	Patterson 等[7]	拉丁超立方	McKay 等[8]
正交设计	Owen 等[9]	优化拉丁超立方	Jin 等[10]
Hammersley 序列	Kalagnanam 等[11]	泰森多边形法	Saka 等[12]

本节对全书所涉及的三种试验设计方法进行介绍。这三种试验设计方法分别为拉丁超立方试验设计方法、优化拉丁超立方试验设计方法及泰森多边形法。

2.1.1　拉丁超立方试验设计方法

拉丁超立方试验设计(Latin hypercube sampling, LHS)是一种基于经典拉丁方试验设计的分层抽样方法。在经典拉丁方试验设计中，以不同符号填充矩阵，使得每个符号在每行和每列中恰好出现一次。表 2.2 是输入空间为三维，每个维度有五个水平的试验设计方案。其中，输入 1 是感兴趣的输入，而输入 2 和 3 是阻塞输入(关于阻塞输入的详细介绍可参考文献[13])。对该问题的试验设计而言，经典拉丁方试验设计仅仅需要 $n=5^2=25$ 个试验样本点，远远少于传统全因子试验设计所需的 $n=5^3=125$ 个试验样本点。

表 2.2　一种“三输入五水平”拉丁方试验设计方案

输入变量 2 的水平	输入变量 3 的水平				
	1	4	2	5	3
1	4	1	3	2	5
2	5	1	2	3	4
3	3	2	5	4	1
4	2	5	1	3	4
5	5	3	4	1	2

与表 2.2 不同，还有一种以对称形式构建的拉丁方试验设计方案，如表 2.3 所示。然而，这种试验设计可能导致感兴趣的输入为有偏估计。例如，假设输入 1 代表小麦，小麦有五个品种，输入 2 是收割机的类型，输入 3 是肥料的类型。若这片土地显示从西北至东南方向土地非常肥沃(见表格矩阵的主对角线)，那么 1 号小麦的影响被高估了。因此，应采用随机化来防止这种偏差的影响。如果拉丁超立方试验设计方法生成的设计方案过于对称化，则可以采用随机选择予以修正。例如，可以校正拉丁超立方试验设计方法使其接近正交设计[13]。

表 2.3　一种“三输入五水平”对称拉丁方试验设计方案

输入变量 2 的水平	输入变量 3 的水平				
	1	2	3	4	5
1	1	2	3	4	5
2	5	1	2	3	4
3	4	5	1	2	3
4	3	4	5	1	2
5	2	3	4	5	1

当设计空间为 k 维时，拉丁超立方试验设计方法生成 n 个试验样本点的流程如下。

步骤 1：将每个输入范围划分为相同概率的 $n>1$ 个互斥区间。如果输入值在 $[a,b]$ 上服从均匀分布，则每个区间的长度为 $(b-a)/n$；如果输入值的分布服从高斯分布，则众数附近的区间要比尾部的短。

步骤 2：从每个区间内随机无替换地选择 x_1 的一个值，则从 $x_{1,1}$ 到 $x_{1,n}$ 可得到

n 个值。

步骤 3：将步骤 2 生成的 n 个值与 x_2 的 n 个值无替换地配对。

步骤 4：将步骤 3 生成的 n 对值与 x_3 的 n 个值无替换地配对。

步骤 5：重复步骤 2 至步骤 4 直到 k 个输入配对完成。

图 2.1 给出了两个输入在样本点数量 $n=10$ 时，拉丁超立方试验设计方法生成的试验样本点实例(用星号标出)。由图 2.1 可以看出，每个输入有 10 个离散水平，用数字 1～10 标记。在这些组合中，每个输入水平均只出现一次。这正是拉丁超立方试验设计方法相对于随机试验等传统试验设计方法的优点，即可以针对每个输入，研究更多样本点的不同水平组合。而且，拉丁超立方试验设计方法允许设计人员自由选择样本点数量。

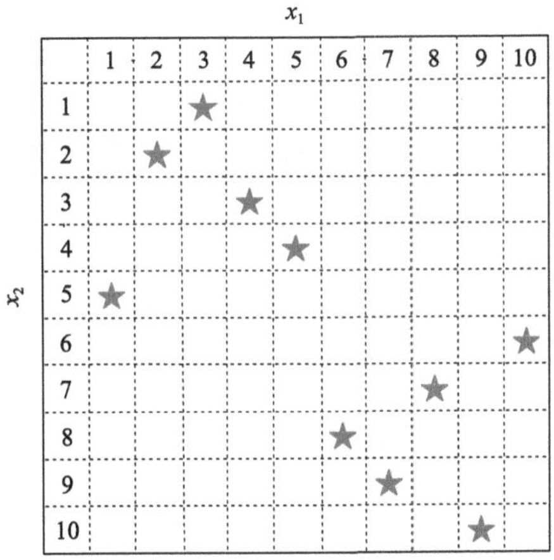

图 2.1　$n=10$ 时拉丁超立方试验设计方法生成的试验样本点实例

2.1.2　优化拉丁超立方试验设计方法

拉丁超立方试验设计方法生成的样本点具备良好的投影均匀性，即在任何设计变量维度上，样本点都是均匀分布的。然而，拉丁超立方试验设计方法并没有关注设计空间的空间填充特性[14,15]。拉丁超立方试验设计方法的随机性，可能导致生成样本点的空间填充均匀性特别差，甚至生成如图 2.2 所示的对角线样本点。

为了克服拉丁超立方试验设计方法的这一缺点，设计者提出了多种优化拉丁超立方试验设计方法。在优化拉丁超立方试验设计方法中，每个输入变量的设计空间都被均匀划分为 n 个区间。然后，随机组合各个设计变量的不同水平，生成随机拉丁超立方试验样本点作为初始试验设计矩阵。其中，在 n 个点中各个设计变量的不同水平仅出现一次。最后，以空间填充准则为目标，采用优化算法获得新的拉丁超立方试验设计方案。

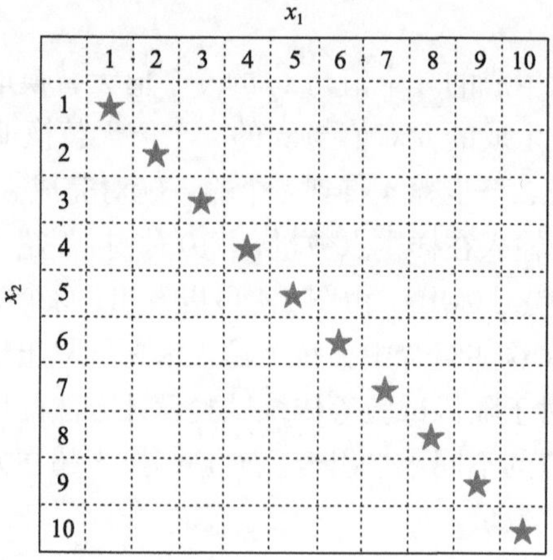

图 2.2 $n=10$ 时拉丁超立方试验设计方法生成对角线样本点的实例

设计者可以选用不同的空间填充准则来实现样本点的均匀分布。本章基于最大最小距离准则来实现样本点的均匀分布。最大最小距离准则可以数学描述为[5]

$$\max \ \min \ d(x_i, x_j) \tag{2.1}$$

其中，$d(x_i,x_j)$ 为设计点 x_i 和 x_j 之间的距离，表达式为

$$d(x_i,x_j)=d_{ij}=(\sum_{k=1}^{m}\left|x_{i,k}-x_{j,k}\right|^t)^{1/t}, \quad t=1 \text{或} t=2 \tag{2.2}$$

其中，m 为变量的维度。

Morris 等[16]提出了一种简化的最大最小距离准则。对于给定的设计方案，通过对所有样本点间的距离 $d_{ij}(1\leqslant i,j\leqslant n,i\neq j)$ 进行排序，可以获得样本点距离值 $(d_1,d_2,\cdots,d_s)$ 和对应的索引列 $(J_1,J_2,\cdots,J_s)$，其中 $d_1<d_2<\cdots<d_s$。若一个试验设计通过最小化式(2.3)获得，则该试验设计称为最优 ϕ_p 设计[16]，即

$$\phi_p=(\sum_{i=1}^{s}J_i d_i^{-p})^{1/p} \tag{2.3}$$

其中，p 为整数，p 值越大，ϕ_p 准则越接近最大最小距离准则。

本章选用 Jin 等[10]提出的优化拉丁超立方试验设计方法。与其他优化拉丁超立方试验设计方法相比，该方法采用如下两个策略提高算法的效率和鲁棒性。

(1)开发有效的全局最优搜索算法——增强随机进化算法。

(2)提出评估最优性标准的高效算法，降低搜索过程中对新设计矩阵评估的计算量。

图 2.3 给出了两个输入在样本点数量 $n=10$ 时，该优化拉丁超立方试验设计方

法生成的试验样本点示例。由图 2.3 可以看出，10 个样本点不仅涵盖了每个因素的 10 个水平，相比图 2.1 所示的试验样本点，其样本点的空间填充性更佳。

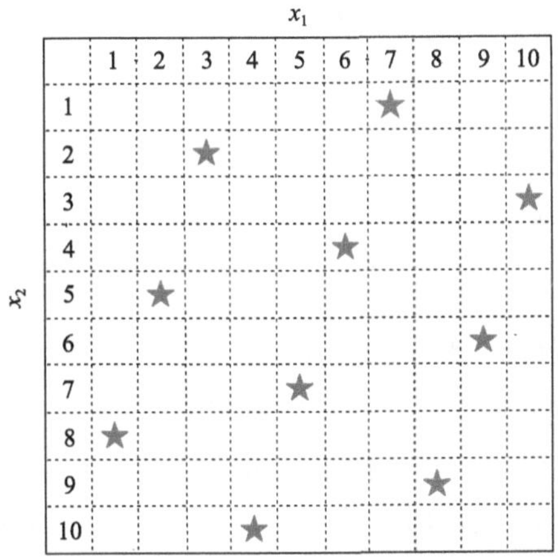

图 2.3　$n=10$ 时优化拉丁超立方试验设计方法生成的试验样本点实例

2.1.3　泰森多边形法

泰森多边形也称为 Voronoi 图。泰森多边形的概念由 Dirichlet 于 1850 年首先提出。假设设计空间的维度为 k，样本点数量为 n，则 n 个设计点将设计变量空间划分为 n 个泰森多边形 $C=\{c_1,c_2,\cdots,c_n\}$。其中，泰森多边形 c_i 为样本点 x_i 的邻近区域，可数学描述为[17]

$$\begin{aligned}&\operatorname{dom}(x_i,x_j)=\left\{x\in\mathbf{R}^n \,\middle|\, \|x-x_i\|\leqslant\|x-x_j\|\right\}\\&c_i=\bigcap\operatorname{dom}(x_i,x_j),\quad x_i\neq x_j\end{aligned}\tag{2.4}$$

其中，$\operatorname{dom}(x_i,x_j)$ 为被设计点 x_i 和设计点 x_j 之间连线的垂直平分线分割的封闭半平面；设计点 x_i 为多边形 c_i 的中心点。

建立泰森多边形的核心是合理地连接离散数据点形成三角网，即对设计空间进行 Delaunay 三角剖分。对设计空间进行 Delaunay 三角剖分的流程如图 2.4 所示。

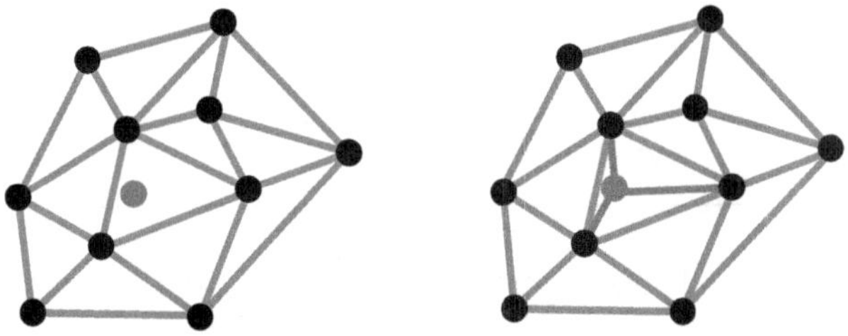

(a) 在Delaunay三角形中插入新点　(b) 将新点连接到三个周围顶点

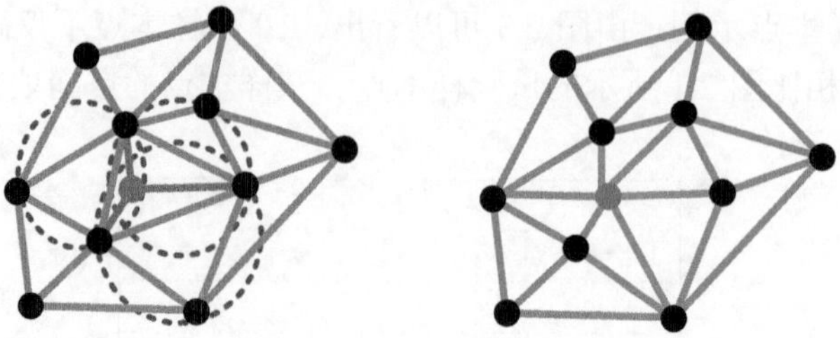

(c) 优化三角网络　　(d) 生成新的Delaunay三角形

图 2.4　对设计空间进行 Delaunay 三角剖分的流程

Delaunay 三角剖分的流程具体如下。

步骤 1：定义包含所有数据点的初始多边形。

步骤 2：在初始多边形中建立初始三角形网格。

步骤 3：在 Delaunay 三角形中插入新点，如图 2.4(a)所示。

步骤 4：找到包含该新点的三角形，然后将该新点和三角形包含的三个顶点连接形成新的三角形，如图 2.4(b)所示。

步骤 5：使用局部优化程序优化三角网格，如图 2.4(c)所示。

步骤 6：重复步骤 3 至步骤 5，直到所有点都被优化处理。

步骤 7：删除包含初始多边形顶点的三角形，生成新的 Delaunay 三角形，如图 2.4(d)所示。

图 2.5 给出了二维泰森多边形法的典型示例。由图 2.5 可以看出，多边形 c_i 中任意一个点与已存在设计点 x_i（多边形顶点）的距离都是最小的。

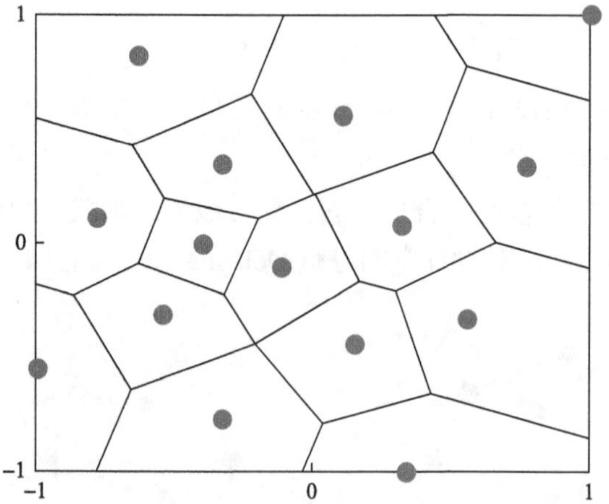

图 2.5　二维泰森多边形法的典型示例

2.2　变可信度近似模型

2.2.1　单精度近似模型

在水下结构物的优化设计问题中，设计变量与产品性能的关系通常不能显式表达。在优化设计过程中，通常需要多次迭代才能获得最优设计方案。显然，迭代过程中依赖昂贵的物理试验进行目标和约束条件的评价是不可取的。数值仿真技术已成为装备优化设计的重要辅助手段。然而随着计算机技术的飞速发展，数值仿真分析模型单元的尺寸越来越小、数量越来越多，仿真精度得到极大提升。伴随而来的是仿真分析成本呈指数级增加(例如，福特公司进行一次汽车碰撞分析需要 26～160h[18])，影响了数值仿真技术在装备优化设计中的应用。在此背景下，近似建模技术应运而生。几十年来，基于近似模型的装备优化设计方法得到了极大发展，并逐步扩展应用于材料科学和生物医学等学科[19]。

在图 2.6 中，上部分列出了近似模型辅助的四大优化设计问题的类型[18]，下部分列出了近似模型在装备优化设计问题中的主要作用。

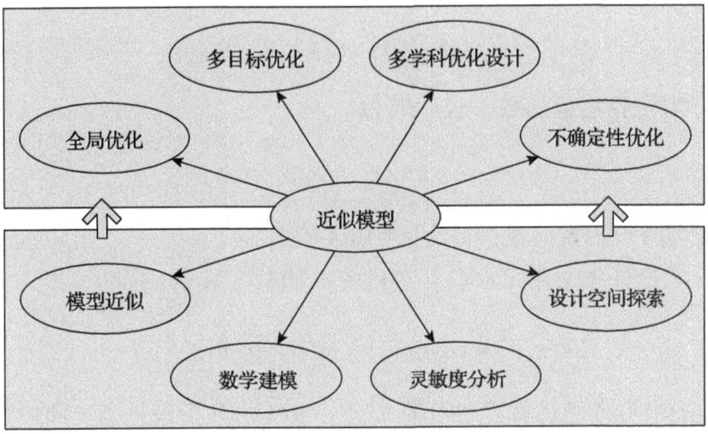

图 2.6　近似模型在装备优化设计中的主要作用

表 2.4 总结了装备优化设计中常用的近似模型。值得指出的是，不同的近似模型适用于不同的优化设计问题，不存在一种近似模型在所有情况下绝对优于另一种近似模型。本节仅对全书涉及的高斯过程模型进行介绍，关于其他类近似模型的理论基础与应用实例可参见综述性文献[20]～[23]。

1. 高斯过程模型

高斯过程(Gaussian process, GP)模型是构建近似模型的一种约束回归方法。GP

表 2.4　装备优化设计中常用的近似模型

近似模型	典型参考文献	近似模型	典型参考文献
多项式响应面	Edwards[24]	人工神经网络	Mitchell[25]
径向基函数	Fang 等[26]	BP 神经网络	Jin 等[27]
多元自适应回归样条曲线	Friedman[28]	支持向量回归	Clarke 等[29]
移动最小二乘法	Lancaster 等[30]	决策树	Safavian 等[31]
高斯过程	Williams 等[32]	NURBS 曲线	Steuben 等[33]

模型已经越来越多地被用于优化设计和不确定性量化领域。这是因为 GP 模型具有多重优势：作为插值模型，它能精确拟合确定性仿真的样本点，并能通过误差项处理含噪声数据；作为概率模型，便于整合先验信息等不同来源数据。尤为重要的是，GP 模型能提供样本点外的预测误差估计，这对评估有限样本下模型的预测精度至关重要[34-36]。在本节中，将对 GP 模型的基本原理进行简要介绍，更详尽的理论可以参见文献[37]。

通常，GP 模型可以表述为

$$f(x) \sim \mathrm{GP}(m(x), k(x, x')) \tag{2.5}$$

其中，$m(x)$ 为先验均值函数，表达式为

$$m(x) = h(x)\beta \tag{2.6}$$

其中，$h(x)$ 为回归函数向量；β 为回归系数向量。

$k(x, x')$ 为设计点 x 和样本点 x' 处的方差函数，表达式为

$$k(x, x') = \mathrm{cov}(f(x), f(x')) = \sigma^2 R(x - x') \tag{2.7}$$

其中，σ 为确定方差总体幅度的标准偏差；$R(x - x')$ 为设计点 x 和样本点 x' 处输出响应的相关函数。常用的相关函数如表 2.5 所示。

表 2.5　常用的相关函数

函数名称	相关函数表达式
指数相关函数	$R(x - x') = \exp\left(-\sum_{j=1}^{u} \theta_j \left\|x_j - x'_j\right\|\right)$
幂相关函数	$R(x - x') = \exp\left(-\sum_{j=1}^{u} \theta_j \left\|x_j - x'_j\right\|^2\right)$

续表

函数名称	相关函数表达式
高斯相关函数	$R(x-x')=\exp\left(-\sum_{j=1}^{u}\theta_j(x_j-x_j')^2\right)$
线性相关函数	$R(x-x')=\max\left\{0,1-\sum_{j=1}^{u}\theta_j\left\|x_j-x_j'\right\|\right\}$
球相关函数	$R(x-x')=1-1.5\zeta+0.5\zeta^3$ $\zeta=\min\left\{1,\sum_{j=1}^{u}\theta_j\left\|x_j-x_j'\right\|\right\}$
样条相关函数	$R(x-x')=\begin{cases}1-15\left(\sum_{j=1}^{u}\theta_j\left\|x_j-x_j'\right\|\right)^2+30\left(\sum_{j=1}^{u}\theta_j\left\|x_j-x_j'\right\|\right)^3, & 0\leqslant\sum_{j=1}^{u}\theta_j\left\|x_j-x_j'\right\|\leqslant 0.2\\ 1.25\left(1-\left(\sum_{j=1}^{u}\theta_j\left\|x_j-x_j'\right\|\right)^3\right), & 0.2<\sum_{j=1}^{u}\theta_j\left\|x_j-x_j'\right\|<1\\ 0, & \sum_{j=1}^{u}\theta_j\left\|x_j-x_j'\right\|\geqslant 1\end{cases}$

表 2.5 中，$\theta=[\theta_1,\theta_2,\cdots,\theta_u]$ 为粗糙度参数，表示设计点 x 和样本点 x' 处输出响应的相关性随着设计点 x 和样本点 x' 的差异衰减到零的速率。

本节选取高斯相关函数作为设计点 x 和样本点 x' 处输出响应的相关函数，即

$$R(x-x')=\exp\left(-\sum_{j=1}^{u}\theta_j(x_j-x_j')^2\right) \tag{2.8}$$

其中，u 为变量的维度，则设计点 x 和样本点 x' 处输出响应的方差函数可以表示为

$$k(x,x')=\sigma^2\exp\left(-\sum_{j=1}^{u}\theta_j(x_j-x_j')^2\right) \tag{2.9}$$

其中，σ^2 、θ 及式(2.6)中的 β 为超参数。

超参数可以通过最大似然估计获得。超参数的最大似然函数可以表示为

$$p(y|\beta,\sigma^2,\theta)=\frac{1}{(2\pi\sigma^2)^{N/2}|R|^{1/2}}\exp\left(-\frac{1}{2\sigma^2}(y-H\beta)^{\mathrm{T}}R^{-1}(y-H\beta)^{\mathrm{T}}\right) \tag{2.10}$$

其中，y 为变量的输出响应；H 为回归函数矩阵。

取超参数的最大似然函数的对数形式，可得

$$\ln(p(y|\beta,\sigma^2,\theta)) = -\frac{N}{2}\ln(2\pi) - \frac{N}{2}\ln(\sigma^2) - \frac{1}{2}\ln(|R|^{1/2}) - \frac{1}{2\sigma^2}(y-H\beta)^{\mathrm{T}}R^{-1}(y-H\beta)^{\mathrm{T}} \tag{2.11}$$

为了获得 β 的最大似然估计，对式(2.11)求偏导，并令之为 0，则可得 β 的最大似然估计 $\hat{\beta}$：

$$\hat{\beta} = (H^{\mathrm{T}}R^{-1}H)^{-1}H^{\mathrm{T}}R^{-1}y \tag{2.12}$$

为了获得 σ^2 的最大似然估计，将 β 的最大似然估计 $\hat{\beta}$ 代入式(2.11)，对式(2.11)求偏导，并令之为 0，则可得 σ^2 的最大似然估计 $\hat{\sigma}^2$：

$$\hat{\sigma}^2 = \frac{1}{N}(y-H\hat{\beta})^{\mathrm{T}}R^{-1}(y-H\hat{\beta}) \tag{2.13}$$

由于超参数的最大似然函数与 θ 的数学关系复杂，很难通过像获取 β 和 σ^2 的最大似然估计那样采用对最大似然函数求偏导的方式获得 θ 的最大似然估计。因此，采用优化算法求解 θ 的最大似然估计 $\hat{\theta}$，将 β 和 σ^2 的最大似然估计代入式(2.11)，可建立求解 θ 的最大似然估计的数学模型：

$$\max \quad \ln(p(y|\beta,\sigma^2,\theta)) = -\frac{N}{2}\ln(2\pi) - \frac{N}{2}\ln(\hat{\sigma}^2) - \frac{1}{2}\ln(|R|^{1/2}) - \frac{N}{2} \tag{2.14}$$

给定输入样本点 $x_{\mathrm{o}} = \{x_1^{\mathrm{o}}, x_2^{\mathrm{o}}, \cdots, x_{m_{\mathrm{o}}}^{\mathrm{o}}\}$ 和输出响应 $f_{\mathrm{o}} = \{f_1^{\mathrm{o}}, f_2^{\mathrm{o}}, \cdots, f_{m_{\mathrm{o}}}^{\mathrm{o}}\}$，建立 GP 模型的目的是预测设计点 $x_{\mathrm{p}} = \{x_1^{\mathrm{p}}, x_2^{\mathrm{p}}, \cdots, x_{m_{\mathrm{p}}}^{\mathrm{p}}\}$ 处的输出响应 $f_{\mathrm{p}}(x_{\mathrm{p}})$，其中 m_{o}、m_{p} 分别为训练集和验证集的数量。根据 GP 模型的定义，样本点处的输出响应 f_{o} 与设计点处的输出响应 $f_{\mathrm{p}}(x_{\mathrm{p}})$ 的联合高斯分布可以表示为

$$\begin{bmatrix} f_{\mathrm{o}} \\ f_{\mathrm{p}}(x_{\mathrm{p}}) \end{bmatrix} \sim N\left(\begin{bmatrix} m(x_{\mathrm{o}}) \\ m(x_{\mathrm{p}}) \end{bmatrix}, \begin{bmatrix} K_{\mathrm{o}} & K_{\mathrm{op}}^{\mathrm{T}} \\ K_{\mathrm{op}} & K_{\mathrm{p}} \end{bmatrix}\right) \tag{2.15}$$

其中，$m(x_{\mathrm{o}}) = H\beta$ 为根据样本点得出的均值向量。

方差矩阵与方差函数 $k(x,x')$ 类似，可以分解为训练集协方差 K_{o}、验证集协方差 K_{p} 和训练验证集协方差 K_{op}。由于样本点处的输出响应 f_{o} 为先验信息，$f_{\mathrm{p}}(x_{\mathrm{p}})$ 的后验分布仍然是高斯分布，可用标准贝叶斯分析获得：

$$f_{\mathrm{p}}(x_{\mathrm{p}})|\, f_{\mathrm{o}} \sim N(E(f_{\mathrm{p}}(x_{\mathrm{p}})|\, f_{\mathrm{o}}), \mathrm{cov}(f_{\mathrm{p}}(x_{\mathrm{p}}), f_{\mathrm{p}}(x'_{\mathrm{p}})|\, f_{\mathrm{o}})) \tag{2.16}$$

其中，均值 $E(f_{\mathrm{p}}(x_{\mathrm{p}})|\, f_{\mathrm{o}})$ 和方差 $\mathrm{cov}(f_{\mathrm{p}}(x_{\mathrm{p}}), f_{\mathrm{p}}(x'_{\mathrm{p}})|\, f_{\mathrm{o}})$ 可以分别由式(2.17)和式(2.18)进行计算：

$$E(f_{\mathrm{p}}(x_{\mathrm{p}})|\, f_{\mathrm{o}}) = h(x_{\mathrm{p}})\hat{\beta} + K_{\mathrm{op}}K_{\mathrm{o}}^{-1}(f_{\mathrm{o}} - H\hat{\beta}) \tag{2.17}$$

$$\begin{aligned}\mathrm{cov}(f_{\mathrm{p}}(x_{\mathrm{p}}), f_{\mathrm{p}}(x'_{\mathrm{p}})|f_{\mathrm{o}}) = {} & K_{\mathrm{p}} - K_{\mathrm{op}}K_{\mathrm{o}}^{-1}K_{\mathrm{op}}^{\mathrm{T}} \\ & + (h^{\mathrm{T}}(x) - H^{\mathrm{T}}K_{\mathrm{o}}^{-1}K_{\mathrm{op}}^{\mathrm{T}})^{\mathrm{T}}(H^{\mathrm{T}}K_{\mathrm{o}}^{-1}H)^{-1}(h^{\mathrm{T}}(x) - H^{\mathrm{T}}K_{\mathrm{o}}^{-1}K_{\mathrm{op}}^{\mathrm{T}})\end{aligned} \tag{2.18}$$

值得指出的是，式(2.15)为 $f_{\mathrm{p}}(x_{\mathrm{p}})$ 的后验分布，式(2.16)为 $f_{\mathrm{p}}(x_{\mathrm{p}})$ 的先验分布。以下面的数值例子来说明它们的差异：

$$y = -\sin x - \mathrm{e}^{x/100} + 10, \quad 0 \leqslant x \leqslant 10 \tag{2.19}$$

图 2.7 描述了设计空间内 $f_{\mathrm{p}}(x_{\mathrm{p}})$ 的先验分布和后验分布。其中，先验分布是以二次函数为均值函数的高斯过程。当五个样本点处的信息添加到高斯过程后，可得到设计空间内 $f_{\mathrm{p}}(x_{\mathrm{p}})$ 的后验分布。先验和后验分布中的阴影区域表示 95%的置信区间。与图 2.7(a)所示的先验分布 GP 模型相比，图 2.7(b)所示的后验分布 GP 模型的平均值和协方差的变化反映了添加的样本点信息。

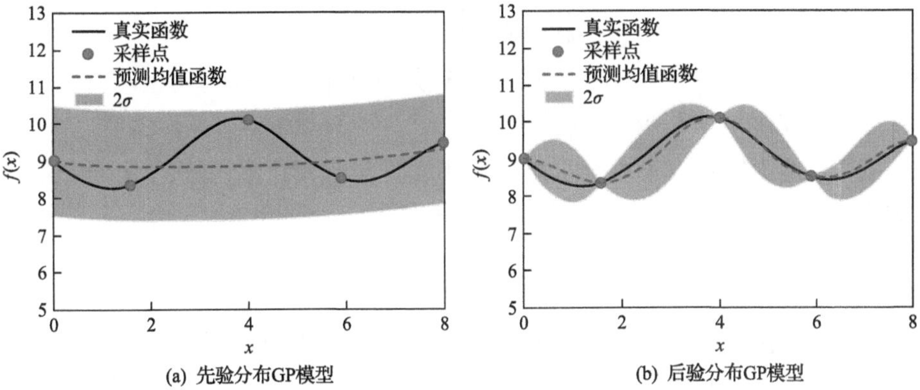

(a) 先验分布GP模型　　(b) 后验分布GP模型

图 2.7　设计空间内 $f_{\mathrm{p}}(x_{\mathrm{p}})$ 的先验分布和后验分布

2. 径向基函数模型

径向基函数是一类以待测点与样本点之间的欧氏距离为自变量的函数。以径向函数为基函数，通过线性叠加构造出来的模型即为径向基函数模型。径向基函数在许多领域都有广泛的应用，如离散数据插值、图像处理等。

径向基函数模型的基本思想是，首先通过试验设计在设计空间内选取一定量的样本点 $x^i=\{x_1^i,x_2^i,\cdots,x_m^i\}(i=1,2,\cdots,n)$；然后以选取的若干个不同的样本点作为中心，以径向函数作为基函数，并通过线性拟合这些径向基函数得到待测点 x 的响应值；最后以样本点与待测点之间的欧氏距离作为自变量，把一个复杂的多维问题转变为简单的一维问题。

当试验设计得到 n 个样本点时，径向基函数近似模型的简单表达式为

$$f(x)=\sum_{i=1}^{n}\beta_i\phi(r^i)=\beta^{\mathrm{T}}\phi \tag{2.20}$$

其中，$\beta=[\beta_1,\cdots,\beta_i,\cdots,\beta_n]^{\mathrm{T}}$；$\phi=[\phi(r^1),\cdots,\phi(r^i),\cdots,\phi(r^n)]^{\mathrm{T}}$；$\beta_i$ 为权重系数；$\phi(r^i)$ 为径向基函数；$r^i=\left\|x-x^i\right\|$ 为待测点 x 与样本点 x^i 之间的欧氏距离。

用式(2.20)作为预测模型时，需满足如下的插值条件：

$$f(x^j)=y^j,\quad j=1,2,\cdots,n \tag{2.21}$$

其中，$f(x^j)$ 为预测值；y^j 为精确值。

将式(2.20)代入式(2.21)，可得

$$\varPhi\beta=Y \tag{2.22}$$

其中，$\varPhi=\begin{bmatrix}\phi(\left\|x^1-x^1\right\|) & \cdots & \phi(\left\|x^1-x^n\right\|)\\ \vdots & & \vdots\\ \phi(\left\|x^n-x^1\right\| & \cdots & \phi(\left\|x^n-x^n\right\|)\end{bmatrix}$；$Y=\begin{bmatrix}y^1\\ \vdots\\ y^n\end{bmatrix}$。

式(2.22)中样本点不重合且矩阵 $\varPhi$ 为非奇异时存在唯一解，可以得到权重系数为

$$\beta=\varPhi^{-1}Y \tag{2.23}$$

在径向基函数近似模型中，常用的径向基函数见表 2.6。其中，r 为待测点 x 与任意点样本之间的欧氏距离，c 为给定的大于零的常数，也是形状参数。

表 2.6 常用的径向基函数

函数名称	相关函数表达式
Gauss 函数	$\phi(r)=\exp\left(\dfrac{-r^2}{c^2}\right),\quad c>0$
multi-quadric(MQ)函数	$\phi(r)=\sqrt{r^2+c^2},\quad c>0$

续表

函数名称	相关函数表达式
逆 MQ 函数	$\phi(r)=\dfrac{1}{\sqrt{r^2+c^2}},\quad c>0$
thin-plate splines 函数	$\phi(r)=\dfrac{r}{c^2}\log\left(\dfrac{r}{c}\right),\quad c>0$

径向基函数模型的特性随着所采用的径向基函数的不同而不同。当径向基函数模型在采用 Gauss 函数或逆 MQ 函数为径向基函数时，模型会因为径向基函数的影响而具有局部估计的特点，而采用 MQ 函数作为核函数时，模型又会具有全局估计的特点。径向基函数模型是一种灵活性好、结构简单、计算量也相对较少而且效率比较高的近似模型。其中最常用的是高斯函数，高斯径向基函数输出可表示为

$$f(x)=\sum_{i=1}^{n}\beta_i\cdot\exp\left(\frac{-(r^i)^2}{c^2}\right)\tag{2.24}$$

3. 支持向量回归(support vector regression，SVR)模型

SVR 模型是支持向量机(support vector machine，SVM)模型在回归问题中的一个应用，属于 SVM 模型的一个分支。SVR 模型可以分为线性 SVR 模型和非线性 SVR 模型。线性 SVR 模型适用于简单线性可分的情况，而非线性 SVR 模型适用于高维、复杂、线性不可分的情况。两者的构建过程和机理皆相同，其差别在于非线性 SVR 模型将线性 SVR 模型中的线性分割函数替换为核函数。因此，为便于阐明 SVR 模型的建模机理，本节将以线性 SVR 模型为例进行介绍。

在线性 SVR 模型建模过程中，目的就是寻找到一个线性函数 $f(x)$，将数据分割开来，$f(x)$ 可以表示为

$$f(x)=\langle w\cdot x\rangle+b\tag{2.25}$$

其中，$\langle w\cdot x\rangle$ 为 ω 与 x 的内积；b 为偏移常量。

图 2.8 为线性 SVR 模型的建模展示。图中的实线就是 $f(x)$，训练集样本点即图中所有的点。在线性 SVR 模型建模过程中，有两个基本要求：①每个输入的训练样本点偏离 $f(x)$ 不超过 $|\varepsilon|$，以保证 $f(x)$ 对训练集有良好的表征。②所训练的 $f(x)$ 中的 w 应尽量小，以保证 $f(x)$ 函数的平滑度。$f(x)$ 越平滑，表明预测性能越好。根据这两条基本要求，可以得出线性 SVR 模型建模方法：

$$
\begin{aligned}
&\min \quad \frac{1}{2}|w|^2 \\
&\text{s.t.} \quad \begin{cases} y_i - \langle w \cdot x \rangle - b \leqslant \varepsilon \\ \langle w \cdot x \rangle + b - y_i \leqslant \varepsilon \end{cases}, \quad i = 1, 2, \cdots, n
\end{aligned}
\tag{2.26}
$$

其中，n 为训练集样本点的总数。

式(2.26)是假设 $f(x)$ 与每个样本点之间的偏差都不超过 $|\varepsilon|$ 所得出的数学模型。然而，在实际工况中，可能会存在个别样本点超出区间 $[-\varepsilon,+\varepsilon]$，但是这些点所蕴含的信息对建模是存在价值的，如图 2.9 所示。允许部分样本点超出区间 $[-\varepsilon,+\varepsilon]$，即需要一些越界点加入建模过程中。

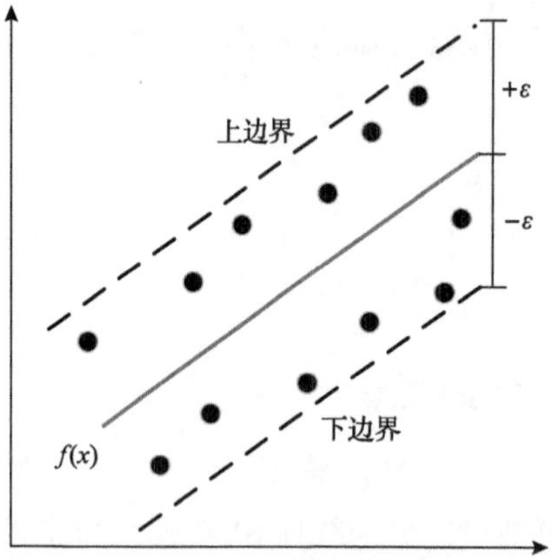

图 2.8　线性 SVR 模型的建模展示

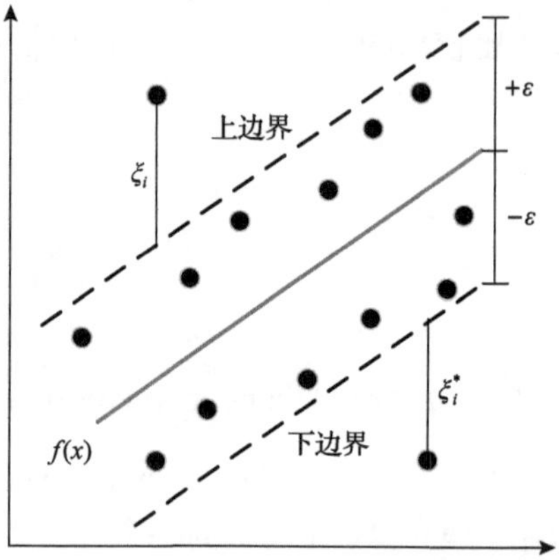

图 2.9　线性 SVR 模型(存在松弛变量)的建模展示

针对此类情况，引入松弛变量 ξ_i 和 ξ_i^*，同时设置惩罚因子 C（$C>0$）。惩罚因子是一个事先设定的常数，用于在线性 SVR 模型建模过程中权衡平滑度和松弛变量大小。此时，线性 SVR 模型的表达式为

$$
\begin{aligned}
&\min \quad \frac{1}{2}|w|^2 + C\sum_{i=1}^{n}(\xi_i + \xi_i^*) \\
&\text{s.t.} \quad \begin{cases} y_i - \langle w \cdot x \rangle - b \leqslant \varepsilon + \xi_i \\ \langle w \cdot x \rangle + b - y_i \leqslant \varepsilon + \xi_i^*, \quad i = 1, 2, \cdots, n \\ \xi_i, \xi_i^* \geqslant 0 \end{cases}
\end{aligned}
\tag{2.27}
$$

将拉格朗日乘子 α 和 β 引入式(2.27)中进行优化问题的求解，拉格朗日方程如下：

$$L=\frac{1}{2}|w|^2+C\sum_{i=1}^{n}(\xi_i+\xi_i^*)-\sum_{i=1}^{n}\alpha_i(\varepsilon+\xi_i-y_i+\langle w\cdot x\rangle+b)$$
$$-\sum_{i=1}^{n}\alpha_i(\varepsilon+\xi_i^*+y_i-\langle w\cdot x\rangle-b)-\sum_{i=1}^{n}(\beta_i\xi_i+\beta_i^*\xi_i^*) \tag{2.28}$$

根据拉格朗日方程理论，对式(2.28)中 b、w、ξ_i、ξ_i^* 分别求偏导，得到下列方程：

$$\partial_b L=\sum_{i=1}^{n}(\alpha_i^*-\alpha_i)=0 \tag{2.29}$$

$$\partial_w L=w-\sum_{i=1}^{n}(\alpha_i^*-\alpha_i)x_i=0 \tag{2.30}$$

$$\partial_{\xi_i} L=C-\alpha_i-\eta_i=0 \tag{2.31}$$

$$\partial_{\xi_i^*} L=C-\alpha_i^*-\eta_i^*=0 \tag{2.32}$$

将式(2.29)～式(2.32)代入含松弛变量的式(2.27)，原优化问题可以转化为对应的对偶问题：

$$\max\ -\frac{1}{2}\sum_{i,j=1}^{n}(\alpha_i-\alpha_i^*)(\alpha_j-\alpha_j^*)\langle x_i\cdot x_j\rangle$$
$$-\varepsilon\sum_{i=1}^{n}(\alpha_i+\alpha_i^*)+\sum_{i=1}^{n}y_i(\alpha_i-\alpha_i^*) \tag{2.33}$$
$$\text{s.t.}\quad \sum_{i=1}^{n}(\alpha_i-\alpha_i^*)=0,\quad \alpha_i,\alpha_i^*\in[0,C]$$

最终所求解的线性回归函数表达式为

$$f(x)=\sum_{i=1}^{n}(\alpha_i^*-\alpha_i)\langle x_i\cdot x_j\rangle+b \tag{2.34}$$

非线性 SVR 模型建模机理与线性 SVR 模型建模机理本质相同，在其构建过程中，引入核函数 $k(x_i,x_j)$，将线性不可分的情况映射到高维特征空间，以达到在高维特征空间线性可分的目标。核函数的工作原理如图 2.10 所示。

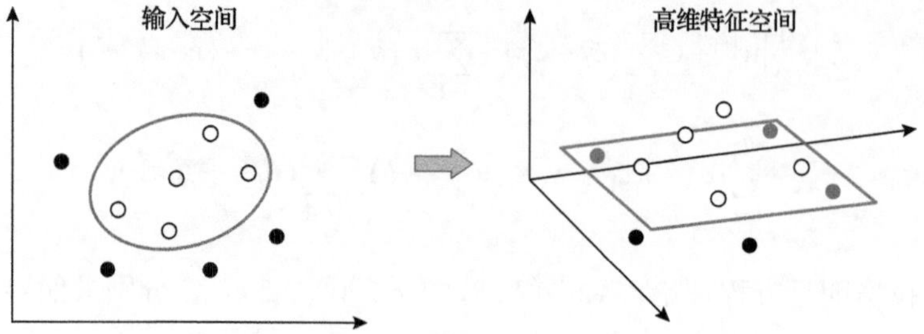

图 2.10　核函数的工作原理示意图

将核函数 $k(x_i, x_j)$ 代入式(2.33)，得到非线性 SVR 模型的数学模型：

$$\max \quad -\frac{1}{2}\sum_{i,j=1}^{n}(\alpha_i - \alpha_i^*)(\alpha_j - \alpha_j^*)k(x_i, x_j) - \varepsilon\sum_{i=1}^{n}(\alpha_i + \alpha_i^*) + \sum_{i=1}^{n}y_i(\alpha_i - \alpha_i^*) \tag{2.35}$$

$$\text{s.t.} \quad \sum_{i=1}^{n}(\alpha_i - \alpha_i^*) = 0, \quad \alpha_i, \alpha_i^* \in [0, C]$$

因此，非线性 SVR 的模型为

$$f(x) = \sum_{i=1}^{n}(\alpha_i^* - \alpha_i)k(x_i, x) + b \tag{2.36}$$

常用的核函数包括线性核函数、多项式核函数、高斯核函数、Sigmoid 核函数、非齐次多项式核函数等，具体的表达式如表 2.7 所示。

表 2.7　SVR 模型常见的核函数

函数名称	表达式
线性核函数	$k(x, x') = x^{\mathrm{T}} \cdot x'$
齐次多项式核函数	$k(x, x') = \langle x \cdot x' \rangle^d$
非齐次多项式核函数	$k(x, x') = (\langle x \cdot x' \rangle + c)^d$
Sigmoid 核函数	$k(x, x') = \tanh(k(x, x') + \theta)$
高斯核函数	$k(x, x') = \exp\left(-\dfrac{x - x'}{2\sigma^2}\right)$

2.2.2　变可信度近似建模方法

变可信度近似模型能够通过集成高/低精度样本点数据，平衡近似建模成本和模型预测能力。变可信度近似建模方法主要分为三类：①基于标度函数的变可信度近似建模方法；②基于空间映射的变可信度近似建模方法；③Co-Kriging 变可信度近似建模方法。

1. 基于标度函数的变可信度近似建模方法

根据标度函数采用的单精度近似模型类型，基于标度函数的变可信度近似建模方法可以分为局部变可信度近似建模方法(如基于 Tayler 展开的变可信度近似建模方法)和全局变可信度近似建模方法(如基于 SVR 的变可信度近似建模方法)。根据高精度分析模型信息对低精度分析模型进行修正的方式不同，基于标度函数的变可信度近似建模方法又可以细分为三类：基于乘法标度函数的变可信度近似建模方法、基于加法标度函数的变可信度近似建模方法和基于混合标度函数的变可信度近似建模方法。本节以第二种分类准则对基于标度函数的变可信度近似建模方法进行介绍。

假设可用的高/低精度样本点数据如下：

$$
\begin{aligned}
&X^{\mathrm{l}}=\{x_1^{\mathrm{l}},x_2^{\mathrm{l}},\cdots,x_{N_{\mathrm{l}}}^{\mathrm{l}}\},\quad f^{\mathrm{l}}=\{f_1^{\mathrm{l}},f_2^{\mathrm{l}},\cdots,f_{N_{\mathrm{l}}}^{\mathrm{l}}\}\\
&X^{\mathrm{h}}=\{x_1^{\mathrm{h}},x_2^{\mathrm{h}},\cdots,x_{N_{\mathrm{h}}}^{\mathrm{h}}\},\quad f^{\mathrm{h}}=\{f_1^{\mathrm{h}},f_2^{\mathrm{h}},\cdots,f_{N_{\mathrm{h}}}^{\mathrm{h}}\}
\end{aligned}
\tag{2.37}
$$

其中，$X^{\mathrm{l}}=\{x_1^{\mathrm{l}},x_2^{\mathrm{l}},\cdots,x_{N_{\mathrm{l}}}^{\mathrm{l}}\}$ 表示低精度样本点集，N_{l} 为低精度样本点数；$f^{\mathrm{l}}=\{f_1^{\mathrm{l}},f_2^{\mathrm{l}},\cdots,f_{N_{\mathrm{l}}}^{\mathrm{l}}\}$ 表示低精度分析模型的输出响应；$X^{\mathrm{h}}=\{x_1^{\mathrm{h}},x_2^{\mathrm{h}},\cdots,x_{N_{\mathrm{h}}}^{\mathrm{h}}\}$ 表示高精度样本点集，N_{h} 为高精度样本点数；$f^{\mathrm{h}}=\{f_1^{\mathrm{h}},f_2^{\mathrm{h}},\cdots,f_{N_{\mathrm{h}}}^{\mathrm{h}}\}$ 表示高精度分析模型的输出响应。

1) 基于乘法标度函数的变可信度近似建模方法

Haftka[38]于 1991 年首次提出了基于乘法标度函数的变可信度近似建模(multiplicative scaling function based variable-fidelity metamodeling，MS-VFM)方法。在 MS-VFM 方法中，标度因子 l_i 定义为高精度样本点 x_i^{h} 处的高/低精度分析模型的输出响应之间的比：

$$
l_i(x_i^{\mathrm{h}})=\frac{f^{\mathrm{h}}(x_i^{\mathrm{h}})}{\hat{f}^{\mathrm{l}}(x_i^{\mathrm{h}})}
\tag{2.38}
$$

其中，$l_i(x_i^{\mathrm{h}})$ 为高精度样本点 x_i^{h} 处的标度因子；$f^{\mathrm{h}}(x_i^{\mathrm{h}})$ 为高精度样本点 x_i^{h} 处高精度分析模型输出响应；$\hat{f}^{\mathrm{l}}(x_i^{\mathrm{h}})$ 为高精度样本点 x_i^{h} 处低精度分析模型输出响应。

为了在整个设计空间中获得高/低精度分析模型响应之间的比，分别取高精度样本点集 $X^{\mathrm{h}}=\{x_1^{\mathrm{h}},x_2^{\mathrm{h}},\cdots,x_{N_{\mathrm{h}}}^{\mathrm{h}}\}$ 和标度因子集 $l=\{l_1,l_2,\cdots,l_{N_{\mathrm{h}}}\}$ 作为输入和输出来构建乘法标度函数 $\hat{l}(x)$。那么，基于乘法标度函数的变可信度近似模型可数学描述为

$$\hat{f}_{\mathrm{vf}}(x)=\hat{f}^{\mathrm{l}}(x)\hat{l}(x) \tag{2.39}$$

值得指出的是，当存在高精度样本点 x_i^{h} 处低精度分析模型的输出响应等于零时，MS-VFM 可能会失效。这是因为最优化解通常位于约束边界，这个特征在一定程度上限制了 MS-VFM 在装备优化设计领域中的应用。

2）基于加法标度函数的变可信度近似建模方法

为了克服 MS-VFM 的缺点，Lewis 等[39]提出了基于加法标度函数的变可信度近似建模（additive scaling function based variable-fidelity metamodeling，AS-VFM）方法。在 AS-VFM 中，标度因子 γ_i 定义为高精度样本点 x_i^{h} 处的高/低精度分析模型的输出响应之间的差值：

$$\gamma_i(x_i^{\mathrm{h}})=f^{\mathrm{h}}(x_i^{\mathrm{h}})-f^{\mathrm{l}}(x_i^{\mathrm{h}}) \tag{2.40}$$

其中，$\gamma_i(x_i^{\mathrm{h}})$ 为高精度样本点 x_i^{h} 处的标度因子。

为了在整个设计空间中获得高/低精度分析模型响应之间的差异，分别取高精度样本点集 $X^{\mathrm{h}}=\{x_1^{\mathrm{h}},x_2^{\mathrm{h}},\cdots,x_{N_{\mathrm{h}}}^{\mathrm{h}}\}$ 和标度因子集 $\gamma=\{\gamma_1,\gamma_2,\cdots\gamma_{N_{\mathrm{h}}}\}$ 作为输入和输出来构建加法标度函数 $\hat{\gamma}(x)$。那么，基于加法标度函数的变可信度近似模型可数学描述为

$$\hat{f}_{\mathrm{vf}}(x)=\hat{f}^{\mathrm{l}}(x)+\hat{\gamma}(x) \tag{2.41}$$

由于 AS-VFM 的概念直观且建模简洁，成为基于标度函数的变可信度近似建模中最常用的方法，已广泛被应用于装备优化设计。

3）基于混合标度函数的变可信度近似建模方法

为了利用乘法标度函数和加法标度函数的优点，Gano 等[40]于 2005 年提出了一种基于混合标度函数的变可信度近似建模（hybrid scaling function based variable-fidelity metamodeling，HS-VFM）方法。在 HS-VFM 中，将 MS-VFM 和 AS-VFM 的输出响应加在一起，并引入权重系数以反映它们的相对贡献率。那么，基于混合标度函数的变可信度近似模型可数学描述为

$$\hat{f}_{\mathrm{vf}}(x)=\omega(\hat{l}(x)\hat{f}^{\mathrm{l}}(x))+(1-\omega)(\hat{f}^{\mathrm{l}}(x)+\hat{\gamma}(x)) \tag{2.42}$$

其中，ω 为权重系数，通常根据已获得的产品知识或设计人员经验确定。

2. 基于空间映射的变可信度近似建模方法

基于空间映射的变可信度近似建模(space mapping based variable-fidelity metamodeling, SM-VFM)方法由 Bandler 等[41]于 1994 首次提出。这种方法的关键思想是寻找合适的转换关系，将高精度分析模型的输入集 $X^{\mathrm{h}}=\{x_1^{\mathrm{h}},x_2^{\mathrm{h}},\cdots,x_{N_{\mathrm{h}}}^{\mathrm{h}}\}$ 与低精度分析模型的输入集 $X^{\mathrm{l}}=\{x_1^{\mathrm{l}},x_2^{\mathrm{l}},\cdots,x_{N_{\mathrm{l}}}^{\mathrm{l}}\}$ 进行匹配。寻找合适的转换关系通常是一个迭代的过程，且在转换关系下，高/低精度分析模型的输出响应必须满足

$$\left\|\hat{f}^{\mathrm{l}}(x^{\mathrm{h}})-\hat{f}^{\mathrm{l}}(x^{\mathrm{l}})\right\|\leqslant\varepsilon \tag{2.43}$$

其中，ε 为容差因子；$\|\cdot\|$ 表示设计者选定的范数形式。

SM-VFM 方法的主要优点是允许高/低精度分析模型的设计空间维度不一致。值得指出的是，由于装备优化设计问题通常属于多维度问题，因此，在 SM-VFM 中，寻找合适的转换关系对多维度-多维度进行匹配较为困难，这无疑制约了其在装备优化设计领域的应用。

3. Co-Kriging 变可信度近似建模方法

Co-Kriging 是一种基于贝叶斯理论的变可信度近似建模方法，由 Kennedy 等[42]于 2000 年首次提出。在 Co-Kriging 方法中，GP 模型用于定义变可信度近似模型的输出响应 $\hat{f}_{\mathrm{vf}}(x)$。$\hat{f}_{\mathrm{vf}}(x)$ 由校准后的低精度输出响应和差异函数两部分组成：

$$\hat{f}_{\mathrm{vf}}(x)=\rho f^{\mathrm{l}}(x,\theta)+\delta(x) \tag{2.44}$$

其中，$f^{\mathrm{l}}(x,\theta)$ 与 $\delta(x)$ 为两个相互独立的高斯过程，即

$$f^{\mathrm{l}}(x,\theta)\sim\mathrm{GP}(h_{\mathrm{l}}^{\mathrm{T}}(x)\beta^{\mathrm{l}},\sigma_{\mathrm{l}}^2 r^{\mathrm{r}}(x,x')) \tag{2.45}$$

$$\delta(x)\sim\mathrm{GP}(h_{\delta}^{\mathrm{T}}(x)\beta_{\delta},\sigma_{\delta}^2 r^{\delta}(x,x')) \tag{2.46}$$

其中，$h_{\mathrm{l}}^{\mathrm{T}}(x)$ 和 $h_{\delta}^{\mathrm{T}}(x)$ 分别为低精度分析模型和差异函数的回归函数向量；$r^{\mathrm{r}}(x,x')$ 和 $r^{\delta}(x,x')$ 分别为低精度分析模型和差异函数的相关函数；β^{l} 和 β_{δ} 分别为低精度分析模型和差异函数的回归系数向量；σ_{l}^2 和 σ_{δ}^2 分别为低精度分析模型和差异函数的方差。

由于 Co-Kriging 变可信度近似模型以贝叶斯理论为基础，因此能够提供非试验样本点处的预测误差。这一特征对于在有限样本点条件下获取近似模型的预测精度格外重要。这也使得 Co-Kriging 变可信度近似模型成为不确定性设计优化领

域中最有前景的变可信度近似建模方法。然而，在构建 Co-Kriging 变可信度近似模型的过程中，需要一次性计算的超参数数量过多，导致 Co-Kriging 建模过程复杂，建模效率不高。

2.3　近似模型预测精度评价指标

近似模型被用于装备性能快速预测或辅助优化设计的前提是近似模型的预测性能能够达到设计问题所需要的最低要求。近似模型的预测精度评价指标可以分为全局预测精度指标和局部预测精度指标。

2.3.1　全局预测精度评价指标

1. 均方误差

均方误差(MSE)的计算公式如下：

$$\mathrm{MSE}=\frac{1}{t}\sum_{i=1}^{t}(y_i(x_i)-\hat{y}_i(x_i))^2,\quad x_i\in X_t \tag{2.47}$$

其中，X_t 为验证点集；t 为验证点数量；x_i 为验证点；$y_i(x_i)$ 为验证点处的真实输出值；$\hat{y}_i(x_i)$ 为验证点处近似模型的预测值。MSE 越小，近似模型的全局预测精度越高。

2. 均方根误差

均方根误差(RMSE)的计算公式如下：

$$\mathrm{RMSE}=\sqrt{\frac{1}{t}\sum_{i=1}^{t}(y_i(x_i)-\hat{y}_i(x_i))^2},\quad x_i\in X_t \tag{2.48}$$

RMSE 能保证精度指标与输出性能的单位一致，因此相比 MSE，在近似模型的全局精度检验中 RMSE 更常用。RMSE 越小，近似模型的全局预测精度越高。

3. 相对平均绝对误差

相对平均绝对误差(RAAE)的计算公式如下：

$$\mathrm{RAAE}=\frac{\sum_{i=1}^{t}\left|y_i(x_i)-\hat{y}_i(x_i)\right|}{t\times \mathrm{STD}},\quad x_i\in X_t \tag{2.49}$$

其中，STD 为验证点集 X_t 内所有验证点处真实输出响应的标准偏差，表达式为

$$\mathrm{STD}=\sqrt{\frac{1}{t-1}\sum_{i=1}^{t}(y_i(x_i)-\overline{y}(x))^2},\quad x_i\in X_t \tag{2.50}$$

其中，$\overline{y}(x)$ 为验证点集 X_t 内所有验证点处真实输出响应的均值。RAAE 越小，近似模型的全局预测精度越高。

4. 相关系数

相关系数(R^2)的计算公式如下：

$$R^2=1-\frac{\sum_{i=1}^{t}(y_i(x_i)-\hat{y}_i(x_i))^2}{\sum_{i=1}^{t}(y_i(x_i)-\overline{y}_i)^2},\quad x_i\in X_t \tag{2.51}$$

相关系数 R^2 的值越接近于 1，近似模型的全局预测精度越高。

5. 相对均方根误差

相对均方根误差(RRMSE)的计算公式如下：

$$\mathrm{RRMSE}=\frac{1}{\mathrm{STD}}\sqrt{\frac{1}{t}\sum_{i=1}^{t}(y_i(x_i)-\hat{y}_i(x_i))^2} \tag{2.52}$$

RRMSE 为变可信度近似模型在整体设计域中的全局预测准确性。RRMSE 越小，近似模型全局性能越强。

2.3.2 局部预测精度评价指标

1. 最大绝对误差

最大绝对误差(MAE)的计算公式如下：

$$\mathrm{MAE}=\max\left|\left(y_i(x_i)-\hat{y}_i(x_i)\right)\right|,\quad x_i\in X_t \tag{2.53}$$

2. 相对最大绝对误差

相对最大绝对误差(RMAE)的计算公式如下：

$$\mathrm{RMAE}=\frac{\max\left|\left(y_i(x_i)-\hat{y}_i(x_i)\right)\right|}{\mathrm{STD}},\quad x_i\in X_t \tag{2.54}$$

MAE 和 RMAE 都用来描述近似模型在设计空间局部区域的最大误差。MAE 和 RMAE 越小，近似模型的局部预测精度越高。

参 考 文 献

[1] Fisher R A. Statistical Methods for Research Workers[M]. Edinburgh: Oliver and Boyd, 1925.

[2] Taguchi G, Konishi S. Taguchi Methods: Orthogonal Array and Linear Graphs[M]. Dearborn: American Supplier Institute, 1987.

[3] Fang K T, Lin D K J, Winker P, et al. Uniform design: Theory and application[J]. Technometrics, 2000, 42(3): 237-248.

[4] Sobol I M. On the systematic search in a hypercube[J]. SIAM Journal on Numerical Analysis, 1979, 16(5): 790-793.

[5] Johnson M E, Moore L M, Ylvisaker D. Minimax and maximin distance designs[J]. Journal of Statistical Planning and Inference, 1990, 26(2): 131-148.

[6] Halton J H. On the efficiency of certain quasi-random sequences of points in evaluating multi-dimensional integrals[J]. Numerische Mathematik, 1960, 2(1): 84-90.

[7] Patterson H D. The errors of lattice sampling[J]. Journal of the Royal Statistical Society Series B(Methodological), 1954, 16(1): 140-149.

[8] Mckay M D, Beckman R J, Conover W J. A comparison of three methods for selecting values of input variables in the analysis of output from a computer code[J]. Technometrics, 2000, 42(1): 55-61.

[9] Owen A. Orthogonal arrays for computer experiments, integration and visualization[J]. Statistica Sinica, 1992, 2(2): 439-452.

[10] Jin R C, Chen W, Sudjianto A. An efficient algorithm for constructing optimal design of computer experiments[J]. Journal of Statistical Planning and Inference, 2005, 134(1): 268-287.

[11] Kalagnanam J R, Diwekar U M. An efficient sampling technique for off-line quality control[J]. Technometrics, 1997, 39(3): 308-319.

[12] Saka Y, Gunzburger M, Burkardt J. Latinized, improved LHS, and CVT point sets in hypercubes[J]. International Journal of Numerical Analysis and Modeling, 2007, 4(3-4): 729-743.

[13] Kleijnen J P C. Design and Analysis of Simulation Experiments[M]. New York: Springer, 2007.

[14] Chen J J, Qian P Z G. Latin hypercube designs with controlled correlations and multi-dimensional stratification[J]. Biometrika, 2014, 101(2): 319-332.

[15] Liu H T, Xu S L, Wang X F. Sequential sampling designs based on space reduction[J]. Engineering Optimization, 2014, 47(7): 867-884.

[16] Morris M D, Mitchell T J. Exploratory designs for computational experiments[J]. Journal of

Statistical Planning and Inference, 1995, 43(3): 381-402.

[17] Xu S L, Liu H T, Wang X F, et al. A robust error-pursuing sequential sampling approach for global metamodeling based on Voronoi diagram and cross validation[J]. Journal of Mechanical Design, 2014, 136(7): 071009.

[18] Wang G G, Shan S. Review of metamodeling techniques in support of engineering design optimization[J]. Journal of Mechanical Design, 2007, 129(4): 370-380.

[19] Mehmani A. Uncertainty-integrated surrogate modeling for complex system optimization[D]. Syracuse: Syracuse University, 2015.

[20] Razavi S, Tolson B A, Burn D H. Review of surrogate modeling in water resources[J]. Water Resources Research, 2012, 48(7): 7401.

[21] Fang H, Rais-Rohani M, Liu Z, et al. A comparative study of metamodeling methods for multiobjective crashworthiness optimization[J]. Computers & Structures, 2005, 83(25-26): 2121-2136.

[22] Prebeg P, Zanic V, Vazic B. Application of a surrogate modeling to the ship structural design[J]. Ocean Engineering, 2014, 84: 259-272.

[23] Jin R, Chen W, Simpson T W. Comparative studies of metamodelling techniques under multiple modelling criteria[J]. Structural and Multidisciplinary Optimization, 2001, 23(1): 1-13.

[24] Edwards J R. Alternatives to difference scores: Polynomial regression and response surface methodology[J]. Advances in Measurement and Data Analysis, 2002, 13: 350-400.

[25] Mitchell T M. Artificial neural networks[J]. Machine Learning, 1997, 45: 81-127.

[26] Fang H, Horstemeyer M F. Global response approximation with radial basis functions[J]. Engineering Optimization, 2006, 38(4): 407-424.

[27] Jin W, Li Z J, Wei L S, et al. The improvements of BP neural network learning algorithm[C]. 5th International Conference on Signal Processing, Beijing, 2000: 2-31.

[28] Friedman J H. Multivariate adaptive regression splines[J]. The Annals of Statistics, 1991, 19(1): 1-67.

[29] Clarke S M, Griebsch J H, Simpson T W. Analysis of support vector regression for approximation of complex engineering analyses[J]. Journal of Mechanical Design, 2005, 127(6): 1077-1087.

[30] Lancaster P, Salkauskas K. Surfaces generated by moving least squares methods[J]. Mathematics of Computation, 1981, 37(155): 141-158.

[31] Safavian S R, Landgrebe D. A survey of decision tree classifier methodology[J]. IEEE Transactions on Systems, Man, and Cybernetics, 1991, 21(3): 660-674.

[32] Williams C K, Rasmussen C E. Gaussian processes for regression[J]. Advances in Neural Information Processing Systems, 1996, 13: 514-520.

[33] Steuben J, Turner C J. Robust optimization exploration using NURBS-based metamodeling techniques[C]. ASME International Design Engineering Technical Conferences and Computers and Information in Engineering Conference, Montreal, 2010: 239-250.

[34] Chen S S, Jiang Z, Yang S X, et al. Multimodel fusion based sequential optimization[J]. American Institute of Aeronautics and Astronautics Journal, 2016, 55(1): 1-14.

[35] Chen S S, Jiang Z, Yang S X, et al. Nonhierarchical multi-model fusion using spatial random processes[J]. International Journal for Numerical Methods in Engineering, 2016, 106(7): 503-526.

[36] Kleijnen J P C. Regression and Kriging metamodels with their experimental designs in simulation: A review[J]. European Journal of Operational Research, 2017, 256(1): 1-16.

[37] Rasmussen C E. Gaussian processes in machine learning[M]//Rasmussen C E. Advanced Lectures on Machine Learning. Berlin: Springer. 2004: 63-71.

[38] Haftka R T. Combining global and local approximations[J]. American Institute of Aeronautics and Astronautics Journal, 1991, 29(9): 1523-1525.

[39] Lewis R, Nash S. A multigrid approach to the optimization of systems governed by differential equations[C]. 8th Symposium on Multidisciplinary Analysis and Optimization, Long Beach, 2000: 4890.

[40] Gano S E, Renaud J E, Sanders B. Hybrid variable fidelity optimization by using a Kriging-based scaling function[J]. American Institute of Aeronautics and Astronautics Journal, 2005, 43(11): 2422-2433.

[41] Bandler J W, Biernacki R M, Chen S H, et al. Space mapping technique for electromagnetic optimization[J]. IEEE Transactions on Microwave Theory and Techniques, 1994, 42(12): 2536-2544.

[42] Kennedy M, O'Hagan A. Predicting the output from a complex computer code when fast approximations are available[J]. Biometrika, 2000, 87(1): 1-13.

第 3 章 单输出场景下的变可信度近似建模方法

变可信度近似建模方法旨在通过利用大量低精度样本点描述系统变化趋势，并用少量高精度样本点修正模型，以平衡模型精度和建模成本。在单输出场景下，这种方法可有效地捕捉系统的变化趋势，并提供准确的不确定性估计。本章针对上一章介绍的标度函数、空间映射、Co-Kriging 三类方法，分别介绍提出的基于组合标度(ensemble measure，EM)函数的变可信度近似建模方法、基于空间映射(space mapping, SM)的变可信度近似建模方法和一种通用型 Co-Kriging 变可信度近似建模方法的核心思想、建模流程及测试函数验证。

3.1 基于标度函数的变可信度近似建模方法

由 2.2.2 节可知，标度函数的选取对基于标度函数的变可信度近似模型的预测精度有着重要的影响。本节介绍一种基于组合标度函数的变可信度近似建模方法。该方法首先建立一个基于高/低精度样本点的线性近似模型。然后，将所得到的线性近似模型作为基础近似模型，利用标度函数对其与高精度样本点的差异进行标度。其中，标度函数利用组合近似模型而非任选某一种近似模型来选取。当所构建的变可信度近似模型的准确性达到要求时，可以替代耗时的高精度分析模型，用于工程装备性能的快速预测。

基于组合标度函数的变可信度近似模型可以数学描述为

$$\hat{f}_{\mathrm{vf}}(x)=\hat{y}_{\mathrm{l,tuned}}(x)+c(x)=a_0+a_1y_1(x)+c(x) \tag{3.1}$$

其中，线性标度系数 a_0 和 a_1 用于对低精度分析模型进行线性标定；$c(x)$ 为标度函数，用于标度线性近似模型 $\hat{y}_{\mathrm{l,tuned}}(x)$ 和真实的高精度模型 $y_{\mathrm{h}}(x)$ 之间的差异，$\hat{y}_{\mathrm{l,tuned}}(x)$ 为标定后的近似模型，在随后的过程中将被当成基础近似模型；$y_{\mathrm{l}}(x)$ 为原始的低精度模型，若低精度近似模型为黑箱函数，可构建近似模型 $\hat{y}_{\mathrm{l}}(x)$ 进行近似，为了表述的简单和通用，下面采用低精度近似模型 $\hat{y}_{\mathrm{l}}(x)$ 进行叙述。

1. 线性近似模型的建模

线性标度系数 a_0 和 a_1 的作用是使低精度分析模型的输出响应尽量逼近高精度分析模型。求解线性标度系数的方法包括交叉验证方法、最小二乘法和极大似然估计法等。由于最小二乘法概念简单，易于实施，本节采用最小二乘法获得线

性标度系数。引入线性标度系数的限界约束条件，则求解 a_0 和 a_1 的优化模型可以数学表述为

$$\begin{aligned}&\min \quad L(a_0,a_1)=\sum_{i=1}^{N_\mathrm{h}}[y_\mathrm{h}(x_i)-(a_0+a_1\hat{y}_\mathrm{l}(x_i))]^2\\&\text{s.t.} \quad l_0\leqslant a_0\leqslant u_0, \quad l_1\leqslant a_1\leqslant u_1\end{aligned} \tag{3.2}$$

其中，$L(a_0,a_1)$ 为平方损失函数；$x_i(i=1,2,\cdots,N_\mathrm{h})$ 为高精度样本点；参数 a_0 和 a_1 的边界约束 (l_0,u_0)、(l_1,u_1) 由高/低精度分析模型之间的全局差异与乘法缩放的先验知识确定，这样可有效避免数据不足时在线性范围内出现过拟合。值得说明的是，线性标度系数 a_0 和 a_1 除了常数项的形式外，也可以采用线性项和平方项等。

当通过求解式(3.2)获得最优线性标度系数 a_0^* 和 a_1^* 后，线性近似模型 $\hat{y}_\mathrm{l,tuned}(x)$ 表达式为

$$\hat{y}_\mathrm{l,tuned}(x)=a_0^*+a_1^*\hat{y}_\mathrm{l}(x) \tag{3.3}$$

$\hat{y}_\mathrm{l,tuned}(x)$ 为标定后的近似模型，其在随后的过程中将被当成基础近似模型。

2. 组合标度函数的构建

在有限的高精度样本点下，线性近似模型通常无法准确预测高精度分析模型的响应。将获得的线性近似模型作为基础近似模型，所构建的标度函数旨在修正线性近似模型与高精度分析模型之间的残差。假设 $X^\mathrm{h}=\{x_1^\mathrm{h},x_2^\mathrm{h},\cdots,x_{N_\mathrm{h}}^\mathrm{h}\}$ 表示高精度样本点集；$y_\mathrm{h}=\{y_1^\mathrm{h},y_2^\mathrm{h},\cdots,y_{N_\mathrm{h}}^\mathrm{h}\}$ 表示高精度样本点处的输出响应。高精度分析模型与基础近似模型之间的残差 $c=\{c_1,c_2,\cdots,c_{N_\mathrm{h}}\}$ 可以由式(3.4)计算获得：

$$c(x_i)=y_\mathrm{h}(x_i)-(a_0^*+a_1^*\hat{y}_\mathrm{l}(x_i)), \quad i=1,2,\cdots,N_\mathrm{h} \tag{3.4}$$

由于高精度样本点集 X^h 与残差 c 之间的关系非显式表达，传统的近似模型均可以作为标度函数用于拟合残差 c。例如，Xiong 等[1]建立 Kriging 模型作为标度函数拟合残差 c；Zheng 等[2]提出构建 SVR 模型作为标度函数拟合残差 c。这些做法的主要缺点在于数据集 X^h 与残差 c 之间的关系并不能由一个先验知识表达，所建立的单一近似模型的精度很大程度上取决于当前的样本点集和/或所解决问题特性，并不能保证所选择的近似模型在不同训练集或面对建模问题时仍然表现良好。考虑到组合近似模型能够综合利用各个单一近似模型的预测性能，因此，采用组合近似模型来拟合残差 c，对于提高变可信度近似模型的预测性能和鲁棒性更有前景。本节考虑了三种单一近似模型，包括 Kriging、RBF 和 SVR 模型。组合近似模型可以利用不同单一近似模型的加权来构建，则残差 c 的近似模型可以

描述为

$$\hat{c}(x)=\sum_{j=1}^{3}w_j\hat{c}_j(x) \tag{3.5}$$

其中，$\hat{c}(x)$ 为组合近似模型预测获得的残差值；$\hat{c}_j(x)(j=1,2,3)$ 分别表示利用 Kriging、RBF 和 SVR 近似模型预测获得的残差值。对于 Kriging 近似模型（j=1）来说，$\hat{c}_1(x)$ 为最小化 MSE 的最优线性无偏估计：

$$\text{MSE}[\hat{c}_1(x)]=E[\lambda^{\text{T}}(x)C_1-C_1(x)]^2 \tag{3.6}$$

其中，λ 为权重系数；C_1 为系数向量。

无偏约束为

$$E[\lambda^{\text{T}}(x)C_1]=E[C_1(x)] \tag{3.7}$$

一旦选定相关函数 $R(\cdot)$ 和 $r^{\text{T}}(x)=(R(x,x^1),R(x,x^2),\cdots,R(x,x^n))$，参数向量 θ（相关函数中的参数）就可以通过求解样本点集数据关于 θ 的极大似然函数得到。经过推导后可以得到 $\hat{c}_1(x)$：

$$\begin{aligned}&\hat{c}_1(x)=\hat{\beta}+(r^*)^{\text{T}}(R^*)^{-1}[Y_{\text{h}}-(a_0^*+a_1^*Y_1)-\hat{\beta}p]\\&\hat{\beta}=(p^{\text{T}}R^{-1}p)^{-1}p^{\text{T}}R^{-1}[Y_{\text{h}}-(a_0^*+a_1^*Y_1)]\end{aligned} \tag{3.8}$$

其中，p 为回归函数向量；Y_{h} 为高精度样本点响应；Y_1 为低精度样本点响应。

对于 RBF 近似模型（j=2），当获得最优线性标度系数 a_0^* 和 a_1^* 后，可以由式(3.10)计算得到最优权重系数 λ^*：

$$\lambda_i=(\varPhi^{\text{T}}\varPhi+\varLambda)^{-1}\varPhi^{\text{T}}y_i \tag{3.9}$$

$$\lambda_i^*=(\varPhi^{\text{T}}\varPhi+\varLambda)^{-1}\varPhi^{\text{T}}[y_{\text{h}}(x_i)-(a_0^*+a_1^*\hat{y}_1(x_i))] \tag{3.10}$$

其中，$\varPhi$ 为径向基函数矩阵；$\varLambda$ 为误差函数；y_i 为第 i 个样本点的输出响应。

本节选择了应用最为广泛的高斯函数作为径向基函数。当得到式(3.10)中的最优权重系数 λ_i^* 后，$\hat{c}_2(x)$ 可以由式(3.11)进行计算：

$$\hat{c}_2(x)=\sum_{i=1}^{N_{\text{h}}}\lambda_i^*\phi(\|x-x_i\|) \tag{3.11}$$

在建立 SVR 近似模型（j=3）时，选用参数少和总体性能好的高斯函数作为核函数。向量δ和δ^*通过求解如下二次规划问题得到：

$$\begin{aligned}\max\quad & -\frac{1}{2}\sum_{i,j=1}^{N_{\mathrm{h}}}(\delta_i-\delta_i^*)(\delta_j-\delta_j^*)\exp\left(\frac{\left\|x_i-x_j\right\|}{2\sigma^2}\right)\\ & -\varepsilon\sum_{i=1}^{N_{\mathrm{h}}}(\delta_i+\delta_i^*)+\sum_{i=1}^{N_{\mathrm{h}}}[f_{\mathrm{h}}(x_i)-(a_0^*+a_1^*\hat{y}_1(x_i))](\delta_i-\delta_i^*)\\ \text{s.t.}\quad & \sum_{i=1}^{N_{\mathrm{h}}}(\delta_i-\delta_i^*)=0,\quad (\delta_i-\delta_i^*)\in[0,C],\quad i,j=1,2,\cdots,N_{\mathrm{h}}\end{aligned}\tag{3.12}$$

当得到最优的δ和δ^*后，$\hat{c}_3(x)$可以通过式(3.13)进行计算：

$$\hat{c}_3(x)=\sum_{i=1}^{N_{\mathrm{h}}}(\delta_i-\delta_i^*)\exp\left(\frac{\left\|x_i-x_j\right\|}{2\sigma^2}\right)+b,\quad i,j=1,2,\cdots,N_{\mathrm{h}}\tag{3.13}$$

式(3.5)中的$w_j\,(j=1,2,3)$为反映三种近似模型在组合近似模型中相对贡献程度的权重。为了得到响应的无偏估计，对权重进行如下约束：

$$\sum_{j=1}^{3}w_j=1\tag{3.14}$$

权重的值取决于单一近似模型的预测精度，预测精度高的近似模型分配的权重宜取大值，反之，则取小值。本节中，权重通过最小化组合近似模型的广义均方留一误差 $\mathrm{GMSE_{LOO}}$ 计算得到。留一法是一种用于评估近似模型精度的交叉验证方法。计算 $\mathrm{GMSE_{LOO}}$ 的基本过程可分为三步。

步骤 1：对于给定的高精度样本点集 $X^{\mathrm{h}}=\{x_1^{\mathrm{h}},x_2^{\mathrm{h}},\cdots,x_{N_{\mathrm{h}}}^{\mathrm{h}}\}$，去除其中一个样本点。

步骤 2：利用剩余的样本 $X_{-i}^{\mathrm{h}}=\{x_1^{\mathrm{h}},x_2^{\mathrm{h}},\cdots,x_{i-1}^{\mathrm{h}},x_{i+1}^{\mathrm{h}},\cdots,x_{N_{\mathrm{h}}}^{\mathrm{h}}\}$ 建立组合近似模型，并用其预测被去除的样本点处的响应值。

步骤 3：计算预测值与真实值的平方差。

重复步骤 1～步骤 3 直到遍历样本点集中的所有样本点。利用此方法，不需要额外的样本点来计算误差。

组合近似模型的 $\mathrm{GMSE_{LOO}}$ 可以写成

$$\mathrm{GMSE_{LOO}}=\sum_{i=1}^{N_{\mathrm{h}}}(\hat{y}_{\mathrm{en},-i}(x_i)-y(x_i))^2/N_{\mathrm{h}}\tag{3.15}$$

其中，$y(x_i)$ 为在 x_i 处的真实响应；$\hat{y}_{\mathrm{en},-i}(x_i)$ 为去除样本点 x_i 后的样本点集训练得到的组合近似模型的预测值。

结合式(3.5)的组合近似模型的加权和表达式与式(3.5)的误差预测标准，可以建立求解最优权重 w_j^* 的约束最小化问题，即

$$\begin{aligned} &\min \quad \mathrm{GMSE_{LOO}}(w_j)=\sum_{i=1}^{N_\mathrm{h}}\left(\sum_{j=1}^{3}w_j\hat{c}_j(x_i)-c(x_i)\right)^2 \Big/ N_\mathrm{h} \\ &\mathrm{s.t.} \quad \sum_{i=1}^{3}w_j=1 \end{aligned} \tag{3.16}$$

式(3.16)中的优化问题并不一定具有凸性，所以进化算法更适合求解该问题。本节采用遗传算法求解上述优化问题，约束条件利用罚函数处理。获得最优权重后，变可信度近似模型可以由式(3.17)计算：

$$\hat{y}_{\mathrm{vf}}(x)=\hat{y}_{\mathrm{l,tuned}}(x)+c(x)=a_0^*+a_1^*\hat{y}_\mathrm{l}(x)+\sum_{j=1}^{3}w_j^*\hat{c}_j(x) \tag{3.17}$$

3. 基于组合标度函数的变可信度近似建模流程

基于组合标度函数的变可信度近似建模方法的流程如图 3.1 所示。各步骤具体如下。

步骤 1：生成高/低精度样本点集 X^h 和 X^l。低精度分析模型计算成本低，样本点集 X^l 样本点数量较大，而高精度分析模型计算耗时，样本点集 X^h 的样本点数量相对较小。

步骤 2：计算低精度分析模型在低精度样本点集 X^l 的响应。

步骤 3：计算高精度分析模型在高精度样本点集 X^h 的响应。

步骤 4：利用低精度样本点建立低精度模型的近似模型。

步骤 5：利用式(3.2)获得最优线性标度系数 a_0^* 和 a_1^*，参照式(3.3)获得线性近似模型，使得低精度近似模型更接近高精度真实响应。

步骤 6：利用组合近似模型建立标度函数。这一步骤更详细地分成以下几步。

步骤 6.1：利用式(3.4)计算高精度分析模型与标定后基础近似模型之差。

步骤 6.2：建立残差的三种单一近似模型(即 Kriging、RBF、SVR 近似模型)。

步骤 6.3：按式(3.16)最小化广义均方留一误差，获得三种单一近似模型的最优权重。

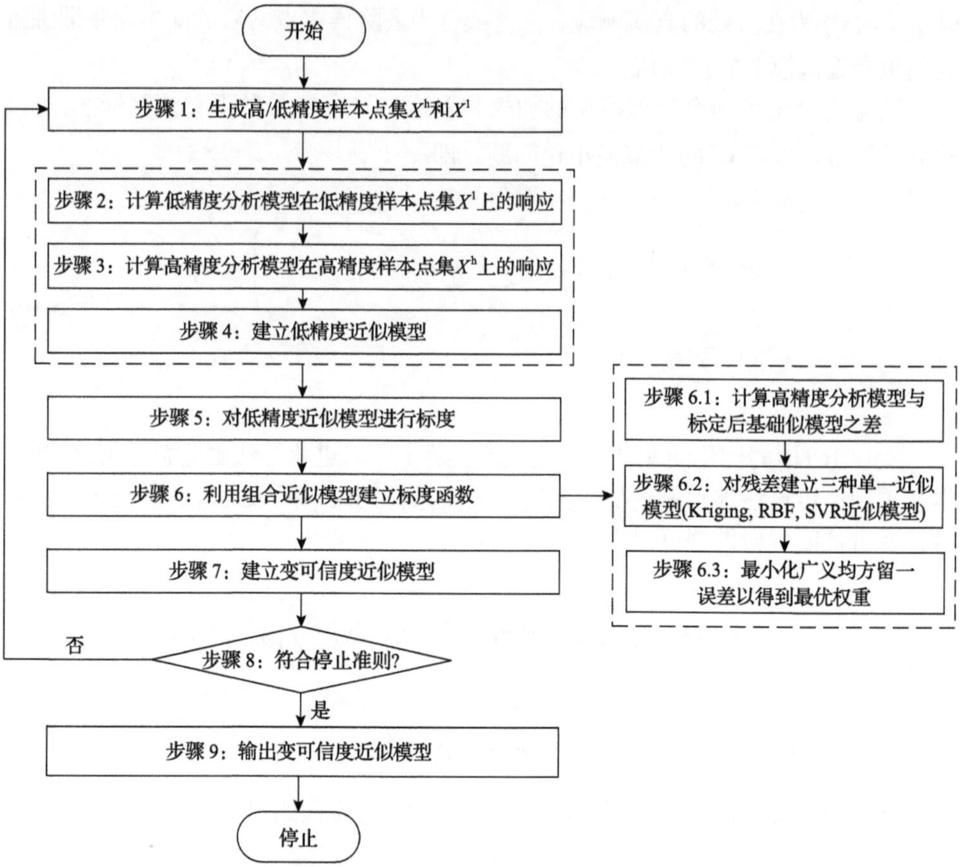

图 3.1　基于组合标度函数的变可信度近似建模方法的流程

步骤 7：利用式(3.17)建立变可信度近似模型。

步骤 8：检查是否符合停止准则。判断构建的变可信度近似模型的预测精度是否达到所期望的精度水平。如果达到，继续执行步骤 9，否则，返回到步骤 1。

步骤 9：输出变可信度近似模型。

需要指出的是，当低精度分析模型存在以下两种情况时可直接用于变可信度近似模型建模而不对其建立近似模型进行替代，即忽略步骤 2 和步骤 4。①低精度分析模型可以显式表达；②低精度分析模型不可显式表达，但相较于高精度分析模型计算成本可以忽略不计。

4. 数值算例及讨论

为了测试基于组合标度函数的变可信度近似建模方法的性能，选择五个测试函数与四种典型的基于标度函数的变可信度近似建模方法进行对比。这四种典型建模方法分别是：①基于 Kriging 标度函数的变可信度建模(double fidelity modle-Kriging，DFM-Kriging)方法；②基于 RBF 标度函数的变可信度建模(DFM-RBF)方法；③基于 SVR 标度函数的变可信度建模(DFM-SVR)方法；④基于组合标度函数的变可信度建模方法(DFM-EM)。为了排除低精度近似模型预测误差的影响，公平地比较这四种方法，本节假设低精度分析模型可直接用于变可信度近似建模。

测试函数的表达式如下，其中，y_h 表示高精度分析模型，y_l 表示低精度分析模型。

(1) SC (six-hump camel-back) 测试函数的公式如下：

$$\begin{aligned}&y_\text{h}=4x_1^2-2.1x_1^4+x_1^6/3+x_1x_2-4x_2^2+4x_2^4\\&y_\text{l}=f(0.7x_1,0.7x_1)+x_1x_2+\sin x_1+2x_2+\sin x_2+x_1\\&x_1\in[-2,2],\ \ x_2\in[-2,2]\end{aligned}\tag{3.18}$$

(2) HM (Himmelblau) 测试函数的公式如下：

$$\begin{aligned}&y_\text{h}=(x_1^2+x_2-11)^2+(x_2^2+x_1-7)^2\\&y_\text{l}=f(0.5x_1,0.8x_2)+x_2^3-(x_1+1)^2\\&x_1\in[-3,3],\ \ x_2\in[-3,3]\end{aligned}\tag{3.19}$$

(3) 2D Rosenbrock (2-dimensional Rosenbrock) 测试函数的公式如下：

$$\begin{aligned}&y_\text{h}=100(x_1^2-x_2)^2+(x_1-1)^2\\&y_\text{l}=70(x_1^2-x_2)^2+0.7(x_1-1)^2\\&x_1\in[-2.048,2.048],\ \ x_2\in[-2.048,2.048]\end{aligned}\tag{3.20}$$

(4) 3D Rosenbrock (3-dimensional Rosenbrock) 测试函数的公式如下：

$$\begin{aligned}&y_\text{h}=\sum_{i=1}^{2}[100(x_i^2-x_{i+1})^2+(x_i-1)^2]\\&y_\text{l}=90(x_1^2-x_2)^2+1.1(x_3-1)^2+100(x_2^2-x_3)^2+(x_2-1)^2\\&x_i\in[-2.048,2.048],\ \ i=1,2,3\end{aligned}\tag{3.21}$$

(5) DP (Dixon & Price) 测试函数的公式如下：

$$
\begin{aligned}
& y_{\mathrm{h}} = (x_1 - 1)^2 + \sum_{i=2}^{n} i(2x_i^2 - x_{i-1})^2 \\
& y_{\mathrm{l}} = (x_1 - 1)^2 + \sum_{i=2}^{n} i(2x_i^2 - 0.75x_{i-1})^2 \\
& x_i \in [-10, 10], \ \ i = 1, 2, 3, 4
\end{aligned}
\tag{3.22}
$$

为了获得均匀分布的样本点，本节采用优化拉丁超立方试验设计方法生成含有两组不同数量的高精度样本点集。样本点数量分别为 10 和 50。需要指出的是，相对于高精度分析模型，高精度样本点集里的大样本数量在低精度分析模型下仍然属于小样本的范畴。

采用三种不同的近似模型预测精度评价指标，即相对均方根误差(RRMSE)、相对最大绝对误差(RMAE)和相关系数(R^2)。RRMSE 和 R^2 反映近似模型的全局预测精度，而 RMAE 反映近似模型的局部预测精度。RRMSE/RMAE 的值越小，R^2 的值越大，近似模型的预测精度越高。三种精度评价指标的计算参照 2.3 节。

除了上述预测精度评价指标，变可信度近似模型的鲁棒性也是反映变可信度近似模型预测能力的指标。鲁棒性的量化可以通过离群点检测、鲁棒性指标、敏感性分析、交叉验证、集成方法等来实现。近似模型的鲁棒性衡量不同问题和不同样本规模下近似模型的预测性能。本节采用标准差(方差)来衡量不同变可信度近似模型的鲁棒性。

为了计算三种预测精度评价指标，每个数值算例使用了 1600 个额外的随机验证点。不同样本规模不同近似模型的精度评价指标结果如表 3.1 所示。在表 3.1 中，每个算例中的最好结果用粗体表示，最差结果用斜体表示。从表 3.1 可以直接看出：①在两种不同样本规模下所有数值算例中，基于组合标度函数的变可信度近似建模方法建立的近似模型均不是四种双可信度近似模型(double fidelity model, DFM)中表现最差的，而其他三种变可信度近似模型至少在一个算例中表现最差，这说明 DFM-EM 建模方法可以降低近似模型预测精度最差的风险。②对大多测试函数而言，DFM-EM 建立的近似模型在全局以及局部预测精度上均是最优的，特别是在小样本规模下。

图 3.2 反映了不同近似模型的精度与鲁棒性。从图 3.2(a)可以看出，DFM-EM 在三种精度指标下均表现最好。DFM-Kriging 在 RRMSE 和 R^2 指标上稍好于 DFM-RBF 和 DFM-SVR，而其 RMAE 最大。DFM-RBF 的 RRMSE 和 $1-R^2$ 最大，说明其在四种近似模型中全局预测精度最差。由图 3.2(b)可以看出，DFM-EM 在三种精度指标上的鲁棒性均为最好，而 DFM-Kriging 和 DFM-SVR 的鲁棒性相当。

表 3.1　不同样本规模不同近似模型的精度评价指标结果

测试函数	精度指标	样本规模（$N^h = 10$）				样本规模（$N^h = 50$）			
		DFM-Kriging	DFM-RBF	DFM-SVR	DFM-EM	DFM-Kriging	DFM-RBF	DFM-SVR	DFM-EM
SC	RMAE	1.3411	*2.5313*	1.7077	**0.5868**	*0.4242*	0.1160	0.3289	**0.2258**
	RRMSE	0.3850	*0.6582*	0.5089	**0.1794**	*0.0562*	0.0345	0.0477	**0.0325**
	R^2	0.8684	*0.6066*	0.8269	**0.9693**	*0.9973*	0.9988	0.9978	**0.999**
HM	RMAE	*1.1437*	1.1073	0.9918	**0.9313**	0.2979	0.1981	*0.3187*	**0.1966**
	RRMSE	*0.3148*	0.2692	0.2445	**0.2398**	0.0321	0.0253	*0.0431*	**0.0206**
	R^2	*0.9033*	0.9413	0.9426	**0.9435**	0.9990	0.9994	*0.9981*	**0.9996**
2D Rosenbrock	RMAE	*1.2015*	0.5710	0.9633	**8.3E-07**	*0.4421*	0.0292	0.1425	**2.4E-08**
	RRMSE	*0.1700*	0.0974	0.1488	**1.1E-07**	*0.0396*	0.0027	0.0132	**2.1E-09**
	R^2	*0.9783*	0.9920	0.985	**1.0000**	*0.9990*	**1.0000**	0.9999	**1.0000**
3D Rosenbrock	RMAE	0.2602	*0.2713*	0.2689	**0.2594**	*0.2275*	0.2003	**0.0933**	0.1808
	RRMSE	0.0600	**0.0544**	*0.0636*	0.0587	*0.0365*	0.0337	**0.0139**	0.0289
	R^2	0.9982	**0.9983**	*0.9982*	**0.9982**	*0.9991*	*0.9991*	**0.9998**	0.9994
DP	RMAE	0.0593	*0.0666*	0.0593	**0.0582**	0.0490	*0.0635*	**0.0057**	0.0272
	RRMSE	0.0132	*0.0141*	0.0130	**0.0126**	0.0075	*0.0131*	**0.0007**	0.0056
	R^2	**0.9998**	**0.9998**	**0.9998**	**0.9998**	0.9999	*0.9998*	**1.0000**	**1.0000**

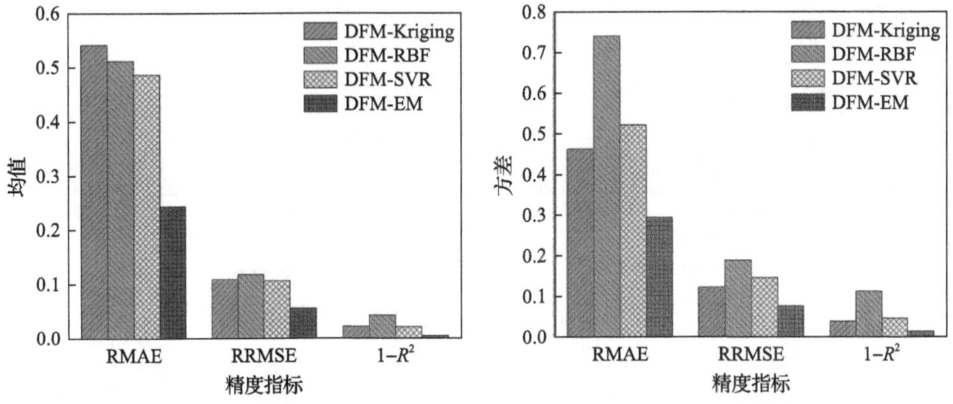

(a) 精度　　(b) 鲁棒性

图 3.2　不同近似模型的精度与鲁棒性

DFM-Kriging 在 RRMSE 和 $1-R^2$ 指标上比 DFM-SVR 稍好。DFM-RBF 在三种精度指标上的鲁棒性最差。总体来说，在所有算例中，DFM-EM 的平均精度与鲁棒性均最好。

不同样本规模下不同近似模型的精度与鲁棒性见图 3.3。观察图 3.3 可以看出，在不同样本点规模下，DFM-EM 的三种精度指标下的平均精度和鲁棒性均比其他三种近似模型好，除了在大样本规模下，其在 RMAE 指标下的精度和鲁棒性稍差于

DFM-RBF。小样本规模下，DFM-Kriging 表现比 DFM-RBF 和 DFM-SVR 更好。然而，该结论与大样本规模下的观察结论相悖，DFM-Kriging 在平均精度与鲁棒性方面均表现最差。

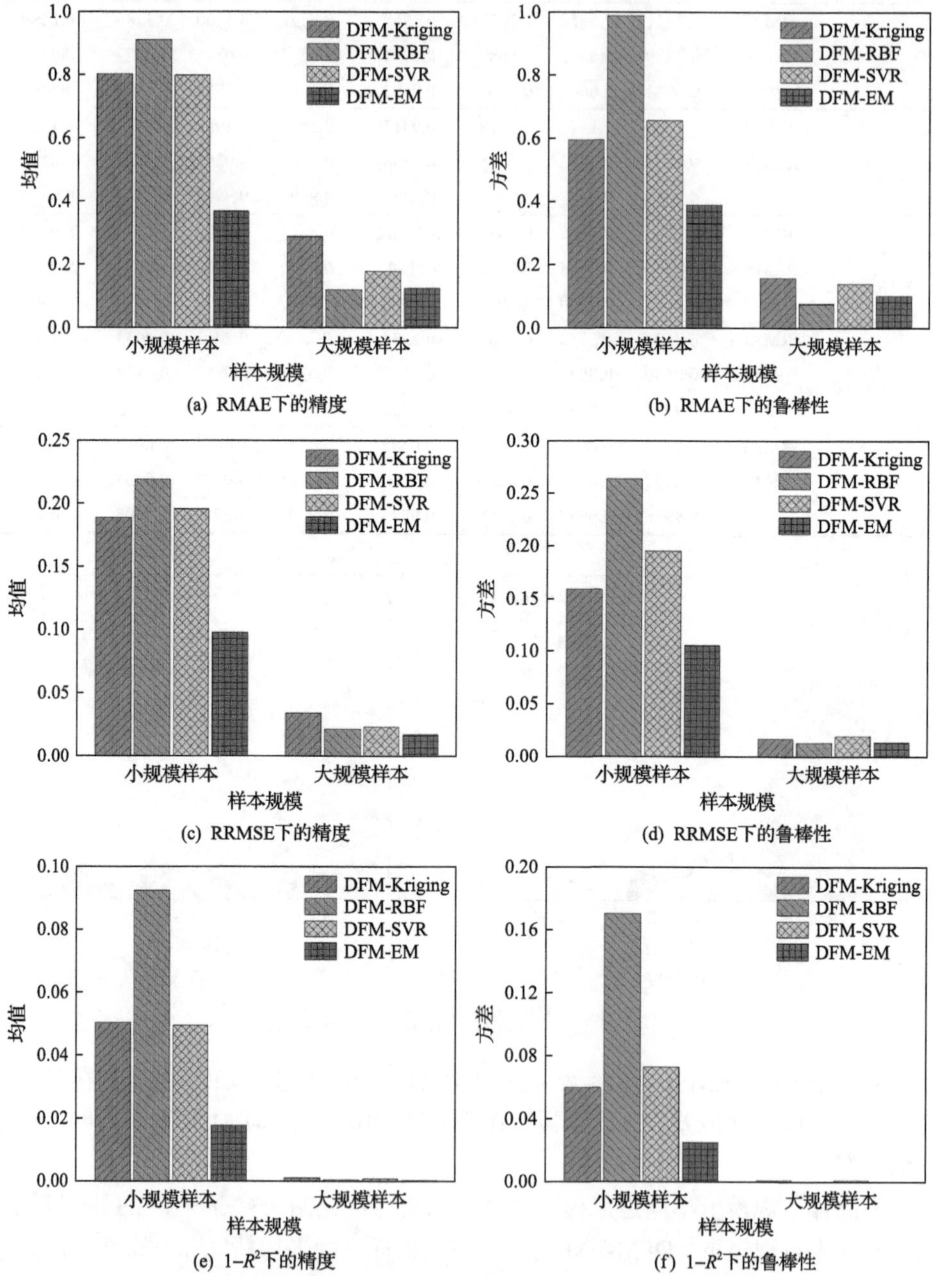

(a) RMAE下的精度　(b) RMAE下的鲁棒性

(c) RRMSE下的精度　(d) RRMSE下的鲁棒性

(e) $1-R^2$下的精度　(f) $1-R^2$下的鲁棒性

图 3.3　不同样本规模下不同近似模型的精度与鲁棒性

通过不同样本规模下数值算例的计算结果对比，可以很容易地发现当样本规模由小变大时，所有变可信度近似模型的平均精度与鲁棒性均大幅提升，特别是 DFM-RBF 和 DFM-SVR。一个更重要的观察结论是不论样本规模大或者小，DFM-EM 的平均精度与鲁棒性都较好。

图 3.4 绘制了 SC 函数中高/低精度分析模型的 3D 曲面差异云图与小样本规模

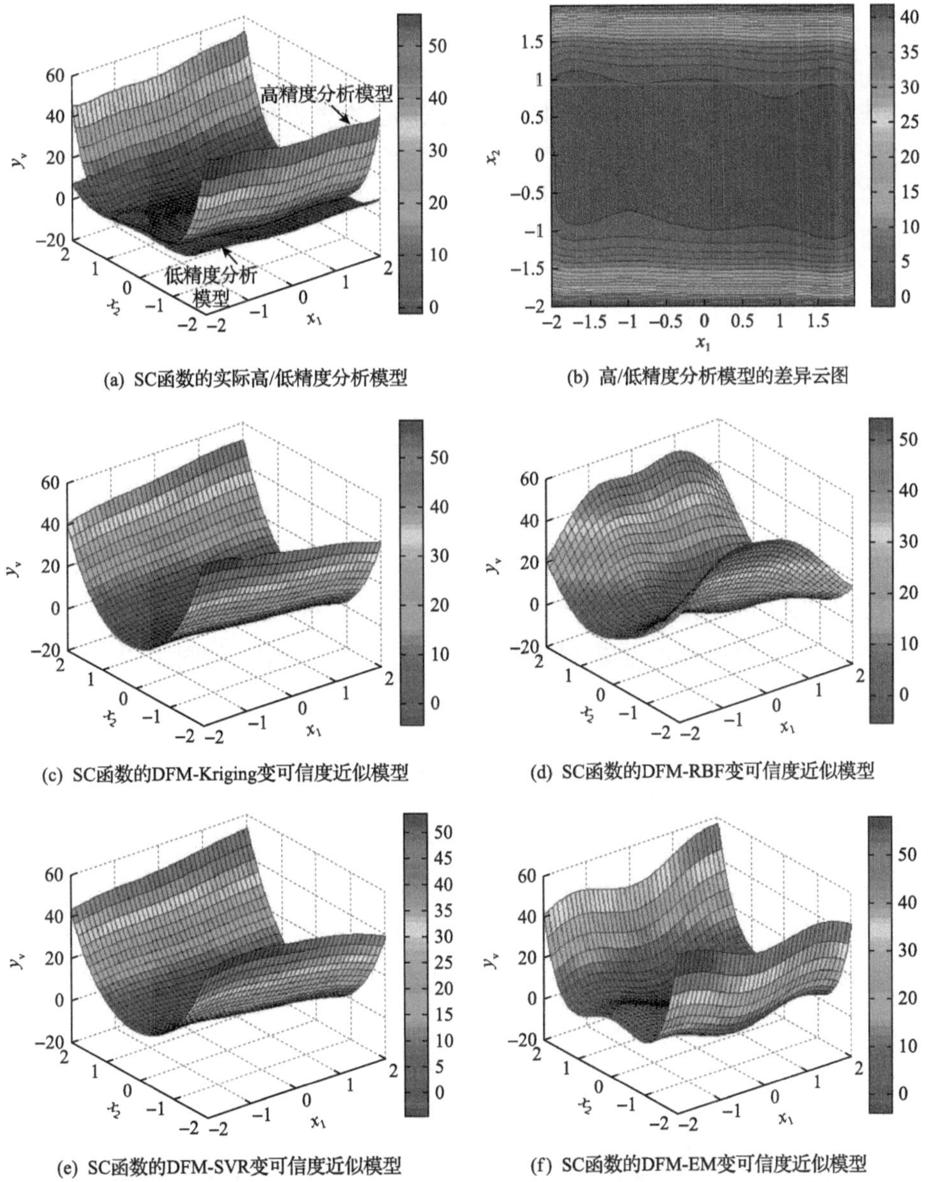

(a) SC函数的实际高/低精度分析模型　(b) 高/低精度分析模型的差异云图

(c) SC函数的DFM-Kriging变可信度近似模型　(d) SC函数的DFM-RBF变可信度近似模型

(e) SC函数的DFM-SVR变可信度近似模型　(f) SC函数的DFM-EM变可信度近似模型

图 3.4　SC 函数中高/低精度分析模型的 3D 曲面差异云图与小样本规模下近似模型预测曲面

下近似模型预测曲面。其中，y_v 代表模型的预测响应。可以看出 DFM-EM 更准确地反映了 SC 函数在整个设计区域内的特点。尽管其他三种变可信度近似模型方法也可以捕捉整体趋势，但是在一些局部区域仍然存在较大误差。

3.2 基于空间映射的变可信度近似建模方法

3.2.1 建模方法概述

基于空间映射的变可信度近似建模方法的基本思想是将高精度分析模型的设计变量空间映射到低精度分析模型的设计变量空间，或将低精度分析模型的输出空间映射到高精度分析模型的输出空间，在此基础上寻找合适的转换关系，构建变可信度近似模型。

基于输入-输入空间映射的变可信度近似建模方法由 Bandler 等[3]首次提出。假定

$$X^{\mathrm{l}} = \{x_1^{\mathrm{l}}, x_2^{\mathrm{l}}, \cdots, x_{N_1}^{\mathrm{l}}\}, \quad f^{\mathrm{l}} = \{f_1^{\mathrm{l}}, f_2^{\mathrm{l}}, \cdots, f_{N_1}^{\mathrm{l}}\} \tag{3.23}$$

$$X^{\mathrm{h}} = \{x_1^{\mathrm{h}}, x_2^{\mathrm{h}}, \cdots, x_{N_{\mathrm{h}}}^{\mathrm{h}}\}, \quad f^{\mathrm{h}} = \{f_1^{\mathrm{h}}, f_2^{\mathrm{h}}, \cdots, f_{N_{\mathrm{h}}}^{\mathrm{h}}\} \tag{3.24}$$

其中，X^{l} 为低精度样本点集；N_1 为低精度样本点数；f^{l} 为对应的低精度响应；X^{h} 为高精度样本点集；N_{h} 为高精度样本点数；f^{h} 为对应的高精度响应。

这种方法的关键是：寻找合适的转换关系 P，将高精度样本点集 $X^{\mathrm{h}} = \{x_1^{\mathrm{h}}, x_2^{\mathrm{h}}, \cdots, x_{N_{\mathrm{h}}}^{\mathrm{h}}\}$ 与低精度样本点集 $X^{\mathrm{l}} = \{x_1^{\mathrm{l}}, x_2^{\mathrm{l}}, \cdots, x_{N_1}^{\mathrm{l}}\}$ 进行匹配，如图 3.5 所示。

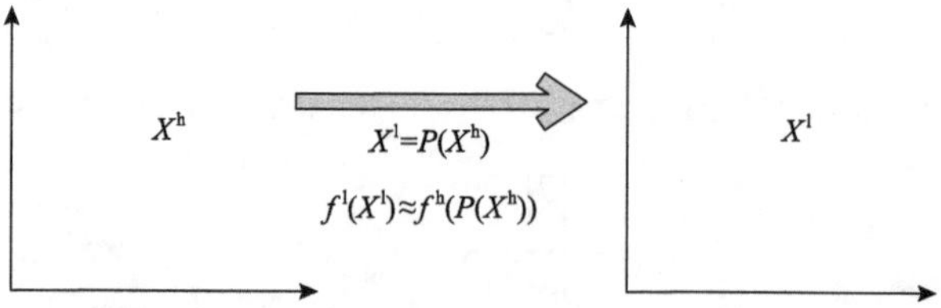

图 3.5　输入-输入空间映射的示意

寻找合适的转换关系 P 通常是一个迭代的过程。在转换关系 P 下，高/低精度分析模型的输出响应满足

$$\left\| f^{\mathrm{l}}(X^{\mathrm{l}}) - f^{\mathrm{h}}(P(X^{\mathrm{h}})) \right\| \leqslant \varepsilon \tag{3.25}$$

其中，ε 表示容差因子。

基于输入-输入空间映射的变可信度近似建模方法的主要优点是：允许高/低精度分析模型的设计空间维度不一致，该方法主要用于电子工程领域[4,5]。由于装

备优化设计问题通常属于多维度问题，因此在输入-输入空间映射过程中，寻找合适的转换关系对多维度-多维度进行匹配较为困难，这无疑制约了其在装备优化设计领域的应用。

基于输出-输出空间映射的变可信度近似建模方法的主要思想是[6-9]：考虑到低精度样本点通常容易获取，可建立高精度分析模型的输入空间到低精度分析模型的输出空间"多对一"的映射关系 P_2，高精度样本点常常有限，因此寻找合适的转换关系 P_2，将低精度分析模型的输出集 f^{l} 与高精度分析模型的输出集 f^{h} 进行匹配，将原本输入空间-输出空间"多对一"的映射关系转化为"一对一"的映射关系，如图 3.6 所示。

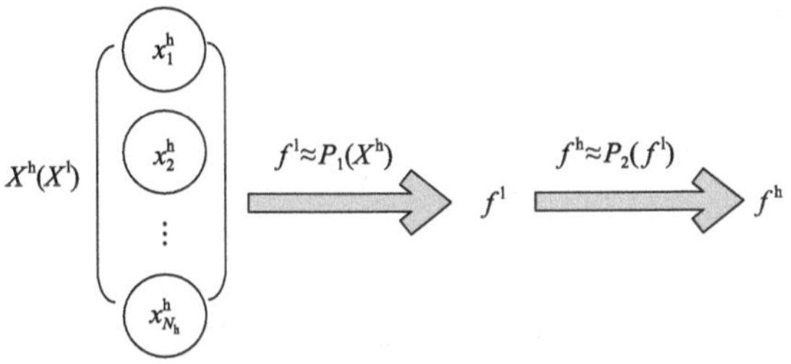

图 3.6 输出-输出空间映射的示意

基于输出-输出空间映射的变可信度近似建模方法的主要优点是：对于输入空间维度较高且高精度样本点稀缺的问题，该方法通常也能得到较高的预测精度。值得说明的是，该方法在高/低精度样本点嵌套时会得到较好的效果。

3.2.2 基于高斯过程模型输出-输出空间映射的变可信度近似建模方法

基于高斯过程模型输出-输出空间映射的变可信度近似建模（SM-VFM based on Gaussian process model）方法的目的是利用将低精度信息作为被研究系统的先验知识并利用高斯过程模型将其直接映射到高精度模型的方法，以突破基于标度函数的变可信度近似模型的限制。本节将详细介绍 SM-VFM 方法的数学模型、回归函数选择、参数求解过程，并采用测试函数详细分析 SM-VFM 方法的预测性能。

1. SM-VFM 方法

待预测点处的输出响应数学可描述为一个回归模型 F 和一个随机过程 z 的结合：

$$f_{\mathrm{vf}}(x) = F(\beta, \hat{f}^{\mathrm{l}}(x)) + z(\hat{f}^{\mathrm{l}}(x)) \tag{3.26}$$

其中，$\hat{f}^{\mathrm{l}}(x)$ 为在 x 处的低精度近似模型的预测值，其建模步骤与基于标度函数的变可信度近似模型相同；$F(\beta, \hat{f}^{\mathrm{l}}(x))$ 为 p 个函数的线性组合，表达式为

$$
\begin{aligned}
F(\beta,\hat{f}^1(x)) &= \beta_1 h_1(\hat{f}^1(x)) + \beta_2 h_2(\hat{f}^1(x)) + \cdots + \beta_p h_p(\hat{f}^1(x)) \\
&= [h_1(\hat{f}^1(x)), h_2(\hat{f}^1(x)), \cdots, h_p(\hat{f}^1(x))]\beta \\
&= (h(\hat{f}^1(x)))^{\mathrm{T}} \beta
\end{aligned} \tag{3.27}
$$

其中，β 为回归系数的列向量；$h(\hat{f}^1(x))$ 为回归函数的列向量。

假定随机过程 z 的均值为 0，$z(\hat{f}^1(x))$ 和 $z(\hat{f}^1(x'))$ 间的协方差为

$$
E[z(\hat{f}^1(x)), z(\hat{f}^1(x'))] = \sigma^2 R(\theta, \hat{f}^1(x), \hat{f}^1(x')) \tag{3.28}
$$

其中，σ 为标准差；$R(\theta, \hat{f}^1(x), \hat{f}^1(x'))$ 为相关函数。本节采用最为常见的高斯指数函数作为相关函数：

$$
R(\theta, \hat{f}^1(x), \hat{f}^1(x')) = \prod_{d=1}^{D} \exp\left(-\theta_d \left|\hat{f}^1(x_d) - \hat{f}^1(x'_d)\right|^2\right) \tag{3.29}
$$

其中，D 为设计变量的维数；θ 为粗糙度参数。

假定变可信度近似模型的响应可以利用高精度信息的线性组合近似：

$$
\hat{f}_{\mathrm{vf}}(\hat{f}^1(x)) = c^{\mathrm{T}} f^{\mathrm{h}} \tag{3.30}
$$

其中，$c = [c_1, c_2, \cdots, c_{N_{\mathrm{h}}}]$ 为与现有高精度数据相关的权重系数向量；N_{h} 为高精度样本点数量。

对集合 $S = \{\hat{f}^1(x_1^{\mathrm{h}}), \hat{f}^1(x_2^{\mathrm{h}}), \cdots, \hat{f}^1(x_{N_{\mathrm{h}}}^{\mathrm{h}})\}$，定义规模为 $N_{\mathrm{h}} \times p$ 的矩阵 F：

$$
F = [h(\hat{f}^1(x_1^{\mathrm{h}})), h(\hat{f}^1(x_2^{\mathrm{h}})), \cdots, h(\hat{f}^1(x_{N_{\mathrm{h}}}^{\mathrm{h}}))]^{\mathrm{T}} \tag{3.31}
$$

再定义各设计点的随机变量 z 之间的相关矩阵 R_{ij}：

$$
R_{ij} = R(\theta, \hat{f}^1(x_i^{\mathrm{h}}), \hat{f}^1(x_j^{\mathrm{h}})), \quad i, j = 1, 2, \cdots, N_{\mathrm{h}} \tag{3.32}
$$

对新的坐标点 x，定义其与各设计点的随机变量相关向量 z 之间的相关向量：

$$
r(\hat{f}^1(x)) = [R(\theta, \hat{f}^1(x_1^{\mathrm{h}}), \hat{f}^1(x)), R(\theta, \hat{f}^1(x_2^{\mathrm{h}}), \hat{f}^1(x)), \cdots, R(\theta, \hat{f}^1(x_{N_{\mathrm{h}}}^{\mathrm{h}}), \hat{f}^1(x))]^{\mathrm{T}} \tag{3.33}
$$

在 x 处的线性预测 $\hat{f}_{\mathrm{vf}}(\hat{f}^1(x))$ 与 $f_{\mathrm{vf}}(\hat{f}^1(x))$ 之间的差可以按式(3.34)计算：

$$
\begin{aligned}
\hat{f}_{\mathrm{vf}}(\hat{f}^1(x)) - f_{\mathrm{vf}}(\hat{f}^1(x)) &= c^{\mathrm{T}} f^{\mathrm{h}} - (h(\hat{f}^1(x))^{\mathrm{T}} \beta + z) \\
&= c^{\mathrm{T}}(F\beta + Z) - ((h(\hat{f}^1(x))^{\mathrm{T}} \beta + z) \\
&= c^{\mathrm{T}} Z - z + (F^{\mathrm{T}} c - h(\hat{f}^1(x)))^{\mathrm{T}} \beta
\end{aligned} \tag{3.34}
$$

其中，$Z=[z_1,z_2,\cdots,z_{N_\mathrm{h}}]$为在设计点处的误差。

为了保持预测的无偏性，需要满足

$$F^{\mathrm{T}}c-h(\hat{f}^1(x))=0 \tag{3.35}$$

在这个条件下，利用式(3.34)预测的均方误差为

$$\begin{aligned}\mathrm{MSE}&=E[(\hat{f}_{\mathrm{vf}}(\hat{f}^1(x))-f_{\mathrm{vf}}(\hat{f}^1(x)))^2]\\&=E[(c^{\mathrm{T}}Z-z)^2]\\&=E[z^2+c^{\mathrm{T}}ZZ^{\mathrm{T}}c-2c^{\mathrm{T}}Zz]\\&=\sigma^2(1+c^{\mathrm{T}}Rc-2c^{\mathrm{T}}r)\end{aligned} \tag{3.36}$$

为了最小化 MSE，引入拉格朗日乘子λ，关于c的拉格朗日函数如下：

$$L(c,\lambda)=\sigma^2(1+c^{\mathrm{T}}Rc-2c^{\mathrm{T}}r)-\lambda^{\mathrm{T}}(F^{\mathrm{T}}c-h(\hat{f}^1(x))) \tag{3.37}$$

计算式(3.37)对c的梯度：

$$L_c'(c,\lambda)=2\sigma^2(Rc-r)-F\lambda \tag{3.38}$$

利用最优化的一阶必要条件，可以得到

$$\begin{bmatrix}R & F\\F^{\mathrm{T}} & 0\end{bmatrix}\begin{bmatrix}c\\\tilde{\lambda}\end{bmatrix}=\begin{bmatrix}r\\h(\hat{f}^1(x))\end{bmatrix} \tag{3.39}$$

其中，$\tilde{\lambda}=-\dfrac{\lambda}{2\sigma^2}$。

求解式(3.39)可以得到

$$\begin{aligned}\tilde{\lambda}&=(F^{\mathrm{T}}R^{-1}F)^{-1}(F^{\mathrm{T}}R^{-1}r-h(\hat{f}^1(x)))\\c&=R^{-1}(r-F\tilde{\lambda})\end{aligned} \tag{3.40}$$

由于矩阵R具有对称性，将式(3.40)代入式(3.30)，得到 SM-VFM 方法对任一新坐标点x的预测值为

$$\begin{aligned}\hat{f}_{\mathrm{vf}}(x)&=(r-F\tilde{\lambda})^{\mathrm{T}}R^{-1}f^{\mathrm{h}}\\&=r^{\mathrm{T}}R^{-1}f^{\mathrm{h}}-(F^{\mathrm{T}}R^{-1}r-h(\hat{f}^1(x)))^{\mathrm{T}}(F^{\mathrm{T}}R^{-1}F)^{-1}F^{\mathrm{T}}R^{-1}f^{\mathrm{h}}\end{aligned} \tag{3.41}$$

2. 最优回归函数的选择

高斯过程模型中三种常用的回归函数如下。

(1)常量($p=1$):

$$h_1(x)=1 \tag{3.42}$$

(2)线性($p=n+1$):

$$h_1(x)=1,\ h_2(x)=x_1,\ \cdots,\ h_{n+1}(x)=x_n \tag{3.43}$$

(3)二次($p=\frac{1}{2}(n+1)(n+2)$):

$$\begin{aligned} &h_1(x)=1,h_2(x)=x_1,\cdots,h_{n+1}(x)=x_n \\ &h_{n+2}(x)=x_1^2,\cdots,h_{2n+1}(x)=x_1x_n \\ &\cdots,\ h_p(x)=x_n^2 \end{aligned} \tag{3.44}$$

由于低精度与高精度分析模型的关系事先未知，并且获得高精度信息的来源受限，所以在建立近似模型之前很难确定哪种回归函数最合适，这里采用留一法来选择最优回归函数。利用此方法，计算误差时不需要补充额外的仿真计算。最后得到在一种回归函数下的变可信度近似模型的总留一误差 E_{LOO} 为

$$E_{\text{LOO}}=\sum_{i=1}^{M}(\hat{f}_{\text{vf}}^{-i}(x_i^{\text{h}})-f^{\text{h}}(x_i^{\text{h}}))^2/M \tag{3.45}$$

其中，$f^{\text{h}}(x_i^{\text{h}})$ 为 x_i^{h} 处的高精度响应真实值；$\hat{f}_{\text{vf}}^{-i}(x_i^{\text{h}})$ 为利用去除了样本点 x_i^{h} 后的样本建立的变可信度近似模型在 x_i^{h} 处的预测值。

得到各个回归函数下的 E_{LOO} 后，最小 E_{LOO} 所对应的回归函数将被用于建模。

3. 超参数优化

为了得到超参数 θ 、β 和 σ^2 的最优估计，采用常用的极大似然估计法。数值计算时采用对数形式的似然函数：

$$\ln(p(\beta,\sigma^2,\theta))=-\frac{M}{2}\ln(2\pi)-\frac{M}{2}\ln(\sigma^2)-\frac{1}{2}\ln(|R|^{1/2})-\frac{1}{2\sigma^2}(f^{\text{h}}-F\beta)^{\text{T}}R^{-1}(f^{\text{h}}-F\beta)^{\text{T}} \tag{3.46}$$

为了求解 β 和 σ^2 的极大似然估计值，令式(3.46)关于 β 和 σ^2 的导数为 0。于是，可以得到 β 和 σ^2 的极大似然估计为

$$\hat{\beta}=(F^{\mathrm{T}}R^{-1}F)^{-1}F^{\mathrm{T}}R^{-1}f^{\mathrm{h}} \tag{3.47}$$

$$\hat{\sigma}^2=\frac{1}{M}(f^{\mathrm{h}}-F\hat{\beta})^{\mathrm{T}}R^{-1}(f^{\mathrm{h}}-F\hat{\beta}) \tag{3.48}$$

式(3.46)中超参数 $\theta=(\theta_1,\theta_2,\cdots,\theta_d)$ 影响的是相关函数的衰减速度。在最大化式(3.46)之前，将式(3.47)和式(3.48)代入，得到

$$\max\quad \ln(p(\beta,\sigma^2,\theta))=-\frac{M}{2}\ln(2\pi)-\frac{M}{2}\ln(\hat{\sigma}^2)-\frac{1}{2}\ln(|R|^{1/2})-\frac{M}{2} \tag{3.49}$$

为了求解式(3.49)的最大化问题，采用 MATLAB 的 DACE 开源工具箱，该工具箱引入了基于 Hooke-Jeeves 方法的高效优化算法。需要指出的是，极大似然估计问题求解方面有三个主要的困难：①对数似然函数的多峰性；②对数似然函数含有长脊；③病态的相关矩阵。前两个困难可以利用全局随机优化算法解决，但是随机优化算法相比于基于梯度的优化算法会更加耗时。因此，如何在全局解、局部解和函数计算成本之间平衡仍然值得研究。最后一个困难可以通过在相关矩阵的对角元素上加上一个小量(如 10^{-5})来解决。

4. 数值算例及讨论

本节采用一种常用的双参数测试函数说明 SM-VFM 方法的有效性和优势。为了进行对比，同时应用三种基于标度函数的变可信度近似建模方法即 AS-VFM、MS-VFM 和 HS-VFM 方法进行建模，不同变可信度近似建模方法的主要步骤如图 3.7 所示。此外，仅基于高精度信息的单精度建模方法(single fidelity metamodeling, SFM)也被用来进行性能对比。引入两种精度评价指标来衡量各个近似建模方法的预测精度，即均方根误差(RMSE)和最大绝对误差(MAE)。

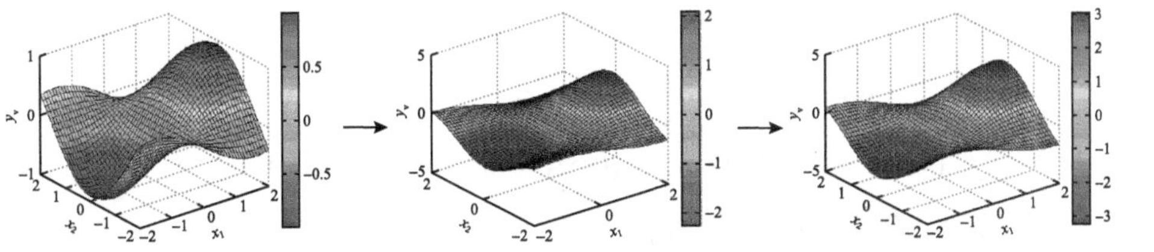

(a1) 低精度近似模型　(a2) 加法标度函数　(a3) AS-VFM得到的变可信度近似模型

(a) AS-VFM建模的关键步骤

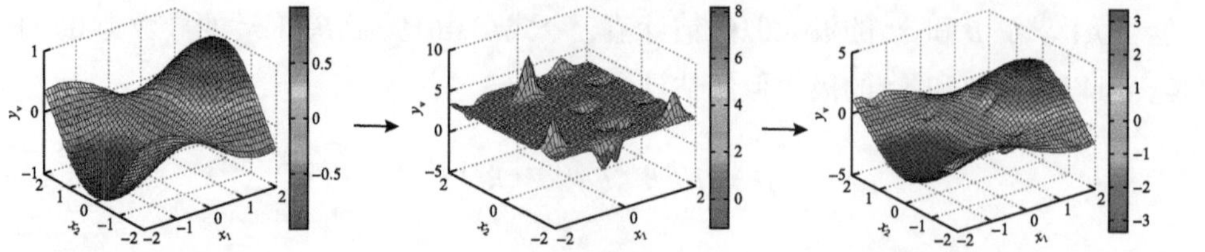

(b1) 低精度近似模型　　(b2) 乘法标度函数　　(b3) MS-VFM得到的变可信度近似模型

(b) MS-VFM建模的关键步骤

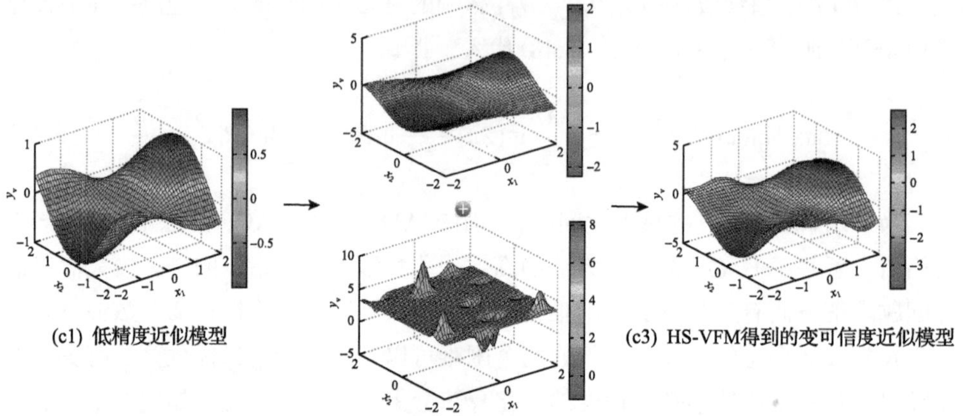

(c1) 低精度近似模型　　(c3) HS-VFM得到的变可信度近似模型

(c2) 混合标度函数

(c) HS-VFM建模的关键步骤

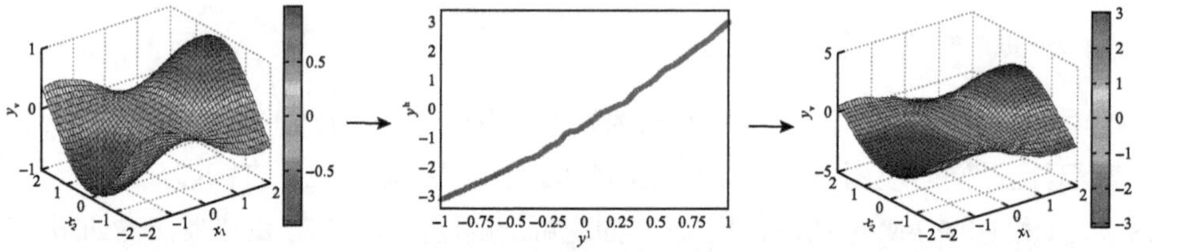

(d1) 低精度近似模型　　(d2) 空间映射过程　　(d3) SM-VFM得到的变可信度近似模型

(d) SM-VFM建模的关键步骤

图 3.7　不同变可信度近似建模方法的主要步骤

测试函数选取如下：

$$
\begin{aligned}
&f^{\mathrm{l}}(x)=\sin x_1 \cos x_2 \\
&f^{\mathrm{h}}(x)=1.5\sin^2(0.5x_1)\cos^2(0.5x_1)\cos x_2+3\sin x_1\cos x_2-0.5 \\
&x_1\in[-2,2],\quad x_2\in[-2,2]
\end{aligned}
\tag{3.50}
$$

其中，$f^{\mathrm{h}}(x)$为需要被近似的高精度分析模型；$f^{\mathrm{l}}(x)$为低精度分析模型。

两个函数的三维图像如图 3.8 所示。需要注意的是，虽然解析函数的形式已知，但是在建立近似模型时，均被假定为未知，同时低精度与高精度分析模型之间的关系也被假定为未知。

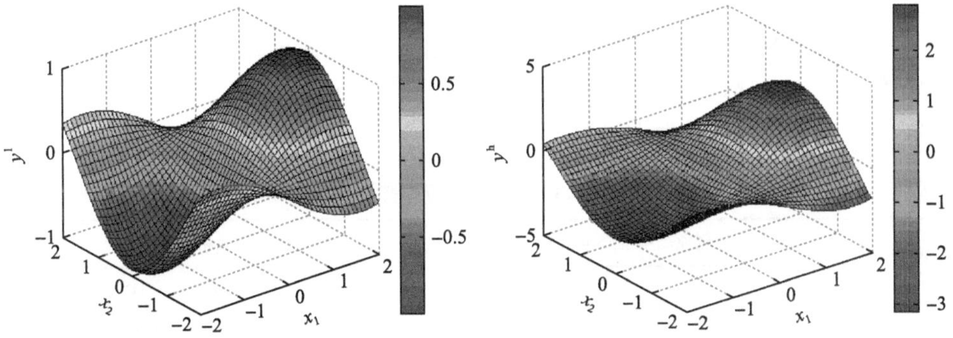

(a) 数值函数的低精度分析模型 $f^{l}(x)$　　(b) 数值函数的高精度分析模型 $f^{h}(x)$

图 3.8　低/高精度分析模型图像

采样的目的是降低试验误差对目标量的影响，同时使得工程师能够更高效地建立近似模型。由于假定低精度近似模型计算不耗时，在本例中，低精度样本点数设为 $N_l = 30d$ 。高精度样本规模设为两种：小规模（$N_h = 3d$）和大规模（$N_h = 6d$），以研究 SM-VFM 方法的预测性能。其中“大规模”和“小规模”均指样本点数量的相对概念，高精度大规模样本在低精度模型下仍然属于小规模范畴。本节采用优化拉丁超立方抽样方法，使得设计空间被样本点均匀覆盖。生成的样本点如图 3.9 所示。

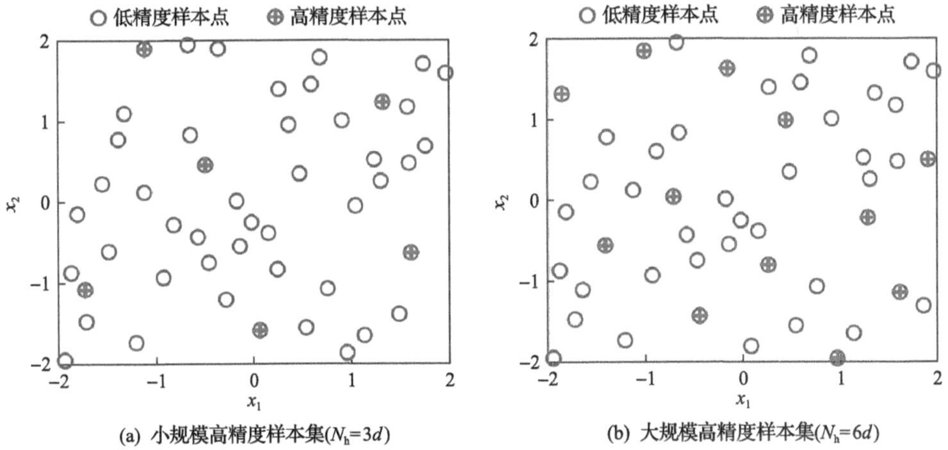

(a) 小规模高精度样本集(N_h=3d)　　(b) 大规模高精度样本集(N_h=6d)

图 3.9　不同规模下的高精度样本点集

为了计算不同样本规模下各个近似模型的预测精度评价指标，随机生成了

2000 个测试点。每种近似建模方法运行 15 次，取 MAE 和 RMSE 各自的平均值作为最终结果以避免不具代表性的偶然结果。表 3.2 列出了两种高精度样本规模下不同近似建模方法的精度评价指标。表 3.2 中，MAE 和 RMSE 下每种近似模型最好的结果用粗体表示，而最差的结果用斜体表示。从表 3.2 可以看出，在 MAE 和 RMSE 上 SM-VFM 方法均显著优于其他四种近似建模方法。特别是在小规模高精度样本下，SFM 方法的局部和全局精度均最差，这是可以预见到的，因为 SFM 方法忽略了来自低精度分析模型的数据信息。

表 3.2　两种高精度样本规模下不同近似建模方法的精度评价指标

评价指标	小规模高精度样本					大规模高精度样本				
	SFM	AS-VFM	MS-VFM	HS-VFM	SM-VFM	SFM	AS-VFM	MS-VFM	HS-VFM	SM-VFM
MAE	*2.6348*	1.864	1.697	1.458	**0.492**	*1.2647*	0.436	0.797	0.981	**0.236**
RMSE	*1.0705*	0.723	0.585	0.644	**0.159**	0.3019	0.158	*0.427*	0.342	**0.082**

更直观的分析比较见图 3.10 和图 3.11。图 3.10 为各近似建模方法的 MAE 与 RMSE 均值。从图 3.10 可以看出，SM-VFM 方法的全局预测性能最好，AS-VFM 方法次之。MS-VFM 方法的全局和局部精度与 HS-VFM 方法相近。SFM 方法在两种精度评价指标下均表现最差。图 3.11 为两种高精度样本规模下各近似模型的预测精度。显然，随着高精度样本规模变大，近似模型的全局与局部预测精度均有所提升。由图 3.11(a)可以看出 SM-VFM 方法的局部预测精度比其他四种近似模型更好，HS-VFM 方法为小规模高精度样本下基于标度函数的变可信度近似建模方法中局部精度表现最好的，但是在大规模高精度样本下的 MAE 值最大。由图 3.11(b)可以看出 SM-VFM 方法在小规模高精度样本下的全局精度表现最好，

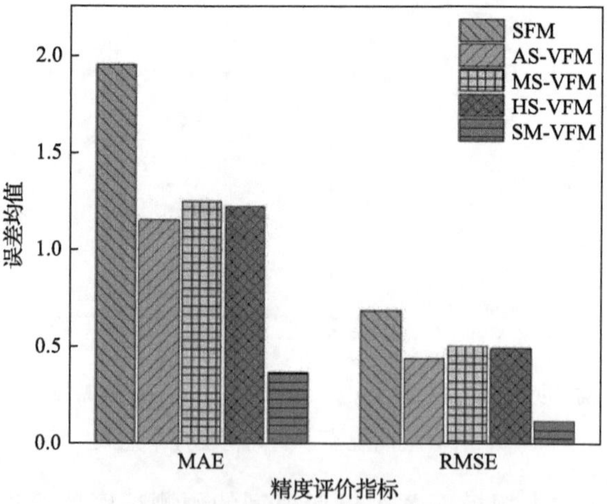

图 3.10　各近似建模方法的 MAE 与 RMSE 均值

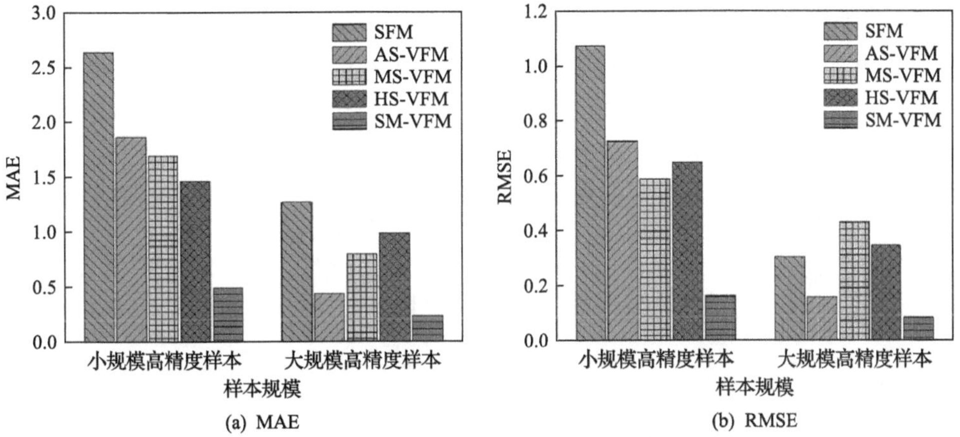

图 3.11　两种高精度样本规模下各近似模型的预测精度

MS-VFM 方法次之，接着是 HS-VFM 方法。在样本从小规模切换大规模带来的全局精度改善方面，AS-VFM 方法最为显著。

变可信度近似模型的鲁棒性指其在不同高精度样本规模下和不同样本噪声下实现期望预测精度的能力。接下来分析变可信度近似模型预测精度对样本噪声的敏感度。在本数值算例中，按照式(3.51)将人工噪声加到高精度输出响应 Y 中：

$$Y = f^{\mathrm{h}}(x^{\mathrm{h}}) + l'\delta \tag{3.51}$$

其中，l' 为表征样本噪声水平的量化参数；δ 为服从标准正态分布的高斯噪声。

在大样本规模下，根据式(3.51)在高精度分析模型的输出响应中加入四种人工噪声水平，不同噪声水平所对应的 l' 取值分别为 0%、5%、10%和 15%。表 3.3 为不同样本噪声水平下各个变可信度近似建模方法精度的对比结果。从表 3.3 可以看出，样本噪声对所有变可信度近似模型都有负面影响。随着噪声水平的增加，

表 3.3　不同样本噪声水平下各个变可信度近似建模方法精度的对比结果

噪声水平	评价指标	AS-VFM	MS-VFM	HS-VFM	SM-VFM
0%	MAE	0.436	0.797	0.981	0.236
	RMSE	0.158	0.427	0.342	0.082
5%	MAE	0.491	0.933	1.141	0.242
	RMSE	0.173	0.459	0.355	0.092
10%	MAE	0.535	1.118	1.274	0.259
	RMSE	0.197	0.540	0.406	0.111
15%	MAE	0.637	1.315	1.422	0.298
	RMSE	0.212	0.569	0.440	0.141

所有变可信度近似模型的预测精度均会降低。为了更直观地说明，各建模方法的两种误差如图 3.12 所示。可以看出 SM-VFM 方法的预测性能在所有噪声水平下均是所有方法中最好的。样本噪声对 AS-VFM 方法的影响与其对 SM-VFM 方法的影响接近。相比于其他三种建模方法，MS-VFM 方法对噪声水平更为敏感。

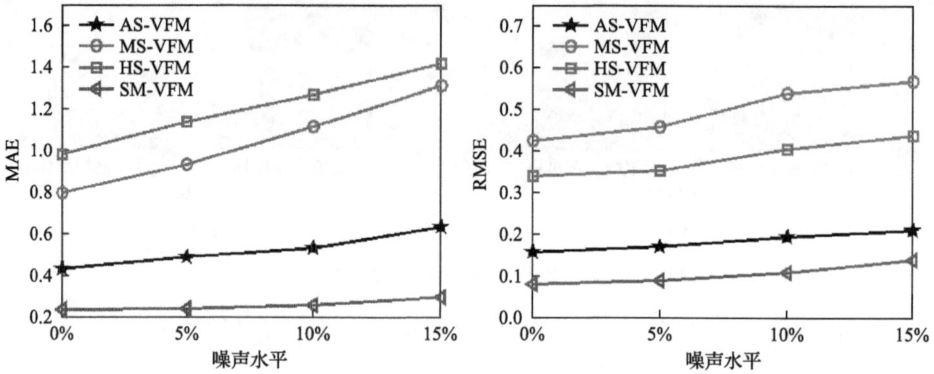

(a) MAE　　(b) RMSE

图 3.12　样本点噪声对建模精度的影响

3.3　Co-Kriging 变可信度近似建模方法

3.3.1　建模方法概述

Co-Kriging 模型作为 Kriging 模型的拓展，继承了 Kriging 模型特有的优点。当前应用较为广泛的 Co-Kriging 建模方法主要包括 KOH 模型[10]、Qian-CK 模型[11]、RCK 模型[12]、HK 模型[13]等。

KOH 模型为最早发展用于工程领域的 Co-Kriging 变可信度近似模型，它将低精度数据与高精度数据相结合进行建模。模型的建立首先需要满足以下四个基本假设。

(1) 各级精度模型之间有一定的关联，即各级精度模型存在一些共同的特征。

(2) 输出为平滑函数，否则采样点只能提供周边范围很小区域内的相关信息，贝叶斯模型的优势将不显著。

(3) 各级精度模型具有高斯先验。

(4) 只考虑单输出情形，即高精度分析模型作为唯一输出。

假设有 s 个等级精度模型 $z_1(\cdot), z_2(\cdot), \cdots, z_s(\cdot)$，对 $t=1,2,\cdots,s$，设 D_t 为第 t 层设计，包含 n_t 个采样点 $x_1^{(t)}, x_2^{(t)}, \cdots, x_{n_t}^{(t)}$，则输出可表示为 $z^{\mathrm{T}}=(z_1^{\mathrm{T}}, z_2^{\mathrm{T}}, \cdots, z_s^{\mathrm{T}})$，其中 $z_t^{\mathrm{T}}(z_t(x_1^{(t)}), z_t(x_2^{(t)}), \cdots, z_t(x_{n_t}^{(t)}))$ 为第 t 级精度的输出。通常各级精度模型样本点需

满足嵌套关系，即 $D_t \subset D_{t-1}$。假设不同两级精度之间的输出 $z_t(\cdot)$ 与 $z_{t-1}(\cdot)$ 满足马尔可夫(Markov)性质，即对于 $x' \neq x$，有

$$\operatorname{cov}(z_t(x), z_{t-1}(x') \mid z_{t-1}(x)) = 0 \tag{3.52}$$

该性质意味着如果高精度分析模型在样本点 x 处已知，那么在 x 点处采样将不能从低精度分析模型学习到任何与高精度分析模型相关的内容，即：认为在 x 点处高精度样本点是绝对精确的。与 Kriging 模型一样，KOH 模型同样需要满足平稳性假设，即：相关函数只与空间相对距离有关，而与具体的位置无关。可采用常见的高斯核函数，对于第 k、l 层设计，相关函数表达式如下：

$$R(x_i^{(k)}, x_j^{(l)}) = \exp(-\theta(x_i^{(k)} - x_j^{(l)})^{\mathrm{T}}(x_i^{(k)} - x_j^{(l)})) \tag{3.53}$$

其中，θ 为超参数。

KOH 模型中，相邻两层精度模型之间的关系可表示为

$$z_t(x) = \rho_{t-1} z_{t-1}(x) + \delta_t(x), \quad t = 2,3,\cdots,s \tag{3.54}$$

其中，ρ_{t-1} 为比例系数，Park 等[14]讨论了 Co-Kriging 模型中比例系数 ρ 的作用，并指出通过平滑差异函数可得到更精确的预测值；$\delta_t(\cdot)$ 为差异函数，与 $z_{t-1}(\cdot),\cdots, z_1(\cdot)$ 相互独立，将 $\delta_t(\cdot)$ 也视为一个高斯平稳随机过程。以两层设计 z_1、z_2 为例，KOH 模型将高/低精度分析模型输入的组合视为联合随机变量：

$$X = \begin{bmatrix} x_1 \\ x_2 \end{bmatrix} = [x_1^{(1)},\cdots,x_1^{(n_1)},x_2^{(1)},\cdots,x_2^{(n_2)}]^{\mathrm{T}} \tag{3.55}$$

相应的输出亦服从联合高斯分布：

$$Y = \begin{bmatrix} z_1 \\ z_2 \end{bmatrix} = [z_1^{(1)},\cdots,z_1^{(n_1)},z_2^{(1)},\cdots,z_2^{(n_2)}]^{\mathrm{T}} \tag{3.56}$$

类似于 Kriging 模型的协方差，KOH 模型中各项协方差如下：

$$\begin{aligned}
&\operatorname{cov}(z_1(x_1), z_1(x_1)) = \sigma_1^2 R_1(x_1, x_1) \\
&\operatorname{cov}(z_2(x_2), z_1(x_1)) = \operatorname{cov}(\rho_1 z_1(x_2) + \delta(x_2), z_1(x_1)) = \rho_1 \sigma_1^2 R_1(x_2, x_1) \\
&\operatorname{cov}(z_2(x_2), z_2(x_2)) = \operatorname{cov}(\rho_1 z_1(x_2) + \delta(x_2), \rho_1 z_1(x_2) + \delta(x_2)) \\
&\qquad = \rho_1^2 \sigma_1^2 R_1(x_2, x_2) + \sigma_{\mathrm{d}}^2 R_{\mathrm{d}}(x_2, x_2)
\end{aligned} \tag{3.57}$$

其中，σ_1^2 和 σ_{d}^2 分别为低精度模型 z_1 与修正模型 δ 的过程方差；R_1 与 R_{d} 分别为低精度模型与修正模型的相关函数。整个模型的相关矩阵为

$$C=\begin{bmatrix}\sigma_1^2 R_1(x_1,x_1) & \rho_1\sigma_1^2 R_1(x_1,x_2)\\ \rho_1\sigma_1^2 R_1(x_2,x_1) & \rho_1^2\sigma_1^2 R_1(x_2,x_2)+\sigma_d^2 R_d(x_2,x_2)\end{bmatrix} \tag{3.58}$$

KOH 的建模过程如下。

步骤 1：生成高/低精度样本点。

为了保证所构建的变可信度近似模型的全局拟合性能，在选择初始样本点位置时通常使样本点能填充整个设计空间。因此，可采用拉丁方采样方法等均匀试验设计方法分别生成初始高/低精度样本点集。需要说明的是，KOH 模型通常需保证高/低精度样本点满足嵌套关系。如果不能够嵌套采样，也可使用所建立的低精度分析模型在高精度样本点处的预测值代替，若所建立的低精度分析模型拟合较差，则可能导致差异模型误差较大，从而对整个模型精度产生影响，因此通常需采用嵌套采样设计。

步骤 2：建立低精度近似模型。

为辅助预测变可信度近似模型的全局趋势变化，KOH 模型的基本思想是利用低精度样本点构建低精度 Kriging 模型，从而反映高精度分析模型的大致趋势。通过极大似然估计求解关于低精度分析模型的超参数 σ_1^2 及 θ_1 ，即最大化似然函数：

$$f=-\frac{n_1}{2}\ln(\sigma_1^2)-\frac{1}{2}\ln\left|\det(R_2(x_1,x_1))\right|-\frac{(z_1-\mathbf{1}\mu_1)^{\mathrm{T}}R_1^{-1}(x_1,x_1)(z_1-\mathbf{1}\mu_1)}{2\sigma_1^2} \tag{3.59}$$

其中，**1** 为相应规模的 1-向量。令关于 μ_1 与 σ_1^2 的偏导数等于 0，可得

$$\begin{aligned}\hat{\mu}_1&=\mathbf{1}^{\mathrm{T}}R_1^{-1}(x_1,x_1)z_1\big/\mathbf{1}^{\mathrm{T}}R_1^{-1}(x_1,x_1)\mathbf{1}\\ \hat{\sigma}_1^2&=(z_1-\mathbf{1}\mu_1)^{\mathrm{T}}R_1^{-1}(x_1,x_1)(z_1-\mathbf{1}\mu_1)\big/n_1\end{aligned} \tag{3.60}$$

将式(3.60)回代至式(3.59)，可得

$$f=-\frac{n_1}{2}\ln(\hat{\sigma}_1^2)-\frac{1}{2}\ln\left|\det(R_1(x_1,x_1))\right| \tag{3.61}$$

通过对式(3.61)求最优值可求解得到 θ_1 。

步骤 3：建立差异模型。

令 $y_d=z_2-\rho_1 z_1(x_2)$ ，其中，$z_1(x_2)$ 表示低精度分析模型在高精度样本点 x_2 处的函数值。若高/低精度样本点不满足嵌套关系，可通过建立好的低精度分析模型在 x_2 处的预测值代替。利用 x_2 处样本点对 y_d 进行建模，从而求解剩余超参数 ρ_1 、σ_d^2 及 θ_d ，即通过最大化似然函数：

$$f_{\mathrm{d}}-\frac{n_2}{2}\ln(\sigma_\delta^2)-\frac{1}{2}\ln\left|\det(R_{\mathrm{d}}(x_2,x_2))\right|-\frac{(y_{\mathrm{d}}-\mathbf{1}\mu_{\mathrm{d}})^{\mathrm{T}}R_{\mathrm{d}}^{-1}(x_2,x_2)(y_{\mathrm{d}}-\mathbf{1}\mu_{\mathrm{d}})}{2\sigma_{\mathrm{d}}^2} \tag{3.62}$$

令 f_{d} 关于 μ_{d} 与 σ_{d}^2 的偏导数等于 0，可得

$$\begin{aligned}\hat{\mu}_{\mathrm{d}}&=\mathbf{1}^{\mathrm{T}}R_{\mathrm{d}}^{-1}(x_2,x_2)y_{\mathrm{d}}\big/(\mathbf{1}^{\mathrm{T}}R_{\mathrm{d}}^{-1}(x_2,x_2)\mathbf{1})\\ \hat{\sigma}_{\mathrm{d}}^2&=(y_{\mathrm{d}}-\mathbf{1}\mu_{\mathrm{d}})^{\mathrm{T}}R_{\mathrm{d}}^{-1}(x_2,x_2)(y_{\mathrm{d}}-\mathbf{1}\mu_{\mathrm{d}})\big/n_2\end{aligned} \tag{3.63}$$

将式(3.63)回代至式(3.59)，可得

$$f=-\frac{n_2}{2}\ln(\hat{\sigma}_{\mathrm{d}}^2)-\frac{1}{2}\ln\left|\det(R_{\mathrm{d}}(x_2,x_2))\right| \tag{3.64}$$

步骤 4：建立 Co-Kriging 模型。

所有超参数求解完成后，高精度分析模型的预测值根据式(3.65)计算：

$$\hat{z}_2=\hat{\mu}+c^{\mathrm{T}}C^{-1}(Y-\mathbf{1}\hat{\mu}) \tag{3.65}$$

其中，$c=\begin{bmatrix}\hat{\rho}_1\hat{\sigma}_1^2r_1(x_1,x)\\ \hat{\rho}_1^2\hat{\sigma}_1^2r_1(x_2,x)+\hat{\sigma}_{\mathrm{d}}^2r_{\mathrm{d}}(x_2,x)\end{bmatrix}$；$r_{\mathrm{d}}$ 与 r_1 分别表示测试点与高/低精度样本点之间的相关函数；$\hat{\mu}=\mathbf{1}^{\mathrm{T}}C^{-1}Y\big/(\mathbf{1}^{\mathrm{T}}C^{-1}\mathbf{1})$。

KOH 模型的预测方差为

$$s^2=\hat{\rho}_1^2\hat{\sigma}_1^2+\hat{\sigma}_{\mathrm{d}}^2-c^{\mathrm{T}}C^{-1}c+\frac{(\mathbf{1}-\mathbf{1}^{\mathrm{T}}C^{-1}c)^2}{\mathbf{1}^{\mathrm{T}}C^{-1}\mathbf{1}} \tag{3.66}$$

值得说明的是，从式(3.66)看，KOH 模型与基于加法标度的变可信度近似建模方法采用 Kriging 模型时类似。然而，其求解方法在概念上有本质的区别。KOH 模型通过极大似然估计获取比例系数 ρ 及差异函数的超参数，而基于加法标度的变可信度近似建模方法通过最小化变可信度近似模型与高精度分析模型在高精度样本点处的累积差异值获取标度函数的超参数。

当有 s 层精度 $z_1(\cdot),z_2(\cdot),\cdots,z_s(\cdot)$ 时，可根据公式 $z_t(x)=\rho_{t-1}z_{t-1}(x)+\delta_t(x)$（其中 $t=2,3,\cdots,s$）递归建立模型。为了便于表达，令 $\Pi_i^j=\prod_{n=i}^{j}\rho_n$。此时，全协方差矩阵包含 s 级分块矩阵，左上角第(1,1)级分块矩阵为 $C^{(1,1)}=\sigma_1^2R_1(x_1,x_1)$，当 $k>1$ 时，对角线上第 (k,k) 级分块矩阵为

$$\begin{aligned}C^{(k,k)}=&\,\sigma_k^2R_k(x_k,x_k)+\rho_{k-1}^2\sigma_{k-1}^2R_{k-1}(x_k,x_k)+\rho_{k-1}^2\rho_{k-2}^2\sigma_{k-2}^2R_{k-2}(x_k,x_k)\\&+\cdots+(\Pi_1^{k-1})^2\sigma_1^2R_1(x_1,x_1)\end{aligned} \tag{3.67}$$

当 $k<1$ 时，下三角第 (k,l) 级分块矩阵为

$$\begin{aligned} C^{(k,l)} &= \Pi_k^{l-1}\sigma_k^2 R_k(x_k,x_l)+\rho_{k-1}\Pi_{k-1}^{l-1}\sigma_{k-1}^2 R_{k-1}(x_k,x_l) \\ &\quad +\Pi_{k-2}^{k-1}\Pi_{k-2}^{l-1}\sigma_{k-2}^2 R_{k-2}(x_k,x_l)+\cdots+\Pi_2^{k-1}\Pi_2^{l-1}\sigma_2^2 R_2(x_k,x_l) \\ &\quad +\Pi_1^{k-1}\Pi_1^{l-1}\sigma_1^2 R_1(x_k,x_l) \end{aligned} \tag{3.68}$$

此时，c 可表示为 $c^{\mathrm{T}}(x)=(c_1^{\mathrm{T}}(x),\cdots,c_s^{\mathrm{T}}(x))$。其中，$c_1(x)=\Pi_1^s\sigma_1^2 R_1(x,x_1)$；当 $i=2,3,\cdots,s$ 时，$c_i(x)$ 可根据式(3.69)求得：

$$c_i(x)=\rho_{i-1}c_{i-1}(x)+\Pi_i^s R_i(x,x_i) \tag{3.69}$$

此时预测公式依然为 $\hat{z}=\hat{\mu}+c^{\mathrm{T}}C^{-1}(Y-\mathbf{1}\hat{\mu})$，预测方差则为

$$\begin{aligned} s^2 &= \hat{\sigma}_s^2+\hat{\rho}_{s-1}^2\hat{\sigma}_{s-1}^2+\hat{\rho}_{s-1}^2\hat{\rho}_{s-2}^2\hat{\sigma}_{s-2}^2+\cdots \\ &\quad +(\Pi_1^{s-1})^2\hat{\sigma}_1^2-c^{\mathrm{T}}C^{-1}c+\frac{(\mathbf{1}-\mathbf{1}^{\mathrm{T}}C^{-1}c)^2}{\mathbf{1}^{\mathrm{T}}C^{-1}\mathbf{1}} \end{aligned} \tag{3.70}$$

3.3.2 通用型 Co-Kriging 建模方法

在构建 Co-Kriging 模型时，通常假设可以分配样本点使得高/低精度样本点嵌套，即高精度样本点集是低精度样本点集的子集。构建嵌套样本点的优点是其允许单独预测高/低精度近似模型的超参数，进而显著提高建模效率，尤其是对于大型数据集。尽管构建嵌套样本点对于 Co-Kriging 模型的建模效率有大幅提升，但这个条件在实际工程应用中往往难以满足。同时，对于变可信度全局优化方法而言，添加高精度采样点显然会导致高/低精度样本点非嵌套。因此，在不牺牲计算效率的情况下，研究同时适用于嵌套和非嵌套样本点的通用型 Co-Kriging 模型具有重要的工程应用价值。

为了描述嵌套和非嵌套样本点对变可信度近似模型的影响，采用图 3.13 进行简单的描述。图 3.13(a)描绘了具有两级精度模型的高/低精度样本点数据，阴影区域表示此高斯过程的 95%置信度预测区间。由于在高精度样本点处始终存在对应的低精度样本点，因此高精度样本点处的高/低精度分析模型之间的差异值是确定的，可以使用确定性 Kriging 模型来构建差异模型。另外，如图 3.13(b)所示，当高/低精度样本点数据非嵌套时，高精度样本点处的高/低精度分析模型之间的差异值不再是确定值，而是一个随机过程，因为低精度 Kriging 模型的预测响应遵循高斯分布。因此，如果将 Co-Kriging 模型用于非嵌套样本点数据，会忽略低精

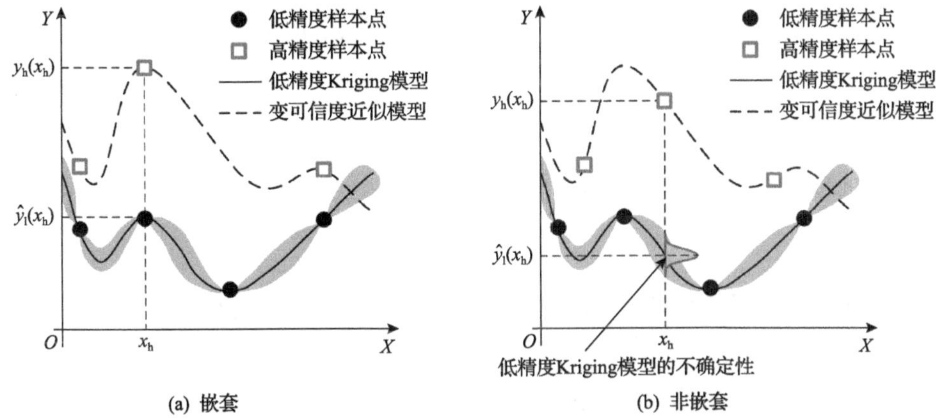

图 3.13　嵌套和非嵌套样本点数据对变可信度近似模型的影响

度 Kriging 模型的插值不确定性。为此，本节提出了一种通用型 Co-Kriging（generalized Co-Kriging, GCK）建模方法。在该模型中，将校准的低精度 Kriging 模型和差异随机 Kriging 模型进行融合，通过考虑高精度样本点处低精度 Kriging 模型的插值不确定性，GCK 模型能够在嵌套和非嵌套样本点数据下对低精度分析模型和差异模型的超参数进行预测。

本节首先从模型求解、相关函数和超参数求解三方面详尽介绍提出的 GCK 模型，然后通过 Forresfer 函数对 GCK 模型进行测试，并验证所提方法的有效性。

1. 模型求解

假设存在一个 s 级精度的变可信度近似模型 $y_t(x)(t=1,2,\cdots,s)$，模型的精度和计算成本随着精度层级 t 的增大而增大。对于不同的精度层级 t，都有相对应的由 n_t 个样本点构成的样本点集 $D_t=\{x_1^t,x_2^t,\cdots,x_{n_t}^t\}$。对于变可信度近似模型，样本点数量通常存在以下关系：对于任意 $i>j$，都有 $n_i<n_j$。对于连续层级的模型，假设它们存在以下关系：

$$\begin{cases}y_t(x)=\rho_{t-1}y_{t-1}(x)+\delta_t(x)\\ y_{t-1}(x)\perp\delta_t(x)\end{cases},\quad t=2,3,\cdots,s \tag{3.71}$$

其中，$\perp$ 表示模型是彼此独立的；ρ_{t-1} 为标度系数。

精度层级为 1 的模型为

$$y_1(x)\sim \mathrm{GP}(f_1^{\mathrm{T}}(x)\beta_1,\sigma_1^2R_1(x,x')) \tag{3.72}$$

其中，$\mathrm{GP}(\cdot,\cdot)$ 表示 GP 模型。

GP 模型可以提供响应的无偏估计，但是预测响应同时存在插值不确定性。下面以第 1 层级为例，GP 模型的预测响应 $\hat{y}_1(x)$ 与真实响应 $y_1(x)$ 之间的关系可以量化为

$$\hat{y}_1(x) = y_1(x) + \varepsilon_1(x) \tag{3.73}$$

其中，$\varepsilon_1(x)$ 为 GP 模型引入的插值不确定性，它服从以下分布：

$$\varepsilon_1(x) \sim N(0, s_1^2(x)) \tag{3.74}$$

其中，$N(\cdot,\cdot)$ 表示正态分布；$s_1^2(x)$ 为 GP 模型的预测 MSE，$s_1^2(x)$ 的详细表达式可以写成

$$s_1(x)^2 = \sigma_1^2 + u_1^{\mathrm{T}}(F_1^{\mathrm{T}} C_1^{\mathrm{T}} F_1)^{-1} u_1 - c_1^{\mathrm{T}} C_1^{\mathrm{T}} c_1 \tag{3.75}$$

其中，$u_1 = F^{\mathrm{T}} C^{-1} c - f$ 。

同时，假设不同样本点之间的不确定性 $\varepsilon(x)$ 是相互独立的，即对于任意 $x \neq x'$ ，$\mathrm{cov}(\varepsilon_1(x), \varepsilon_1(x')) = 0$ 。

因此，第 1 层级的模型真实响应 $y_1(x)$ 可以被转换为 $\hat{y}_1(x) - \varepsilon_1(x)$ ，假设真实响应已知，且预测响应值 $\hat{y}_1(x)$ 可以通过 GP 模型获得。那么，真实响应 $y_1(x)$ 服从以下分布：

$$y_1(x) \sim N(\hat{y}_1(x), s_1^2(x)) \tag{3.76}$$

$y_2(x)$ 和标度函数 $\rho_1 y_1(x)$ 之间的差异函数 $\delta_2(x)$ 可以通过式(3.77)计算得到：

$$\delta_2(x) = y_2(x) - \rho_1 y_1(x) = y_2(x) - \rho_1 \hat{y}_1(x) + \rho_1 \varepsilon_1(x) \tag{3.77}$$

也就是说，对于任意样本点 $x \in D_2$ ，$\delta_2(x)$ 服从以下分布：

$$\delta_2(x) \sim N(y_2(x) - \rho_1 \hat{y}_1(x), \rho_1^2 s_1^2(x)) \tag{3.78}$$

$\delta_2(x)$ 的预测均值 $y_2(x) - \rho_1 \hat{y}_1(x)$ 同样可以通过构建 GP 模型进行预测，即可以写成以下形式：

$$y_2(x) - \rho_1 \hat{y}_1(x) = f_2^{\mathrm{T}}(x)\beta_2 + z_2(x) \tag{3.79}$$

即

$$\delta_2(x) = f_2^{\mathrm{T}}(x)\beta_2 + z_2(x) + \rho_1 \varepsilon_1(x) \tag{3.80}$$

对于差异模型 $\delta_2(x)$ ，未测试点处的预测响应可以看成样本点处真实响应的线性组合：

$$\hat{\delta}_2(x) = c^{\mathrm{T}} \psi_2 \tag{3.81}$$

其中，c 为一个 $n_2 \times 1$ 的向量；ψ_2 为样本点差异值构成的向量，ψ_2 同样可以写成式(3.82)的形式：

$$\psi_2 = [f_2(x_1^2)^{\mathrm{T}} \beta_2 + z_2(x_1^2) + \rho_1 \varepsilon_1(x_1^2), f_2(x_2^2)^{\mathrm{T}} \beta_2 + z_2(x_2^2) + \rho_1 \varepsilon_1(x_2^2), \cdots, \\ f_2(x_{n_2}^2)^{\mathrm{T}} \beta_2 + z_2(x_{n_2}^2) + \rho_1 \varepsilon_1(x_{n_2}^2)]^{\mathrm{T}} \tag{3.82}$$

其中，$\{x_1^2, x_2^2, \cdots, x_{n_2}^2\} \in D_2$。

那么，差异模型的预测误差值为

$$\begin{aligned} \hat{\delta}_2(x) - \delta_2(x) &= c^{\mathrm{T}} \psi_2 - \delta_2(x) \\ &= c^{\mathrm{T}} (F_2 \beta_2 + Z_2 + \rho_1 E_1) - (f_2(x)^{\mathrm{T}} \beta_2 + z_2(x) + \varepsilon_2(x)) \\ &= c^{\mathrm{T}} (Z_2 + \rho_1 E_1) + (F_2^{\mathrm{T}} c - f_2(x))^{\mathrm{T}} \beta_2 - z_2(x) - \varepsilon_2(x) \end{aligned} \tag{3.83}$$

其中，$Z_2 = [z_2(x_1^2), z_2(x_2^2), \cdots, z_2(x_{n_2}^2)]^{\mathrm{T}}$；$E_1 = [\varepsilon_1(x_1^2), \varepsilon_2(x_2^2), \cdots, \varepsilon_1(x_{n_2}^2)]^{\mathrm{T}}$。

为了满足模型无偏估计的要求，需要满足期望 $E[\hat{\delta}_2(x) - \delta_2(x)] = 0$，也就是

$$F_2^{\mathrm{T}} c(x) - f_2(x) = 0 \tag{3.84}$$

模型的预测 MSE 为

$$\begin{aligned} \mathrm{MSE} &= E[(\hat{\delta}_2(x) - \delta_2(x))^2] \\ &= E[(c^{\mathrm{T}} (Z_2 + \rho_1 E_1) - z_2(x) - \varepsilon_2(x))^2] \\ &= E[(z_2(x) + \varepsilon_2(x))^2 + c^{\mathrm{T}} (Z_2 + \rho_1 E_1)(Z_2 + \rho_1 E_1)^{\mathrm{T}} c - 2c^{\mathrm{T}} (Z_2 + \rho_1 E_1)(z_2(x) + \varepsilon_2(x))] \\ &= c^{\mathrm{T}} (\sigma_2^2 R_2 + \rho_1^2 S_1) c + \sigma_2^2 (1 - 2c^{\mathrm{T}} r_2) \end{aligned} \tag{3.85}$$

其中，S_1 是一个 $n_2 \times n_2$ 的对角矩阵，$S_1 = \mathrm{diag}(s_1^2(x_1^2), s_1^2(x_2^2), \cdots, s_1^2(x_{n_2}^2))$，对角线元素表示低精度近似模型在样本点 D_2 处存在的插值不确定性；R_2 是第 2 层级的样本点 D_2 构成的 $n_2 \times n_2$ 样本点相关性矩阵；r_2 是预测点 x 和样本点 D_2 构成的 $n_2 \times 1$ 向量。

为了找到向量 c 最小化预测 MSE，采用拉格朗日函数进行求解，即

$$L(c, \lambda) = c^{\mathrm{T}} (\sigma_2^2 R_2 + \rho_1^2 S_1) c + \sigma_2^2 (1 - 2c^{\mathrm{T}} r_2) - \lambda^{\mathrm{T}} (F_2^{\mathrm{T}} c(x) - f_2(x)) \tag{3.86}$$

对 c 求导，式(3.86)的梯度函数为

$$L_c'(c, \lambda) = 2(\sigma_2^2 R_2 + \rho_1^2 S_1) c - 2\sigma^2 r_2 - F_2 \lambda \tag{3.87}$$

通过结合无偏估计条件和最优解的一阶必要条件，可以获得以下矩阵方程：

$$\begin{bmatrix} \Lambda_2 & F_2 \\ F_2^{\mathrm{T}} & 0 \end{bmatrix} \begin{bmatrix} c \\ \tilde{\lambda} \end{bmatrix} = \begin{bmatrix} r_2 \\ f_2(x) \end{bmatrix} \tag{3.88}$$

其中

$$\begin{cases} \tilde{\lambda} = -\lambda / (2\sigma_2^2) \\ F_2 = [f_2(x_1^2), f_2(x_2^2), \cdots, f_2(x_{n_2}^2)]^{\mathrm{T}} \\ \Lambda_2 = R_2 + \rho_1^2 S_1 / \sigma_2^2 \\ R_2 = (R_2(x_i^2, x_j^2))_{i,j} \in \mathbf{R}^{n_2 \times n_2} \\ r_2 = (R_2(x_i^2, x))_i \in \mathbf{R}^{n_2 \times 1} \end{cases} \tag{3.89}$$

矩阵方程(3.88)的解为

$$\begin{cases} c = \Lambda_2^{-1}(r_2 - F_2\tilde{\lambda}) \\ \tilde{\lambda} = (F_2^{\mathrm{T}}\Lambda_2^{-1}F_2)^{-1}(F_2^{\mathrm{T}}\Lambda_2^{-1}r_2 - f_2(x)) \end{cases} \tag{3.90}$$

通过将上述矩阵方程的解代入方程(3.83)，可以获得差异模型预测响应的表达式：

$$\begin{aligned} \hat{\delta}_2(x) &= c^{\mathrm{T}}\psi_2 = (r_2 - F_2\tilde{\lambda})^{\mathrm{T}}\Lambda_2^{-1}\psi_2 \\ &= f_2^{\mathrm{T}}(x)\beta_2^* + r_2^{\mathrm{T}}\Lambda_2^{-1}(\psi_2 - F_2\beta_2^*) \end{aligned} \tag{3.91}$$

为了使式(3.91)能够求解，可以将差异模型的响应 ψ_2 替换为它的期望值，也就是差异模型的观测值：

$$\overline{\psi}_2 = [y_2(x_1^2) - \rho_1\hat{y}_1(x_1^2), y_2(x_2^2) - \rho_1\hat{y}_1(x_2^2), \cdots, y_2(x_{n_2}^2) - \rho_1\hat{y}_1(x_{n_2}^2)]^{\mathrm{T}} \tag{3.92}$$

因此，差异模型的预测响应可以被修正为

$$\hat{\delta}_2(x) = f_2^{\mathrm{T}}(x)\beta_2^* + r_2^{\mathrm{T}}\Lambda_2^{-1}(\overline{\psi}_2 - F_2\beta_2^*) \tag{3.93}$$

其中，$\beta_2^* = (F_2^{\mathrm{T}}\Lambda_2^{-1}F_2)^{-1}F_2^{\mathrm{T}}\Lambda_2^{-1}\overline{\psi}_2$。

对于不同预测点 x，仅需要对 $f_2(x)$ 和 r_2 这两个依赖预测点 x 的参数项进行重新计算。

通过将参数解(3.90)代入式(3.85)，可以得到差异模型的预测 MSE 为

$$\mathrm{MSE} = \sigma_2^2(1 + u_2^{\mathrm{T}}(F_2^{\mathrm{T}}\Lambda_2^{-1}F_2)^{-1}u_2 - r_2^{\mathrm{T}}\Lambda_2^{-1}r_2) \tag{3.94}$$

其中，$u_2 = F_2^{\mathrm{T}}\Lambda_2^{-1}r_2 - f_2(x)$。

基于 $y_1(x)$ 和 $\delta_2(x)$ 的预测响应和 MSE，第 2 层级近似模型的预测响应为

$$\hat{y}_2(x) = \rho_1 \hat{y}_1(x) + f_2^{\mathrm{T}}(x)\beta_2^* + r_2^{\mathrm{T}} \Lambda_2^{-1}(\bar{\psi}_2 - F_2 \beta_2^*) \tag{3.95}$$

对应的预测 MSE 为

$$\mathrm{MSE} = \rho_1^2 \hat{s}_1^2(x) + \sigma_2^2 (1 + u_2^{\mathrm{T}} (F_2^{\mathrm{T}} \Lambda_2^{-1} F_2)^{-1} u_2 - r_2^{\mathrm{T}} \Lambda_2^{-1} r_2) \tag{3.96}$$

其中，$\hat{y}_1(x)$ 和 $\hat{s}_1^2(x)$ 分别为基于样本点集 D_1 构建的第 1 层级 GP 模型在预测点 x 处的预测响应和预测 MSE。

更进一步地，上述预测响应和预测 MSE 的形式可以从第 2 层级扩展到更高的层级，第 s 层级近似模型的预测响应和预测 MSE 可以从低精度分析模型向高精度分析模型逐层迭代获得。最终，GCK 模型在样本点 x 处的预测响应为

$$\hat{y}_s(x) = \rho_{s-1} \hat{y}_{s-1}(x) + f_s^{\mathrm{T}}(x)\beta_s^* + r_s^{\mathrm{T}} \Lambda_s^{-1}(\bar{\psi}_s - F_s \beta_s^*) \tag{3.97}$$

对应的预测 MSE 为

$$\mathrm{MSE} = \rho_{s-1}^2 \hat{s}_{s-1}^2(x) + \sigma_s^2 [1 + u_s^{\mathrm{T}} (F_s^{\mathrm{T}} \Lambda_s^{-1} F_s)^{-1} u_s - r_s^{\mathrm{T}} \Lambda_s^{-1} r_s] \tag{3.98}$$

2. 相关函数

基于 Co-Kriging 模型的变可信度近似模型另一个重要的参数就是样本点之间的相关性。通常情况下，可以假设 x_1 和 x_2 两点之间的相关性仅依赖于这两点的空间距离。常用的相关函数表达式如下：

$$R(x_1, x_2) = \prod_{i=1}^{m} R_i(\theta_i, x_{1,i} - x_{2,i}) \tag{3.99}$$

其中，m 为设计空间的维度；$x_{1,i}$ 和 $x_{2,i}$ 分别为设计空间内 x_1 和 x_2 两点在第 i 维的分量。$\theta = [\theta_1, \theta_2, \cdots, \theta_m] \in \mathbf{R}^m$ 为控制相关性衰减速度的函数，θ 越大则相关性衰减得越快。高斯函数、指数函数、线性函数和球形函数是使用最多的相关性模型。在本节中，采用高斯相关性函数，它的函数方程如下所示：

$$R(x_1, x_2) = \prod_{i=1}^{m} \exp[-\theta_i (x_{1,i} - x_{2,i})^2] \tag{3.100}$$

3. 超参数求解

对于不同精度层级样本点所构建的 GP 模型存在的插值不确定性，假设高层级样本点在低层级模型的真实响应值已知，不同精度层级的样本点依旧满足 Markov 性质。因此，基于已有样本点真实响应和模型超参数所构成的条件概率密

度函数为

$$p(y\mid\Phi)=p(y_s\mid y_{s-1},y_{s-2},\cdots,y_1,\Phi_s,\Phi_{s-1},\cdots,\Phi_1)\times p(y_{s-1}\mid y_{s-2},y_{s-3},\cdots,y_1,\Phi_{s-1},\Phi_{s-2},\cdots,\Phi_1),\cdots\times p(y_2\mid y_1,\Phi_2,\Phi_1)\times p(y_1\mid\Phi_1) \tag{3.101}$$

其中，$y_i=\{y_i(x_1),y_i(x_2),\cdots,y_i(x_{n_i})\}$ 是第 i 层级样本点真实响应构成的集合，$y=\{y_1,y_2,\cdots,y_s\}$ 表示所有已知真实响应构成的集合，$\Phi=\{\beta,\theta,\sigma^2,\rho\}$ 表示建模时需要预测的超参数。

本节采用极大似然估计法，也就是最大化条件概率密度函数 $p(y\mid\Phi)$ 来预测超参数。同时，最大化概率密度函数 $p(y\mid\Phi)$ 的问题等价于最大化式(3.101)右侧的每一项。变可信度近似模型第 i 层级的概率密度函数 $p(y_i\mid y_{i-1},y_{i-2},\cdots,y_1,\Phi_i,\Phi_{i-2},\cdots,\Phi_1)$ 可以通过从低层级向高层级逐层求解得到。其中，超参数 $\Phi_i=\{\beta_i,\theta_i,\sigma_i^2,\rho_{i-1}\}$ 可以通过最大化如下的对数似然函数获得

$$\max\ L[p(y_i\mid y_{i-1},y_{i-2},\cdots,y_1,\Phi_i,\Phi_{i-2},\cdots,\Phi_1)]\propto -n_i\sigma_i^2-\ln(|\Lambda_i|)-\frac{1}{\sigma_i^2}(\overline{\psi}_i-F_i\beta_i)^{\mathrm{T}}\Lambda_i^{-1}(\overline{\psi}_i-F_i\beta_i) \tag{3.102}$$

第 i 层级超参数 Φ_i 可以通过求解式(3.102)获得，但由于式(3.102)是隐式方程，获得超参数的直接表达式非常复杂。因此，本节采用遗传算法来求解联合概率密度函数中的超参数[23]。

4. 数值算例及讨论

在本节内容中，将使用 Forrester 函数来验证所提出的 GCK 模型的预测性能。在算例中，通过解析函数获得高/低精度分析模型的真实响应。为了比较不同近似模型的预测精度和预测误差，分别采用 Kriging 模型、混合标度 Kriging(hybrid Kriging scaling, HKS)模型、HK 模型[24]、Co-Kriging 模型、GCK 模型对这些算例进行建模。其中，由于 Kriging 模型是单精度建模方法，因此在建模过程中仅使用高精度样本点。为了量化不同近似模型的预测精度，使用 MAE 评估近似模型的局部预测精度，采用 RMSE 评价近似模型的全局预测精度。MAE 和 RMSE 越小，表示近似模型的预测性能越好。

Forrester 函数的高/低精度分析模型的函数表达式为

$$\begin{aligned}&y_{\mathrm{h}}=(6x-2)^2\sin[2\times(6x-2)]\\&y_{\mathrm{l}}=y_{\mathrm{h}}-(A+0.5)[(6x-2)^2-6x]\\&x\in[0,1],\quad A\in[0,1]\end{aligned} \tag{3.103}$$

其中，y_{h} 和 y_{l} 分别为高/低精度分析模型；参数 A 是影响高/低精度分析模型相关

性系数的参数。

在不同参数 A 下，高/低精度分析模型曲线如图 3.14 所示。高/低精度分析模型的相关系数可以通过式(3.104)计算得到[15]

$$R^2=\left(\frac{\sum_{i=1}^{n}(y_{\mathrm{h}}(x_i)-\overline{y}_{\mathrm{h}})(y_{\mathrm{l}}(x_i)-\overline{y}_{\mathrm{l}})}{\sqrt{\sum_{i=1}^{n}(y_{\mathrm{h}}(x_i)-\overline{y}_{\mathrm{h}})^2}\sqrt{\sum_{i=1}^{n}(y_{\mathrm{l}}(x_i)-\overline{y}_{\mathrm{l}})^2}}\right)^2 \tag{3.104}$$

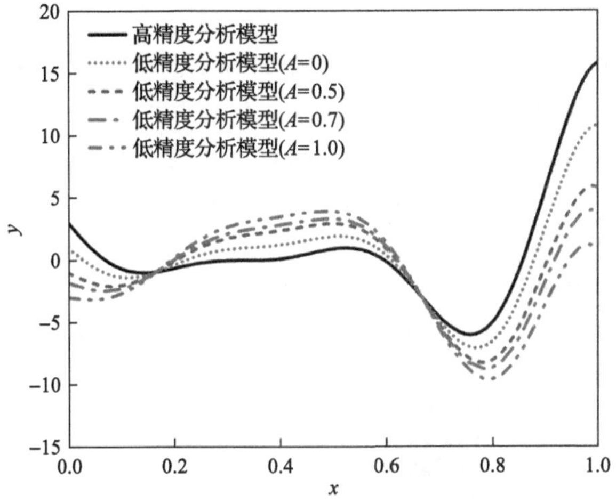

图 3.14　不同参数 A 下高/低精度函数曲线

图 3.15 展现了相关系数 R^2 随参数 A 变化的曲线。显而易见，伴随着参数 A

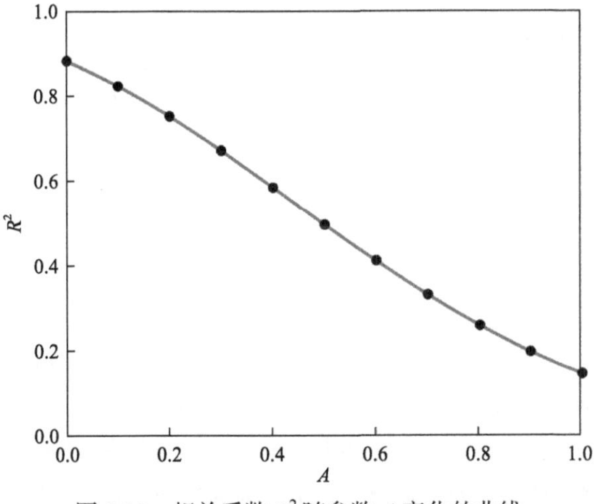

图 3.15　相关系数 R^2 随参数 A 变化的曲线

的增大，高/低精度分析模型之间的相关性逐渐减弱。当 $A=0$ 时，相关系数取得最大值 $R^2=0.882$；当 $A=1$ 时，相关系数取得最小值 $R^2=0.146$。

同时在这个算例上，采用嵌套样本点和非嵌套样本点来测试不同近似模型的预测精度。对于嵌套样本点和非嵌套样本点，低精度样本点的输入均为 $D_1=\{0, 0.1, 0.2, 0.3, 0.4, 0.5, 0.6, 0.7, 0.8, 0.9, 1.0\}$。对于嵌套样本点数据，高精度样本点的输入与参考文献[14]保持一致，为 $D_2(1)=\{0, 0.4, 0.6, 1.0\}$。对于非嵌套样本点数据，通过将嵌套时高精度样本点的输入 $D_2(1)$ 进行稍微偏移得到 $D_2(2)=\{0.05, 0.35, 0.75, 0.95\}$。模型超参数的初始值设置为 $\theta_{\text{ini}}=0.1$，取值范围设置为 $[10^{-2}\theta_{\text{ini}}, 10^3\theta_{\text{ini}}]$。

对于嵌套样本点数据，图 3.16 展现了 $A=0.7$ $(R^2=0.332)$ 时样本点嵌套时不同近似模型的预测响应曲线。显而易见，所有近似模型都可以捕捉到真实模型的大致趋势。高精度 Kriging 模型的曲线在整个设计空间较为光滑，而变可信度近似模型可以提供更多细节。因为高/低精度样本点数据是嵌套的，所以低精度近似模型在高精度样本处的预测不确定性为零。因此，此时 GCK 模型将提供与 Co-Kriging 模型相同的预测响应。根据图 3.16，当 $A=0.7$ 时，GCK 模型和 Co-Kriging 模型可以提供最高的预测精度，因为其预测响应曲线最接近真实的高精度函数曲线。

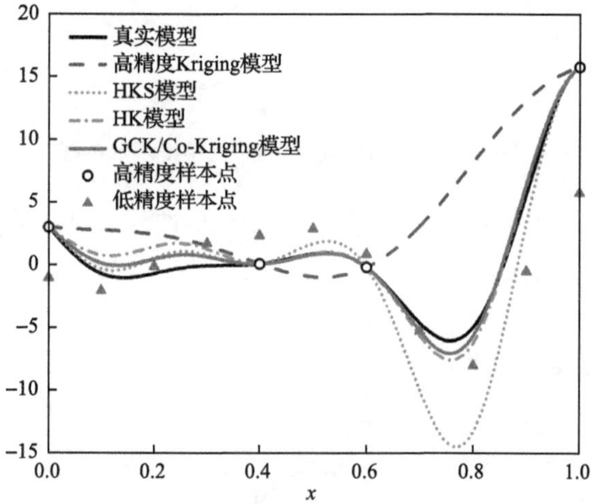

图 3.16 样本点嵌套时不同近似模型的预测响应曲线（A=0.7）

高/低精度样本点嵌套时，这些近似模型在不同模型相关系数下的预测 MAE 和 RMSE 如图 3.17 所示。GCK 模型和 Co-Kriging 模型由于提供了相同的预测响应，因此它们的预测 MAE 和 RMSE 也相同。高精度 Kriging 模型建模过程中仅使用了高精度样本点而未利用低精度样本点的信息，因此在大多数情况下表现最差。随着模型相关系数 R^2 减小（即 A 增大），几乎所有的变可信度近似模型的预测性能都会下降。这是因为 R^2 越小，低精度样本点所能提供的高精度分析模型的相关信息越少。当相关系数 $R^2 \leqslant 0.198$（即 $A \geqslant 0.9$）时，变可信度近似模型的预测性能将比高精度 Kriging 模型的预测性能更差。这表明当高/低精度分析模型之间的相关性很弱时，低精度样本点数据可能会降低变可信度近似模型的预测精度。当相关系数 $R^2 \geqslant 0.497$（即 $A \leqslant 0.5$）时，HK 模型表现出最好的全局和局部预测精度。这是因为低精度近似模型被 HK 模型用作趋势模型，这种策略在高/低精度分析模型为强相关性时非常有效。当模型相关性减弱时，如 $R^2 \leqslant 0.412$（即 $A \geqslant 0.6$），GCK 模型的预测性能优于 HK 模型。除了 $R^2 = 0.198$（即 $A = 0.9$）时，在大多数情况下，GCK 模型预测性能优于 HKS 模型。

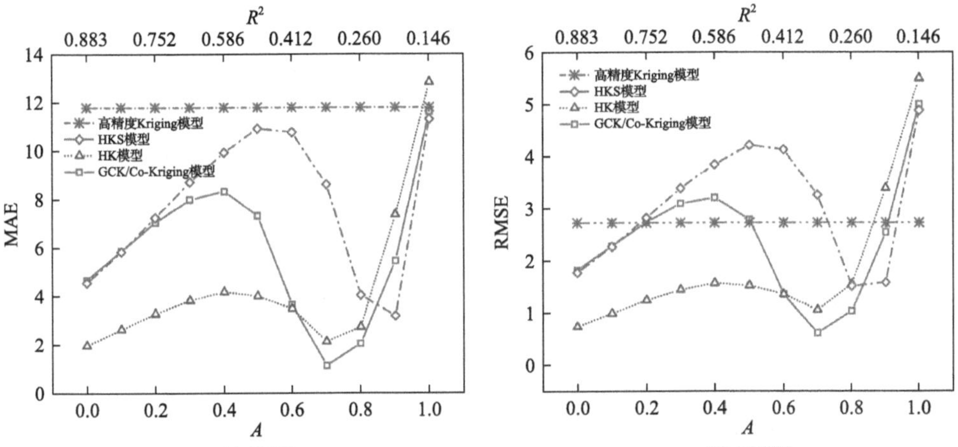

(a) MAE　　(b) RMSE

图 3.17　高/低精度样本点嵌套时不同近似模型在不同模型相关系数下的预测性能

对于非嵌套样本点数据，算例仍然采用 $A = 0.7$ 展示这些近似模型的预测曲线。如图 3.18 所示，$A = 0.7$ 时 GCK 模型能提供最佳的预测性能。显而易见，GCK 模型的预测性能要显著优于 Co-Kriging 模型。这表明通过考虑低精度 Kriging 模型的预测不确定性，GCK 模型可以有效提高 Co-Kriging 模型的预测精度。

高/低精度样本点非嵌套时不同近似模型在不同相关系数下的预测性能如图 3.19 所示。显而易见，高精度 Kriging 模型的预测性能始终最差，四种变可信度近似模型的预测性能随着相关系数的降低而降低。当相关系数 $R \leqslant 0.497$（即 $A \geqslant 0.5$）时，GCK 模型的预测精度显著高于其他近似模型。当 $A < 0.5$ 时，GCK 模型的预测性能优于 Kriging 和 HK 模型，却略差于 HKS 模型。当考虑相关系数对变可信度近似模型预测性能的影响时，可以发现 GCK 模型的预测性能对相关系数的变化不敏感。相反，当模型相关性减弱时，其余三种变可信度近似模型的预测性能会大幅波动。

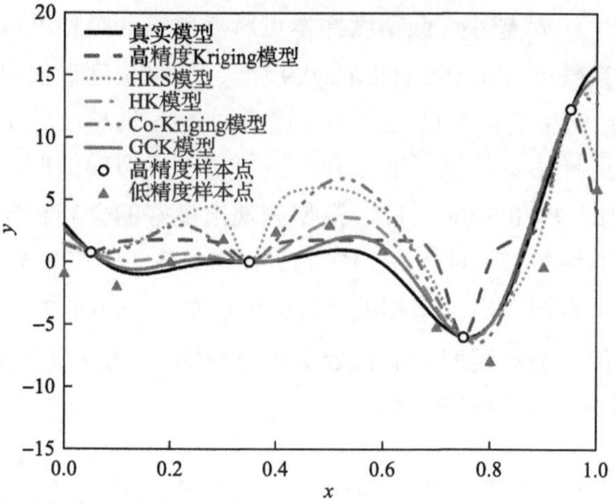

图 3.18　$A = 0.7$ 时样本点非嵌套时不同近似模型的预测响应曲线

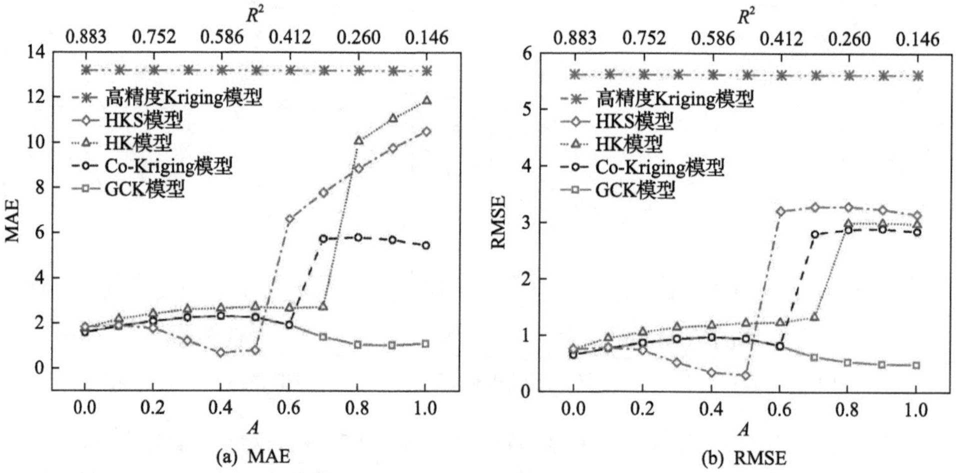

图 3.19　高/低精度样本点非嵌套时不同近似模型在不同相关性系数下的预测性能

参 考 文 献

[1] Xiong Y, Chen W, Tsui K L. A new variable-fidelity optimization framework based on model fusion and objective-oriented sequential sampling[J]. Journal of Mechanical Design, 2008, 130(11): 111401.

[2] Zheng J, Shao X Y, Gao L, et al. Difference mapping method using least square support vector regression for variable-fidelity metamodelling[J]. Engineering Optimization, 2014, 47(6): 719-736.

[3] Bandler J W, Biernacki R M, Chen S H, et al. Space mapping technique for electromagnetic

optimization[J]. IEEE Transactions on Microwave Theory and Techniques, 1994, 42(12): 2536-2544.

[4] Ren J, Leifsson L T, Koziel S, et al. Multi-fidelity aerodynamic shape optimization using manifold mapping[C]. 57th AIAA/ASCE/AHS/ASC Structures, Structural Dynamics, and Materials Conference, San Diego, 2016: 0419.

[5] Robinson T, Eldred M, Willcox K, et al. Strategies for multifidelity optimization with variable dimensional hierarchical models[C]. 47th AIAA/ASME/ASCE/AHS/ASC Structures, Structural Dynamics, and Materials Conference, Reston, 2006: 1819.

[6] Zheng J, Shao X Y, Gao L, et al. A prior-knowledge input LSSVR metamodeling method with tuning based on cellular particle swarm optimization for engineering design[J]. Expert Systems with Applications, 2014, 41(5): 2111-2125.

[7] Jiang P, Xie T L, Zhou Q, et al. A space mapping method based on Gaussian process model for variable fidelity metamodeling[J]. Simulation Modelling Practice and Theory, 2018, 81: 64-84.

[8] Zhou Q, Jiang P, Shao X Y, et al. A variable fidelity information fusion method based on radial basis function[J]. Advanced Engineering Informatics, 2017, 32: 26-39.

[9] Jin R C, Chen W, Sudjianto A. An efficient algorithm for constructing optimal design of computer experiments[J]. Journal of Statistical Planning and Inference, 2005, 134(1): 268-287.

[10] Kennedy M C, O'Hagan A. Predicting the output from a complex computer code when fast approximations are available[J]. Biometrika, 2000, 87(1): 1-13.

[11] Qian P Z G, Wu C F J. Bayesian hierarchical modeling for integrating low-accuracy and high-accuracy experiments[J]. Technometrics, 2008, 50(2): 192-204.

[12] Le Gratiet L, Garnier J. Recursive co-Kriging model for design of computer experiments with multiple levels of fidelity[J]. International Journal for Uncertainty Quantification, 2014, 4(5): 365-386.

[13] Han Z H, Görtz S. Hierarchical kriging model for variable-fidelity surrogate modeling[J]. American Institute of Aeronautics and Astronautics Journal, 2012, 50(9): 1885-1896.

[14] Park C, Haftka R T, Kim N H. Low-fidelity scale factor improves Bayesian multi-fidelity prediction by reducing bumpiness of discrepancy function[J]. Structural and Multidisciplinary Optimization, 2018, 58(2): 399-414.

[15] Toal D J J. Some considerations regarding the use of multi-fidelity Kriging in the construction of surrogate models[J]. Structural and Multidisciplinary Optimization, 2015, 51(6): 1223-1245.

第 4 章　多输出场景下的变可信度近似建模方法

工程问题中存在对多个耗时输出响应同时快速预测的需求。对于多输出的应用场景，若对每个输出单独建模，人为割裂输出之间的相关性，可能造成有用信息丢失。因此，相较于单独建模，多输出场景下近似建模的关键点在于如何利用输出相关性提供更为准确的预测。本章针对多输出场景下构建变可信度近似模型的需求，在多输出高斯过程(multi-output Gaussian processes, MOGP)模型的基础上，提出基于高斯模型的多输出变可信度近似建模方法，并详细介绍建模方法的核心思想、建模流程及测试函数验证。

4.1　多输出高斯模型

4.1.1　对称多输出高斯模型

通过平等地处理输出，对称 MOGP 模型的关键是构造对称协方差函数，以捕获输出相关，以便尽可能多地共享输出的有用信息。本节将对称 MOGP 模型分为三大类：①可分离模型；②不可分离模型；③转换模型。

1. 可分离模型

1)共区域化线性模型

共区域化线性模型(linear model of coregionalization, LMC)是用于构造多输出协方差函数的最广泛的生成方法，同时也是地质统计学领域的先驱。如图 4.1 所示，共区域化线性模型将输出表示为 Q 个潜在函数的线性组合。

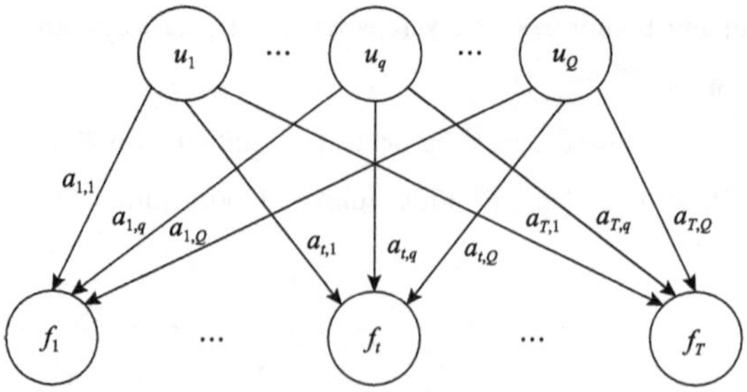

图 4.1　共区域化线性模型示意图

该方法通过将 Q 个潜在函数 $u_q(x)$ 进行线性结合构成所需要的输出，记为

$$f_t(x)=\sum_{q=1}^{Q}a_{t,q}u_q(x),\quad t=1,2,\cdots,T \tag{4.1}$$

其中，$u_q(x)$ 的均值为 0，协方差为 $\mathrm{cov}(u_q(x),u_q(x'))=k_q(x,x')$；$a_{t,q}$ 是 $u_q(x)$ 的系数。T 个输出的构建方法相似，因此可将式(4.1)进一步写为

$$f(x)=Bu(x) \tag{4.2}$$

其中，$f(x)=[f_1(x),f_2(x),\cdots,f_T(x)]^{\mathrm{T}}$；$u(x)=[u_1(x),u_2(x),\cdots,u_Q(x)]^{\mathrm{T}}$；矩阵 $B\in\mathbf{R}^{T\times Q}$ 的第 t 行为 $B_{t,:}=[a_{t,1},a_{t,2},\cdots,a_{t,Q}]^{\mathrm{T}}$。除此之外，共区域化线性模型还引入了各个输出互不依赖的假设，即 $\mathrm{cov}(u_q(x),u_{q'}(x'))=0(q\neq q')$。基于此，两个输出 $f_{t'}(x')$ 和 $f_t(x)$ 之间的协相关函数可表示为

$$\begin{aligned}k_{tt'}(x,x')&=\sum_{q=1}^{Q}\sum_{q'=1}^{Q}a_{t,q}a_{t',q'}\,\mathrm{cov}(u_q(x),u_{q'}(x'))\\&=\sum_{q'=1}^{Q}a_{t,q}a_{t',q'}k_q(x,x')\end{aligned} \tag{4.3}$$

鉴于输入输出在协方差结构中分离的情况，共区域化线性模型也是可分离模型的一种。此外，采用几个协方差函数的线性组合仍然可以得到一个有效的协方差函数，即 $k_{tt'}(x,x')$ 在式(4.3)中是有效的。多输出协方差函数 $K_{\mathrm{M}}(x,x')$ 可进一步写为

$$K_{\mathrm{M}}(x,x')=\sum_{q=1}^{Q}A_qK_q(x,x') \tag{4.4}$$

其中，$A_q\in\mathbf{R}^{T\times T}$ 为一个对称的半正定协相关矩阵(也称为半区域化矩阵)。对其中的 $A_{tt'}^{q}$ 有 $A_{tt'}^{q}=a_{t,q}a_{t',q}$。

特别地，当 Q 为 1 时，即可推导出内区域化模型，多输出协方差函数可简化为

$$K_{\mathrm{M}}(x,x')=AK(x,x') \tag{4.5}$$

其中，$A\in\mathbf{R}^{T\times T}$，其元素满足 $A_{tt'}=a_ta_{t'}$，代表输出 $f_t(x)$ 和 $f_{t'}(x')$ 之间的协相关性。

给定训练点 $X_1=\cdots=X_T=\bar{X}$，可得内区域化模型的协方差矩阵为

$$K_{\mathrm{M}}(\bar{X},\bar{X})=A\otimes K(\bar{X},\bar{X}) \tag{4.6}$$

其中，$\otimes$ 表示 Kronecker 积。

与共区域化线性模型相比，内区域化模型的限制性更强，因为它只使用一个潜在的过程来捕获跨输出的可能变化。但由于采用了 Kronecker 积，内区域化模型的计算复杂度大大降低。

2) 共区域化线性模型/内区域化模型的一些思考

为了实现共区域化线性模型/内区域化多输出模型，我们需要明确潜在的协方差函数 $\{k_q\}_{1\leqslant q\leqslant Q}$ 并且了解协相关矩阵 $\{A_q\}_{1\leqslant q\leqslant Q}$。至于 Q 个潜协方差函数都可使用简单的高斯核函数，即

$$k(x,x') = \sigma_f^2 \exp\left(-\frac{1}{2}(x-x')^{\mathrm{T}} P^{-1}(x-x')\right) \tag{4.7}$$

其中，σ_f^2 为 $f(x)$ 的方差；P 为线性变换矩阵。Q 个函数的区别在于不同的超参数 $\{\theta_q\}_{1\leqslant q\leqslant Q}$。或者，$Q$ 个函数可以选择完全不同的函数类型。需要指出，大的 Q 值会产生灵活的模型。然而过大的 Q 值会逐渐减少精度提升，但是其计算成本却会急剧增加。

至于协相关矩阵，最简单的形式即为 $A_q = I$，这表明输出之间不相关。在这种情况下，$K_{\mathrm{M}}(\bar{X},\bar{X})$ 也为对角矩阵。通过在所有输出上共享超参数 θ_q，输出的相关性会在协方差函数 k_q 处淡化。A_q 还有其他一些参数化选择，如 $A_q = 1$ 和 $A_q = \mathbf{1} + \alpha I$。为了提高灵活性，也可采用内区域化模型的形式，将相关矩阵参数化为 $A = \mathrm{diag}(e)S^{\mathrm{T}}S\mathrm{diag}(e)$，其中 e 对应每个输出的长度尺度，S 是上三角矩阵，用于表述点的球坐标。此外，半参数潜因子模型[1]定义了协相关矩阵 $A_q = a_q a_q^{\mathrm{T}}$，其中 $a_q = \{a_{t,q}\}_{1\leqslant t\leqslant T}$。在这种情况下，$A_q$ 的秩为 1，等价于 $P=1$ 时的自由形式参数化。

也可采用一种自由形式策略来参数化 A_q，该策略保证了 A_q 的半正定性，即 $A_q = LL^{\mathrm{T}}$。下三角矩阵 L 参数化为

$$L = \begin{bmatrix} a_1 & 0 & \cdots & 0 \\ a_2 & a_3 & \cdots & 0 \\ \vdots & \vdots & & \vdots \\ a_{w-T+1} & a_{w-T+2} & \cdots & a_w \end{bmatrix} \tag{4.8}$$

其中，$w = T(T+1)/2$，为协相关参数的个数。

需指出自由形式的参数化允许 A_q 元素对每一对输出自由缩放，从而增强了估计输出相关性的能力。然而，满秩 A_q 具有 $w = T(T+1)/2$ 个协相关参数，输出的增加导致出现高维求参问题。不完全 Cholesky 分解可用来解决该问题，对一个秩为 P 的矩阵 A_q 近似有

$$A_q \approx \tilde{A}_q = \tilde{L}\tilde{L}^{\mathrm{T}} \tag{4.9}$$

其中，$\tilde{L}$ 为一个 $T\times P(P\leqslant T)$ 的矩阵。

随着 P 的增大，式(4.9)能更为准确地近似输出之间的协相关矩阵，但同时计算成本也会增加。利用式(4.9)的多输出模型也被称为多任务高斯过程(multi-task Gaussian process, MTGP)模型[2]。

2. 不可分离模型：过程卷积

如前所述，共区域化线性模型使用几个独立潜在过程的线性组合来表示相关的输出。这种可分离模型(特别是内区域化模型)的性能在某些情况下可能受到限制。这是因为模型对潜在过程的输出共享相同的超参数，见式(4.1)。在此，引入了一种称为过程卷积的不可分离模型。它是一个生成模型，通过一个基过程与一个平滑核的卷积，可以建立有效的协方差函数用于多输出建模。与区域化线性模型不同，灵活的过程卷积允许使用单个超参数模拟每个输出。如果基过程是高斯过程，则卷积过程是高斯过程，这在分析上易于处理。

在过程卷积模型中，输出 $f_t(x)$ 可以通过将平滑且与输出相关的核 $g_t(\cdot)$ 与通用的基过程 $u(\cdot)$ 卷积来表示：

$$f_t(x)=\int_{-\infty}^{\infty}g_t(x-z)u(z)\mathrm{d}z \tag{4.10}$$

式(4.10)通过公共和特定潜在过程的混合来捕获输出的共享和特定输出特性。在独立假设下 $g_t\perp g_{t'}$，$f_t(x)$ 与 $f_{t'}(x')$ 之间的交叉协方差函数为

$$k_{tt'}(x,x')=\int_{-\infty}^{\infty}g_t(x-z)g_{t'}(x'-z')k(z,z')\mathrm{d}z\mathrm{d}z' \tag{4.11}$$

如果取平滑核为 Dirac delta 函数，即 $g_t(x-z)=a_t\delta(x-z)$，则式(4.11)退化为共区域化线性模型，且 $Q=1$。也就是说，相对于区域化线性模型中的静态混合，由于过程卷积有平滑核，因此可以看成区域化线性模型的动态版本。应注意，为了定义更复杂的协方差函数，式(4.11)可以扩展为 $Q>1$，即允许多重卷积。

在一般情况下，通常假设基本过程 $u(z)$ 是一个高斯白噪声。因此，式(4.11)可以简化为

$$k_{tt'}(x,x')=\int g_t(x-z)g_{t'}(x'-z)k(z,z')\mathrm{d}z \tag{4.12}$$

通过使用傅里叶分析和高斯核函数，协方差函数可以推导如下：

$$\begin{aligned}k_{tt'}(x,x';\sigma_{f,t},P_t,\sigma_{f,t'},P_{t'})&=2^{n/2}\sigma_{f,t}\sigma_{f,t'}\frac{|P_t|^{1/4}|P_{t'}|^{1/4}}{\sqrt{|P_t+P_{t'}|}}\\&\quad\times\exp(-(x-x')^{\mathrm{T}}(P_t+P_{t'})^{-1}(x-x'))\end{aligned} \tag{4.13}$$

其中，$\sigma_{f,t}$ 和 $\sigma_{f,t'}$ 分别为 $f_t(x)$ 和 $f_{t'}(x')$ 的方差；对角矩阵 $P_t \in \mathbf{R}^{d\times d}$ 包含输出 $f_t(x)$ 沿着每个输入方向的长度尺度；相同地，$P_{t'} \in \mathbf{R}^{d\times d}$ 包含输出 $f_{t'}(x')$ 沿着每个输入方向的长度尺度。容易发现，当 $t = t'$ 时，式(4.13)与高斯核函数没有差异。因此，该核函数能在多输出框架中保留各个输出的特性。请注意，基过程可被拓展为一个高斯过程而不是一个白噪声。

式(4.13)中的超参数与每个输出相关，没有自由的参数来明确地描述输出相关性。为了完成和增强多输出建模过程，需要指定捕获输出相关性的参数，例如，式(4.9)中的自由形式策略。因此，过程卷积模型的多输出协方差函数可以表示为 $k_{\mathrm{M}}(x,x') = [a_{tt'}k_{tt'}(x,x')]_{1\leqslant t,t'\leqslant T}$ 。

最后，过程卷积模型可以通过使用输出相关的卷积过程来考虑输出特征，见式(4.12)。正如前面所指出的，可以通过增大 Q 值来提高区域化线性模型捕捉特定输出特征的能力，即采用更多具有不同特征的潜在过程。实现这一目标的另一种方法是采用一种框架以明确说明特定输出特征。过程卷积的一个优点是它提供了一个更简单的模型来描述数据。

3. 转换模型：将输出视为输入

上述 MOGP 采用集成建模策略，将输出的所有信息融合到一个多输出协方差矩阵 $K_{\mathrm{M}}(\bar{X},\bar{X})$ 中，共同推导超参数。近年来，人们提出了一些简单的多输出模型，采用了一种分解的建模策略。这些模型易于实现，可以应用于任何近似模型。Borchani 等[3]将其称为问题转换方法，因为他们将输出视为输入，试图将多输出建模过程转换为一系列连续的单输出建模过程。接下来将介绍两种这类建模方法，即堆叠单目标(stacked single-target, SST)和回归链集成(ensemble of regressor chains, ERC)，它们是由一些成功的多标签分类方法驱动的。

1)堆叠单目标

堆叠单目标是从多标签分类中的堆叠泛化思想发展而来的[4]这一思想也被用于多输出采样。堆叠单目标的关键是将预测的输出作为输入对预测进行修正。

堆叠单目标训练过程包含两个阶段：第一阶段，使用训练数据 $D_t = \{X_t, y_t\}$ 来构建第一阶段模型，并使用模型的 T 个输出分别构建 $f_{*_t}(x)$ 。第二阶段，通过包含预测信息来增加点 x，如 $x' = [x, \hat{f}_1(x), \cdots, \hat{f}_T(x)]$ 。因此，通过转换训练数据为 $D_t' = \{X_t', y_t\}$ 来获得第二阶段的 T 个输出模型 $f_{*_t}'(x')$ 。

对于测试点 x_* 的预测同样包含两个阶段。第一阶段，利用 $\{f_{*_t}(x)\}_{1\leqslant t\leqslant T}$ 对测试点 x_* 进行预测以获得转换点 $x_*' = [x_*, \hat{f}_1(x_*), \cdots, \hat{f}_T(x_*)]$ 。第二阶段，将得到的点应用 $\{f_{*_t}'(x')\}_{1\leqslant t\leqslant T}$ 进行预测得到响应的输出。

2) 回归链集成

回归链集成来源于将单输出模型连接起来的多标签分类器链的思想[5]。它首先选择一个随机的输出链，然后依次为有序的输出构建代理。给定一个随机排列的链 $C=[C_1,C_2,\cdots,C_t,\cdots C_T]$，其中整数 $1\leqslant C_T\leqslant T$ 代表输出的索引，回归链集成的训练过程描述如下：首先用训练数据 $D_{C_1}=\{X_{C_1},y_{C_1}\}$ 对输出 $f_{C_1}(x)$ 进行拟合得到模型 $f_{*C_1}(x)$。然后，用转换后的训练数据 $D'_{C_t}=\{X'_{C_t},y_{C_t}\}$ 对输出 $f_{C_t}(x)$ 的近似模型 $f_{*C_t}(x)$ 进行拟合，其中 $X'_{C_t}=[X'_{C_t},y_{C_1},\cdots,y_{C_{t-1}}]$。

在测试点 x_* 上的预测过程是类似的。首先使用模型 $f_{*C_1}(x)$ 对第一个输出进行预测 $\hat{f}_{*C_1}(x)$。然后，把点 x_* 变换为 $x'_*=[x_*,\hat{f}_{C_1}(x_*)]$，并使用 $f_{*C_2}(x)$ 来预测 x_* 处的第二个输出。通过重复上述过程，我们可以得到 x_* 处所有输出的预测。回归链集成的主要缺点是对链集 C 的选择很敏感。或者，可以采用一种集成策略，生成 $s(s\leqslant T!)$ 条链，最终的预测结果取为 s 条链结果的平均。

以上两种转换模型的主要优点是易于用现有的近似模型实现。此外，一些理论指出，考虑附加特征对训练数据进行转换有助于减少模型偏差，但代价是增加了模型方差。转换模型的主要缺点是对于多输出的情况很难理解和解释。也就是说，它们没有明确的机制来描述输出相关性，这可能会影响预测的质量。此外，这些简单结构的性能也受到基本近似模型的影响。由于高斯过程是一个强大的近似模型，因此使用堆叠单目标和回归链集成方法对单个建模进行改进可能是困难的。

4.1.2　非对称多输出高斯模型

本节的非对称多输出情况指的是层次多精度场景，T 个输出指代 T 个不同的仿真精度。非对称情况指的是用 $T-1$ 个低精度输出辅助一个高精度输出，提升其预测精度。本章将从多输出角度对变可信度近似模型进行介绍。

1. 基于贝叶斯差异的模型

与式(4.2)相似，基于贝叶斯差异的非对称模型可以在可分离的类共区域化线性模型框架下描述，形如：

$$f(x)=B_{\mathrm{L}}u(x) \tag{4.14}$$

为了获得一个层次且有序的非对称场景，$B_{\mathrm{L}}\in\mathbf{R}^{T\times T}$ 为一个下三角矩阵，$u(x)$ 包含 T 个潜在过程。特别地，Kennedy 等[6]基于 Markov 性质提出了一种自回归方法，也是式(4.14)的变种，即 Co-Kriging 模型。第 3 章对 Co-Kriging 模型已经介绍，此处不再赘述。

我们发现 Co-Kriging 模型与 MOGP 模型相似。特别是，Co-Kriging 模型考虑了所有的非对称表达式的特定特征，这使得从低精度输出到高精度输出的非对称转换成为可能。

2. 基于简单差异的模型

基于简单差异的模型(simple discrepancy-based model, SDM)，即混合标度模型，进一步结合了乘法标度模型和加法标度模型，获得了更好的结果。基于简单差异的模型提供了一个分解的建模过程，分别建立输出模型，估算相关系数，这使得基于简单差异的模型易于实现，并可扩展到现有的近似模型方法，如径向基函数。

该类模型在建模方法上与回归链集成相似，只是在变可信度场景下，链集是特定的，需按模型精度排序。通常模型的建立方法可分为四步：①构建低精度模型 $f_{*_{t-1}}(x)$；②利用误差准则估计协相关函数；③计算差异模型的数据并构建差异模型；④构建变可信度近似模型。

通常协相关函数的优劣与误差准则的选取有很大关系，直接使用一阶误差预测得到的协相关函数不会有很好的性能。区别于神经网络中常用的误差的二阶矩，协相关函数估计中更多用到的是整个样本空间内全局的方差作为误差准则。

4.2 基于高斯模型的多输出变可信度近似建模方法

4.2.1 多输出变可信度近似建模方法的数学模型

内区域化模型在计算上相对简单，基于高斯模型的多输出变可信度(multi-output variable-fidelity，MOVF)近似模型是在其基础上提出的。在多输出场景下，假设存在 Q 个输出 $\{f_q(x)\}_{1\leqslant q\leqslant Q}$，对一个 m 维度问题，有如下关系：

$$y_q(x)=f_q(x)+\varepsilon_q \tag{4.15}$$

其中，$\varepsilon_q\sim N(0,\sigma_{s,q}^2)$ 为第 s 层级下第 q 个输出的一个独立同分布的高斯噪声。

将低精度模型的样本点及其响应值记为

$$\begin{aligned}
&S_{1_1}=[x_{1_1,1},x_{1_1,2},\cdots,x_{1_1,n_{1_1}}]^{\mathrm{T}}\in\mathbf{R}^{n_{1_1}\times m},\quad y_{1_1}=[y_{1_1,1},y_{1_1,2},\cdots,y_{1_1,n_{1_1}}]^{\mathrm{T}}\in\mathbf{R}^{n_{1_1}}\\
&S_{1_2}=[x_{1_2,1},x_{1_2,2},\cdots,x_{1_2,n_{1_2}}]^{\mathrm{T}}\in\mathbf{R}^{n_{1_2}\times m},\quad y_{1_2}=[y_{1_2,1},y_{1_2,2},\cdots,y_{1_2,n_{1_2}}]^{\mathrm{T}}\in\mathbf{R}^{n_{1_2}}\\
&\qquad\vdots\qquad\qquad\qquad\qquad\qquad\qquad\qquad\vdots\\
&S_{1_Q}=[x_{1_Q,1},x_{1_Q,2},\cdots,x_{1_Q,n_{1_Q}}]^{\mathrm{T}}\in\mathbf{R}^{n_{1_Q}\times m},\quad y_{1_Q}=[y_{1_Q,1},y_{1_Q,2},\cdots,y_{1_Q,n_{1_Q}}]^{\mathrm{T}}\in\mathbf{R}^{n_{1_Q}}
\end{aligned} \tag{4.16}$$

高精度模型的样本点及其响应值记为

$$
\begin{aligned}
S_{h_1} &= [x_{h_1,1}, x_{h_1,2}, \cdots, x_{h_1,n_{h_1}}]^T \in \mathbf{R}^{n_{h_1} \times m}, \quad y_{h_1} = [y_{h_1,1}, y_{h_1,2}, \cdots, y_{h_1,n_{h_1}}]^T \in \mathbf{R}^{n_{h_1}} \\
S_{h_2} &= [x_{h_2,1}, x_{h_2,2}, \cdots, x_{h_2,n_{h_2}}]^T \in \mathbf{R}^{n_{h_2} \times m}, \quad y_{h_2} = [y_{h_2,1}, y_{h_2,2}, \cdots, y_{h_2,n_{h_2}}]^T \in \mathbf{R}^{n_{h_2}} \\
&\vdots \qquad\qquad\qquad\qquad\qquad\qquad \vdots \\
S_{h_Q} &= [x_{h_Q,1}, x_{h_Q,2}, \cdots, x_{h_Q,n_{h_Q}}]^T \in \mathbf{R}^{n_{h_Q} \times m}, \quad y_{h_Q} = [y_{h_Q,1}, y_{h_Q,2}, \cdots, y_{h_Q,n_{h_Q}}]^T \in \mathbf{R}^{n_{h_Q}}
\end{aligned} \tag{4.17}
$$

为便于书写，将式(4.16)和式(4.17)简化为

$$
\begin{aligned}
X_l &= [S_{l_1}^T, S_{l_2}^T, \cdots, S_{l_Q}^T]^T, \quad y_l = [y_{l_1}^T, y_{l_2}^T, \cdots, y_{l_Q}^T]^T \\
X_h &= [S_{h_1}^T, S_{h_2}^T, \cdots, S_{h_Q}^T]^T, \quad y_h = [y_{h_1}^T, y_{h_2}^T, \cdots, y_{h_Q}^T]^T
\end{aligned} \tag{4.18}
$$

借鉴 KOH 模型中的假设，认为：

$$
\operatorname{cov}(y_{h_q}(x'), y_{l_q}(x) \mid y_{l_q}(x')) = 0, \quad \forall x \neq x', q = 1, 2, \cdots, Q \tag{4.19}
$$

且高/低精度可通过一个比例系数向量与差异项进行连接，记为

$$
\hat{f}_h = \rho \otimes \hat{f}_l + \hat{\delta}(x) \tag{4.20}
$$

其中，$\rho = [\rho_1, \rho_2, \cdots, \rho_Q]^T$ 为一个常数向量；$\hat{\delta}(x)$ 为一个独立于高精度模型和低精度模型的高斯过程；$\otimes$ 表示 Kronecker 积。

MOVF 方法的关键点在于构建不同精度模型之间的协相关矩阵。基于式(4.15)和式(4.19)，可推导协方差如下：

$$
\begin{aligned}
\operatorname{cov}(y_l(X_l), y_l(X_l)) &= \operatorname{cov}(f_l(X_l) + \varepsilon_l, f_l(X_l) + \varepsilon_l) \\
&= K_l(X_l, X_l) + \Sigma_l \\
\operatorname{cov}(y_l(X_l), y_h(X_h)) &= \operatorname{cov}(f_l(X_l) + \varepsilon_l, \rho \odot (f_l(X_h) + \varepsilon_l) + \varepsilon_h + \delta(X_h)) \\
&= \rho \odot [K_l(X_l, X_h) + \Sigma_l] \\
\operatorname{cov}(y_h(X_h), y_h(X_h)) &= \operatorname{cov}(\rho \odot (f_l(X_h) + \varepsilon_l) + \varepsilon_h + \delta(X_h), \rho \odot (f_l(X_h) + \varepsilon_l) + \varepsilon_h + \delta(X_h)) \\
&= \rho^2 \odot [K_l(X_h, X_h) + \Sigma_l] + \Sigma_h + K_d(X_h, X_h)
\end{aligned} \tag{4.21}
$$

其中，$K_l(X_l, X_h)$ 代表数据 $f_l(X_l)$ 和 $f_l(X_h)$ 的协相关矩阵；Σ_l 为对应于低精度模型数的高斯噪声矩阵。下标 l、h 和 d 分别对应低精度模型、高精度模型及差异模型。$\odot$ 表示 Hadamard 积。

因此，完整的协相关矩阵可写为

$$K_{\mathrm{cov}} = K(X,X) + \Sigma_s \tag{4.22}$$

其中，$K(X,X)$ 是训练集的协相关矩阵，由如下四部分组成：

$$K(X,X) = \begin{bmatrix} K_1(X_1,X_1) & \rho \odot K_1(X_1,X_{\mathrm{h}}) \\ \rho \odot K_1(X_{\mathrm{h}},X_1) & \rho^2 \odot K_1(X_{\mathrm{h}},X_{\mathrm{h}}) + K_{\mathrm{d}}(X_{\mathrm{h}},X_{\mathrm{h}}) \end{bmatrix} \tag{4.23}$$

Σ_s 为 s 层级下对应的噪声矩阵：

$$\Sigma_s = \begin{bmatrix} \Sigma_1 & \rho \odot \begin{bmatrix} \mathbf{0}_{(N_1-N_{\mathrm{h}})\times N_{\mathrm{h}}} \\ \Sigma_1 \end{bmatrix} \\ \rho \odot \begin{pmatrix} \mathbf{0}_{N_{\mathrm{h}}\times(N_1-N_{\mathrm{h}})} & \Sigma_1 \end{pmatrix} & \rho^2 \odot \Sigma_1 + \Sigma_{\mathrm{h}} \end{bmatrix} \tag{4.24}$$

其中，$\mathbf{0}$ 代表一个 0 矩阵。

4.2.2　超参数优化

显然，构建 MOVF 模型需要对 K_1、Σ_1、Σ_{h}、K_{d} 中的超参数和 ρ 进行优化估计。对此，首先利用低精度数据构建一个多输出高斯模型。对于 Q 个低精度模型 $f_1(x)=\{f_{1_1}, f_{1_2}, \cdots, f_{1_Q}\}$，假设其遵循如下高斯模型：

$$K_1(x_t, x'_{t'}) = k_1^q(q,q')k_1^x(x,x') \tag{4.25}$$

其中，k_1^q 是一个协相关函数，代表各个输出之间的相似度；k_1^x 是另一个协相关函数，代表各个输入之间的相似度。在多输出高斯过程中，构建一个有效的半正定协方差矩阵是一件较为困难的事情。一种有效的策略是使用自由形式的参数方法，即利用 Cholesky 分解，有

$$k_1^q = LL^{\mathrm{T}} \tag{4.26}$$

其中，$L = \begin{bmatrix} a_1 & 0 & \cdots & 0 \\ a_2 & a_3 & \cdots & 0 \\ \vdots & \vdots & & \vdots \\ a_{w-Q+1} & a_{w-Q+2} & \cdots & a_w \end{bmatrix}$，$w = Q(Q+1)/2$ 为 k_1^q 中的参数总数。

为表述同一输出间不同样本点之间的协相关关系，有

$$k_1^x(x,x') = \exp\left(-\frac{1}{2}(x-x')^{\mathrm{T}} P_1 (x-x')\right) \tag{4.27}$$

其中，$P_1=\mathrm{diag}(l_{1,1}^2,l_{1,2}^2,\cdots,l_{1,m}^2)$ 为对角矩阵，对角线上元素 $l_{1,i}^2(i=1,2,\cdots,m)$ 定义了特征长度尺度。基于此，可得到

$$K_1(X_1,X_1)=k_1^q\otimes k_1^x \tag{4.28}$$

同样地，我们需要考虑低精度模型的高斯噪声，延续式(4.15)的假设，第 q 个输出的低精度函数可表示为

$$y_{1,q}(x)=f_{1,q}(x)+\varepsilon_{1,q} \tag{4.29}$$

其中，$\varepsilon_{1,q}\sim N(0,\sigma_{s,1,q}^2)$ 为第 s 层级下第 q 个低精度模型下的独立同分布高斯噪声。

预测点和样本点处的联合分布可写为

$$\begin{bmatrix} y_1 \\ f_1(x_{1,*}) \end{bmatrix}\sim N\left(0,\begin{bmatrix} K_1(X_1,X_1)+\Sigma_1 & K_1(X_1,x_{1,*}) \\ K_1(x_{1,*},X_1) & K_1(x_{1,*},x_{1,*}) \end{bmatrix}\right) \tag{4.30}$$

其中，$x_{1,*}$ 为预测值。

预测点后验分布可写为

$$f_1(x_{1,*})\mid X_1,y_1,x_{1,*}\sim N(\hat{f}_{1,*},V_{1,*}) \tag{4.31}$$

其中，$\hat{f}_{1,*}$ 和 $V_{1,*}$ 分别为预测均值和低精度模型的方差，可由式(4.32)计算得到：

$$\begin{aligned} \hat{f}_{1,*}&=K_1(x_{1,*},X_1)[K_1(X_1,X_1)+\Sigma_1]^{-1}y_1 \\ V_{1,*}&=K_1(x_{1,*},x_{1,*})-K_1(x_{1,*},X_1)[K_1(X_1,X_1)+\Sigma_1]^{-1}K_1(X_1,x_{1,*}) \end{aligned} \tag{4.32}$$

为构建上述多输出低精度模型，需通过极大似然估计计算超参数 a_1，K_1 中的 $l_{1,i}^2$ 和 Σ_1 中的 $\sigma_{s,1,q}^2$。极大似然函数写为

$$\begin{aligned} &-\log p(y_1\mid X_1,\theta_1) \\ &=\frac{1}{2}y_1^{\mathrm{T}}[K_1(X_1,X_1)+\Sigma_1]^{-1}y_1+\frac{1}{2}\log\left|K_1(X_1,X_1)+\Sigma_1\right|+\frac{N_1}{2}\log 2\pi \end{aligned} \tag{4.33}$$

得到低精度多输出模型后，接下来构建差异模型，差异数据可通过式(4.34)得到：

$$\delta(X_{\mathrm{h}})=f_{\mathrm{h}}(X_{\mathrm{h}})-\rho\otimes f_1(X_{\mathrm{h}}) \tag{4.34}$$

其中，$f_1(X_{\mathrm{h}})$ 为低精度模型在高精度样本点处的预测值，其响应值记为 $y_1(X_{\mathrm{h}})$。与低精度模型相似，差异模型 $\delta(x)=\{\delta_1,\delta_2,\cdots,\delta_Q\}$ 同样满足一个高斯模型：

$$\delta(x)\sim \mathrm{GP}(0,K_{\mathrm{d}}(x,x')) \tag{4.35}$$

在高精度样本点 X_{h} 处的协方差矩阵写为

$$K_{\mathrm{d}}(X_{\mathrm{h}}, X_{\mathrm{h}}) = k_{\mathrm{d}}^{q} \otimes k_{\mathrm{d}}^{x} \tag{4.36}$$

其中，k_{d}^{q} 为描述输出之间关系的矩阵；k_{d}^{x} 为描述同输出不同样本点之间关系的矩阵。

同样的，通过一个极大似然估计来计算差异模型中的超参数，有

$$\begin{aligned}&-\log p(d \mid X_{\mathrm{h}}, \theta_{\mathrm{d}})\\&= \frac{1}{2} d^{\mathrm{T}} [K_{\mathrm{d}}(X_{\mathrm{h}}, X_{\mathrm{h}}) + \Sigma_{\mathrm{d}}]^{-1} d + \frac{1}{2} \log \left| K_{\mathrm{d}}(X_{\mathrm{h}}, X_{\mathrm{d}}) + \Sigma_{\mathrm{d}} \right| + \frac{N_{\mathrm{h}}}{2} \log 2\pi\end{aligned} \tag{4.37}$$

其中，$d = y_{\mathrm{h}}(X_{\mathrm{h}}) - \rho \otimes y_{\mathrm{l}}(X_{\mathrm{h}})$，为 $\delta(X_{\mathrm{h}})$ 的观测值；$\Sigma_{\mathrm{d}} = \Sigma_{\mathrm{h}} - \rho \otimes \Sigma_{\mathrm{l}}$ 为一个高斯噪声的对角矩阵；θ_{d} 为超参数。

当获得低精度和差异模型的多输出模型后，便可构建多输出变可信度近似模型。训练点和未知点处的联合分布可写为

$$\begin{bmatrix} Y \\ f_{\mathrm{h}}(x_{\mathrm{h},*}) \end{bmatrix} \sim N\left(0, \begin{bmatrix} K(X, X) + \Sigma_{s} & K(X, x_{\mathrm{h},*}) \\ K(x_{\mathrm{h},*}, X) & K(x_{\mathrm{h},*}, x_{\mathrm{h},*}) \end{bmatrix}\right) \tag{4.38}$$

其后验概率分布为 $f_{\mathrm{h}}(x_{\mathrm{h},*}) \mid X, Y, x_{\mathrm{h},*} \sim N(\hat{f}_{\mathrm{h},*}, V_{\mathrm{h},*})$，其中有

$$\begin{aligned}\hat{f}_{\mathrm{h},*} &= K(x_{\mathrm{h},*}, X)[K(X, X) + \Sigma_{s}]^{-1} Y\\V_{\mathrm{h},*} &= K(x_{\mathrm{h},*}, x_{\mathrm{h},*}) - K(x_{\mathrm{h},*}, X)[K(X, X) + \Sigma_{s}]^{-1} K(X, x_{\mathrm{h},*})\end{aligned} \tag{4.39}$$

4.2.3　数值算例及讨论

本节采用一个一维三输出和一个十维双输出测试函数来对 MOVF 模型进行讨论。

1. 一维三输出算例

测试函数表达式为

$$\begin{aligned}&f_{\mathrm{h},1}(x) = (6x-2)^2 \sin(12x-4) + 10\\&f_{\mathrm{h},2}(x) = 1.5(x+2.5)\sqrt{(6x-2)^2 \sin(12x-4) + 10}\\&f_{\mathrm{h},3}(x) = 5x^2 \sin(12x)\\&f_{\mathrm{l},1}(x) = (6x-2)^2 \sin(12x-4) + 10 - 2 \times [(6x-2)^2 - 6x]\\&f_{\mathrm{l},2}(x) = 2(x+2)\sqrt{(6x-2)^2 \sin(12x-4) + 10 - 1.3 \times [(6x-2)^2 - 6x]}\\&f_{\mathrm{l},3}(x) = 5x^2 \sin(12x) + (x^3 - 0.5)\sin(3x - 0.5) + 4\cos(2x) \quad x \in [0,1]\end{aligned} \tag{4.40}$$

三个输出中输出 1 和 2 有着较大的 Pearson 相关系数 $R_{1,2}=0.95$，输出 1 和 3 与输出 2 和 3 的相关系数则相对较小，$R_{1,3}=-0.75$，$R_{2,3}=-0.79$。对于变量 Z_1 和 Z_2 的 Pearson 相关系数计算公式为

$$R_{1,2}=\frac{\operatorname{cov}(Z_1,Z_2)}{\sqrt{\operatorname{var}(Z_1)\operatorname{var}(Z_2)}} \tag{4.41}$$

其中，$\operatorname{cov}(\cdot)$ 为协方差；$\operatorname{var}(\cdot)$ 为方差。

不同的数据结构对结果有一定的影响，因此接下来将对高精度异位数据和 $y_1(f_{\mathrm{h},1}(x))$ 部分区间数据分别讨论。同位数据为各个输出样本点位置均相同的数据。反之，各个输出样本点位置不相同的数据称为异位数据。算例中，各高精度模型使用 4 个高精度样本点，低精度模型使用 12 个低精度样本点。测试函数将在设计空间[0,1]内间隔 0.01 均匀采样。

1) 异位数据

首先，利用异位数据对 MOVF 模型、KOH 模型、HK 模型和 MTGP 模型进行检验。MTGP 模型仅用高精度样本点构建。两个高精度输出的预测结果分别如图 4.2～图 4.4 所示。

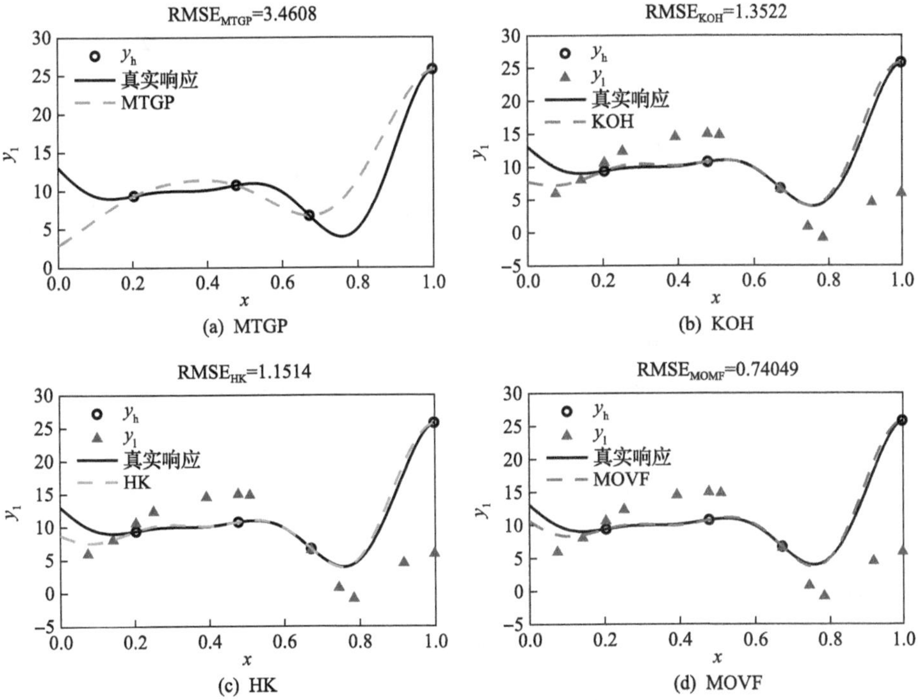

图 4.2　一维算例下四种模型对 y_1 预测结果(异位数据)

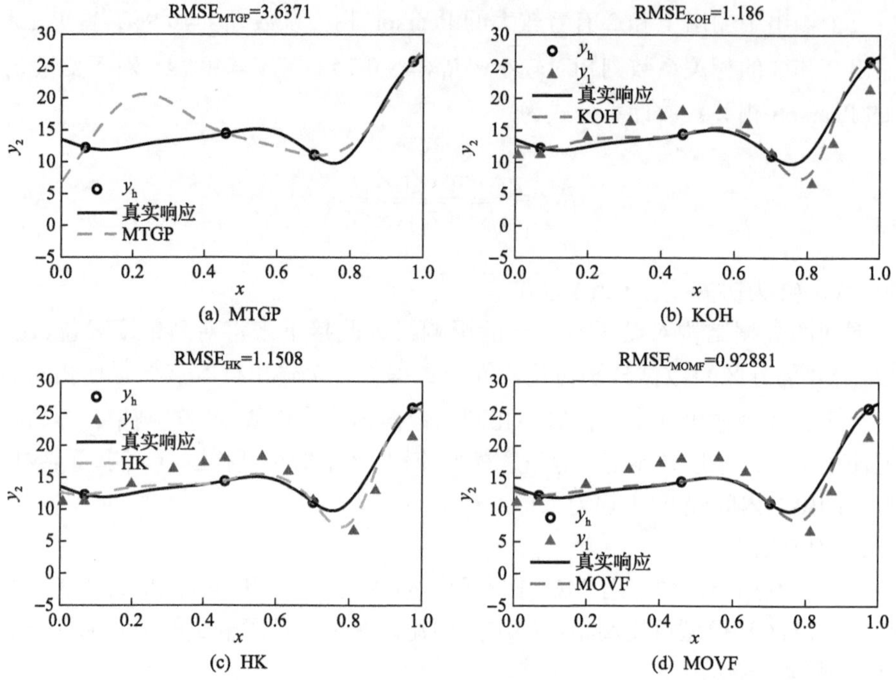

图 4.3　一维算例下四种模型对 y_2 预测结果(异位数据)

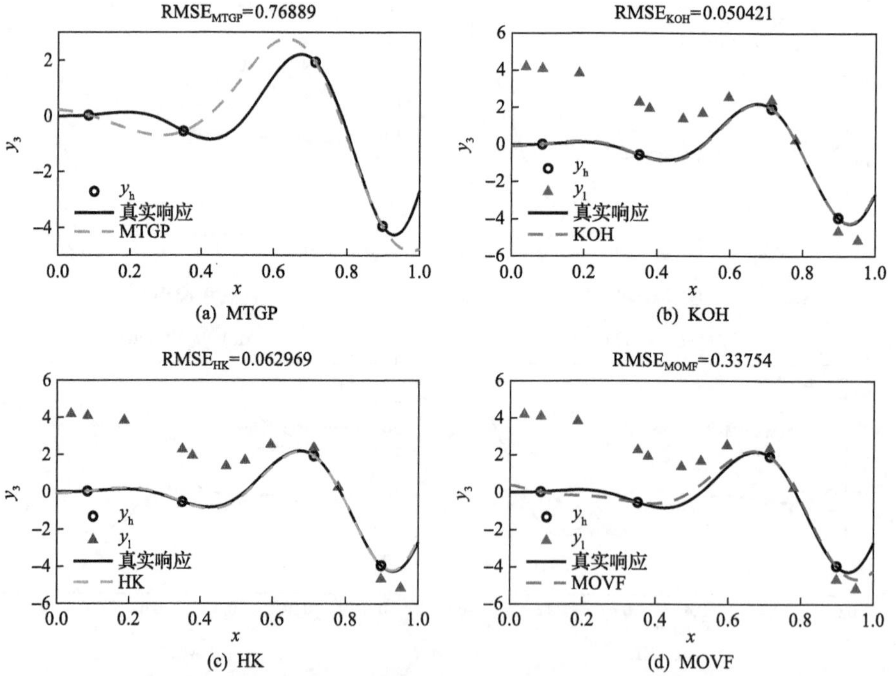

图 4.4　一维算例下四种模型对 y_3 预测结果(异位数据)

如图 4.2～图 4.4 所示，只使用了 4 个高精度样本来构建近似模型，因此 MTGP 模型很难对两个输出提供良好的预测。三种变可信度近似模型 KOH、HK 和 MOVF 模型由于有低精度样本点的辅助，性能要比 MTGP 模型好得多。与 KOH 和 HK 模型相比，MOVF 模型对 $y_1(f_{h,1}(x))$ 和 $y_2(f_{h,2}(x))$ 的预测效果更好，而 KOH 模型对 $y_3(f_{h,3}(x))$ 的预测效果最好。这是由这些输出之间的不同相关性造成的。从这些图中可以清楚地看出，y_1 和 y_2 的趋势是相似的，相比之下 y_3 的趋势是截然不同的。MOVF 模型在 y_1 和 y_2 之间传递有用的信息，因此预测精度较高。而 y_3 的精度相对较低，甚至不如两种单输出模型。有趣的是，我们可以发现 MOVF 模型对 y_1 的预测比 KOH 和 HK 模型更好，因为 MOVF 模型在[0,0.15]区间的表现更好。由于 y_2 样本的存在，MOVF 模型能够捕捉该区域的主要特征，并在输出之间传递有用的信息。而这两个单输出模型的预测效果都不好，因为在这个区域没有 y_1 的高精度样本产生，也不能在输出之间传递信息。

表 4.1 总结了四种模型的三种精度评价指标的比较结果，并将四种建模方法中最好的结果用粗体标记。从表 4.1 可以看出，这三种变可信度近似模型对这三种输出都有很好的预测。KOH 模型对 y_3 的预测较好，而其他两种模型的预测较差。同时考虑全局和局部精度，MOVF 模型在四种模型中对 y_1 和 y_2 的预测效果最好。与 KOH 模型相比，y_1 和 y_2 的 RMSE 分别降低了 45.2%和 21.7%，与 HK 模型相比，RMSE 分别降低了 35.7%和 19.3%。对于 y_1 和 y_2 的 MAE 值，MOVF 模型比 KOH 模型分别减少 54.4%和 5.3%，比 HK 模型减少 44.3%和 8.8%。

表 4.1　一维算例下四种模型的三种评价指标的比较结果(异位数据)

输出	指标	模型			
		MTGP	KOH	HK	MOVF
y_1	R^2	0.4259	0.9124	0.9365	**0.9737**
	RMSE	3.4608	1.3522	1.1514	**0.7405**
	MAE	10.1202	5.2279	4.2732	**2.3820**
y_2	R^2	0.0910	0.9033	0.9090	**0.9407**
	RMSE	3.6371	1.1860	1.1508	**0.9288**
	MAE	7.8968	3.3578	3.4865	**3.1805**
y_3	R^2	0.7867	**0.9991**	0.9986	0.9589
	RMSE	0.7689	**0.0504**	0.0630	0.3375
	MAE	2.0904	**0.1371**	0.2040	1.5288

2）部分区间数据

本节讨论一个高频输出的样本位置仅在一个子区间内扩展的情况。例如，y_1 的采样位置是在子区间[0.3,0.8]中生成的，而其他输出的采样位置分布在一个完整的范围[0,1]中。由于 y_1 在[0,0.3]和[0.8,1]区间内没有高精度样本点，近似模型在这两个区域近似 y_1 是一个挑战。图 4.5～图 4.7 描绘了三个高精度输出的预测曲线。表 4.2 给出了全局和局部精度评价指标的结果。

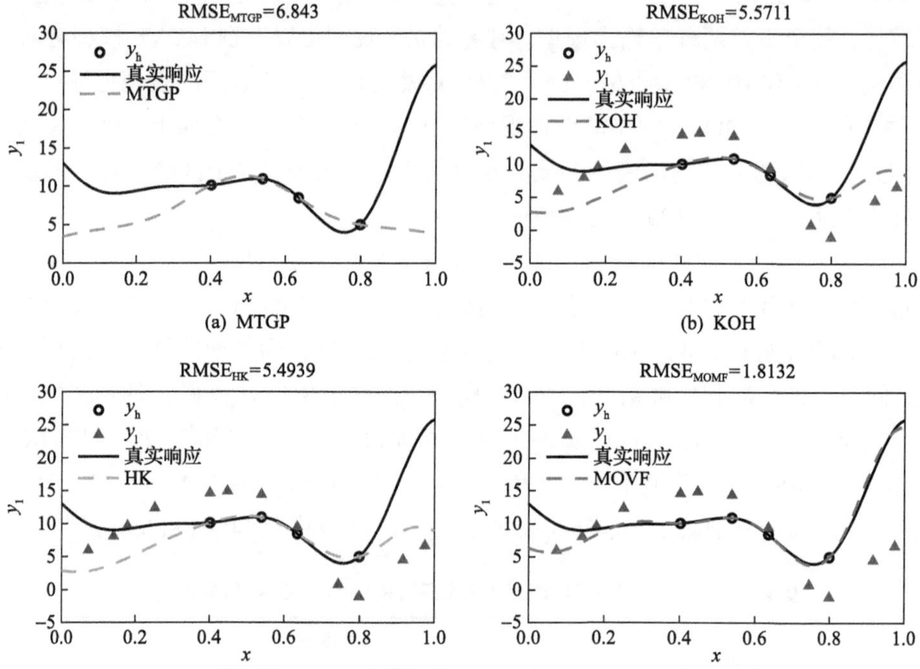

(a) MTGP　(b) KOH　(c) HK　(d) MOVF

图 4.5　一维算例下四种模型对 y_1 预测结果（部分区间数据）

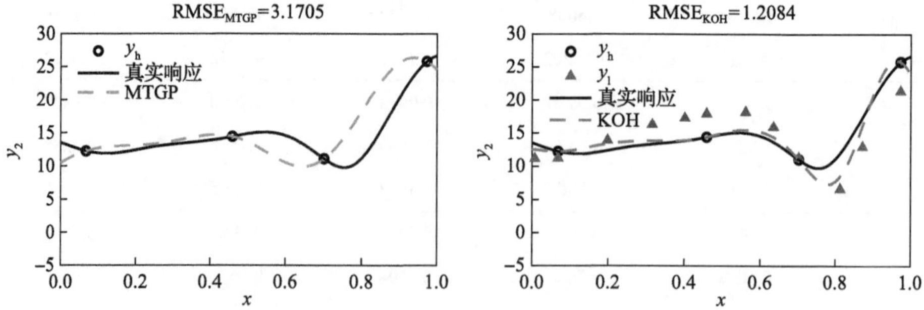

(a) MTGP　(b) KOH

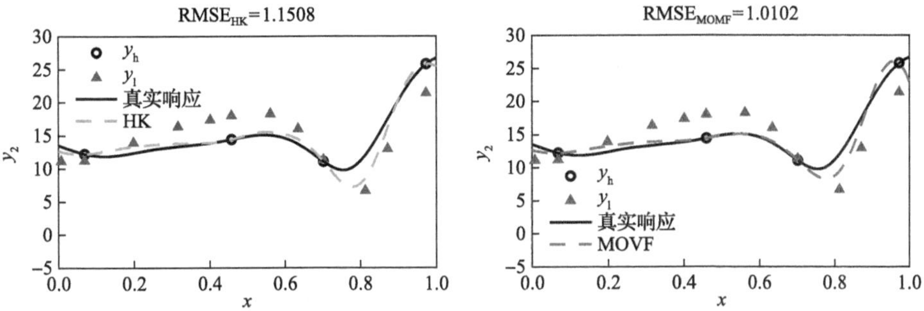

(c) HK　　(d) MOVF

图 4.6　一维算例下四种模型对 y_2 预测结果(部分区间数据)

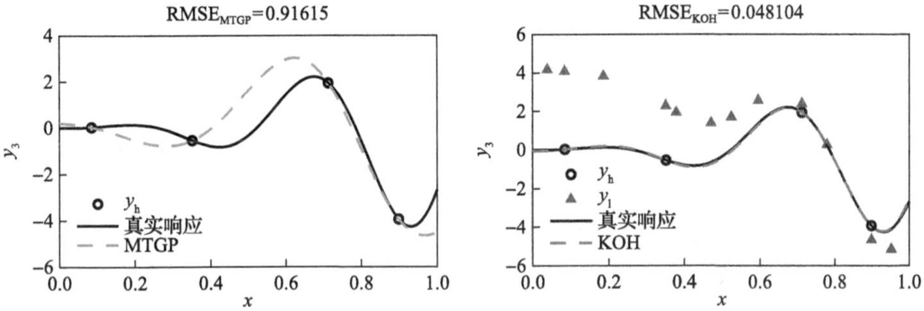

(a) MTGP　　(b) KOH

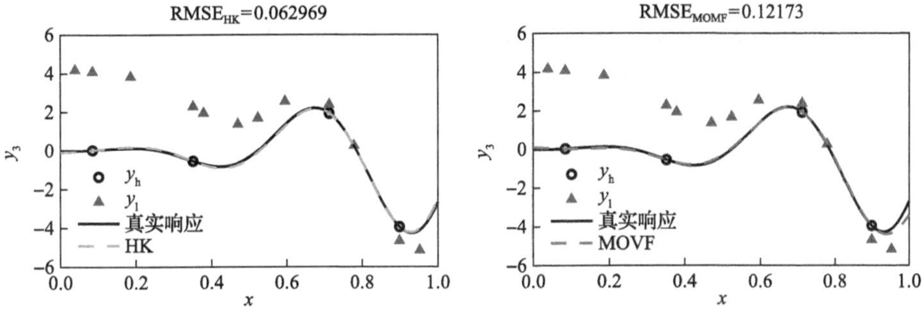

(c) HK　　(d) MOVF

图 4.7　一维算例下四种模型对 y_3 预测结果(部分区间数据)

表 4.2　一维算例下四种模型的三种评价指标的比较结果(部分区间数据)

输出	指标	模型			
		MTGP	KOH	HK	MOVF
y_1	R^2	−1.2444	−0.4876	−0.4467	**0.8424**
	RMSE	6.8430	5.5711	5.4939	**1.8132**
	MAE	22.0627	17.3703	16.8794	**6.7216**

续表

输出	指标	模型			
		MTGP	KOH	HK	MOVF
y_2	R^2	0.3093	0.8997	0.9090	**0.9299**
	RMSE	3.1705	1.2084	1.1508	**1.0102**
	MAE	7.5451	**3.4828**	3.4865	3.6434
y_3	R^2	0.6971	**0.9992**	0.9986	0.9947
	RMSE	0.9161	**0.0481**	0.0630	0.1217
	MAE	2.0136	**0.1241**	0.2040	0.7126

从图 4.5～图 4.7 中可以看出，MTGP 模型对这三个输出的预测仍然表现不佳，这是因为没有考虑低精度模型的信息，仅使用 4 个高精度样本点来构建模型无法捕捉输出的主要特征。比较三种变可信度近似模型可以看出，三种近似模型对 y_2 和 y_3 的预测结果比较接近，而 MOVF 模型对 y_1 的预测效果明显优于其他模型。这是因为在这个区域内无法获得样本信息，所以两个单输出模型在外推区域的预测很差。而对于 MOVF 模型，不仅可以利用低精度模型的信息，还可以利用输出之间传递的信息。因此，MOVF 模型在外推区域学习到两个输出的相似特征，特别是在[0.8,1]范围内表现良好。从表 4.2 还可以看出，对于 y_3 的预测，三种变可信度近似模型的预测结果大致相当，其中 KOH 模型的预测结果最好。而对于 y_1 和 y_2 的预测，MOVF 模型提供了这些近似模型中最准确的预测，特别是对于 y_1 的预测。与其他三种模型相比，MOVF 模型 y_1 的 RMSE 和 MAE 显著降低。

2. 十维双输出算例

Dixon-Price 测试函数表达式为

$$
\begin{aligned}
&f_{\mathrm{h},1}(x)=(x_1-1)^2+\sum_{i=2}^{10} i(2x_i^2-x_{i-1})^2\\
&f_{\mathrm{h},2}(x)=(x_1-2)^2+\sum_{i=2}^{10} i(3x_i^2-x_{i-1})^2-1000\\
&f_{\mathrm{l},1}(x)=0.9[(x_1-1)^2+\sum_{i=2}^{10} i(2x_i^2-x_{i-1})^2]-0.2\sum_{i=1}^{10} x_i x_{i+1}+100\\
&f_{\mathrm{l},2}(x)=0.8[(x_1-2)^2+\sum_{i=2}^{10} i(3x_i^2-x_{i-1})^2-1000]+0.2\sum_{i=1}^{10} x_i x_{i+1},\quad x_i\in[-5,5],\quad i=1,2,\cdots,10
\end{aligned}
\tag{4.42}
$$

在这个十维算例中，用同位数据和异位数据两种不同的数据结构来测试

MOVF 模型性能。在本例中，总计算预算设为 250 个高精度样本点。因此，利用每个输出的 250 个高精度样本点构建 MTGP 模型。为了消除与试验设计的偏差，每个样本重复 15 次独立和随机运行。为每个输出随机生成的 10000 个测试点用于评估模型的预测精度。

1) 同位数据

本节使用同位数据对四种模型进行测试，其高/低精度样本点位置均相同。图 4.8 描绘四种模型在 15 次独立运行后两个输出的 RMSE 箱线图。方框的顶线和底线分别表示第三四分位数和第一四分位数值。方框内的水平线代表数据集的中位数，正方形代表平均值。框外的两条水平线分别代表排除任何异常值的最小和最大数据点。“+” 代表异常值。由于中位数对极值的敏感性低于平均值，因此选择三种评价指标结果的中位数作为代表值，总结在表 4.3 中。

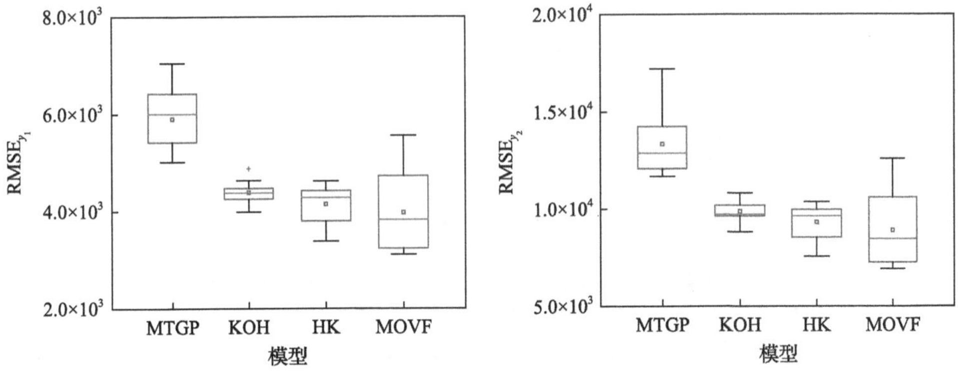

图 4.8　十维算例下四种模型的 RMSE 值对比(同位数据)

表 4.3　十维算例下四种模型的三种评价指标的比较结果(同位数据)

输出	指标	模型			
		MTGP	KOH	HK	MOVF
y_1	R^2	0.8046	0.8960	0.9008	**0.9206**
	RMSE	6.01×10^3	4.39×10^3	4.28×10^3	$\mathbf{3.83\times10^3}$
	MAE	4.08×10^4	3.63×10^4	$\mathbf{2.89\times10^4}$	2.90×10^4
y_2	R^2	0.8180	0.8960	0.8980	**0.9213**
	RMSE	1.29×10^4	9.73×10^3	9.64×10^3	$\mathbf{8.47\times10^3}$
	MAE	1.46×10^5	7.55×10^4	6.51×10^4	$\mathbf{6.47\times10^4}$

从图 4.8 的结果可以看出，MTGP 模型在两种输出中表现最差，RMSE 都最大。在三种变可信度近似模型中，MOVF 模型的均值和中位数 RMSE 最小。这是因为 MOVF 模型能够跨输出共享有用的信息，从而比两个单输出模型提供更准确的预测。从表 4.3 还可以看出，MOVF 模型为两个输出提供了最好的预测和最低

的 RMSE。HK 模型在整体和局部精度方面都略优于 KOH 模型。与 HK 模型相比，MOVF 模型能较好地预测 $y_1(f_{h,1}(x))$ 和 $y_2(f_{h,2}(x))$，RMSE 分别减少 10.5%和 12.1%，且两者的 MAE 相近。

2)异位数据

在这种异位情况下，低精度和高精度样本点的数量与同位情况相同，但样本点的位置不同。图 4.9 显示了两种输出在 15 次独立运行时的 RMSE。表 4.4 列出了三种精度评价指标的结果。

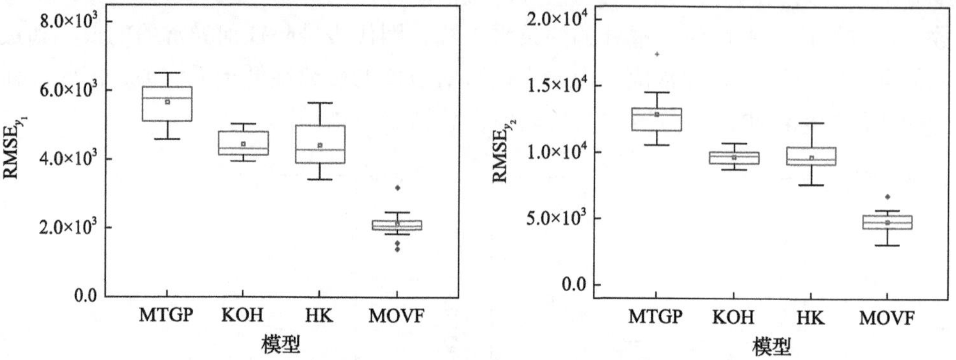

图 4.9 十维算例下四种模型的 RMSE 值对比(异位数据)

表 4.4 十维算例下四种模型的三种评价指标的结果比较(异位数据)

输出	指标	模型			
		MTGP	KOH	HK	MOVF
y_1	R^2	0.8202	0.8991	0.9007	**0.9768**
	RMSE	5.77×10^3	4.32×10^3	4.29×10^3	$\mathbf{2.07\times10^3}$
	MAE	3.89×10^4	3.27×10^4	3.07×10^4	$\mathbf{1.69\times10^4}$
y_2	R^2	0.8194	0.8959	0.9000	**0.9746**
	RMSE	1.28×10^4	9.74×10^3	9.54×10^3	$\mathbf{4.81\times10^3}$
	MAE	1.37×10^5	7.45×10^4	7.01×10^4	$\mathbf{3.72\times10^4}$

从图 4.9 可以看出，MOVF 模型仍然提供了最准确的预测，RMSE 都小于其他三种模型。与同位数据相比，在相同的样本规模下，无论样本位置如何变化，KOH 和 HK 模型的 RMSE 变化不大。而 MOVF 模型的预测精度与同位数据相比有明显提高。这是由于在多输出模型中，异位数据和输出之间的信息增加了信息多样性。由于可以捕获更多的信息，有助于更好地推断超参数，提高近似模型的预测精度。从表 4.4 总结的结果中还可以看出，MOVF 优于其他三种模型，两个输出的 MAE 都最小。从表 4.4 可以得出一个直观的结论，即 MOVF 模型在全局和局部精度方面提供了更好的预测。

参 考 文 献

[1] Teh Y W, Seeger M, Jordan M I. Semiparametric latent factor models[R]. Berkeley: Computer Science Div, 2005.

[2] Williams C, Bonilla E V, Chai K Multi-task Gaussian process prediction[J]. Advances in Neural Information Processing Systems, 2007: 153-160.

[3] Borchani H, Varando G, Bielza C, et al. A survey on multi-output regression[J]. Wiley Interdisciplinary Reviews: Data Mining and Knowledge Discovery, 2015, 5(5): 216-233.

[4] Wolpert D H. Stacked generalization[J]. Neural Networks, 1992, 5(2): 241-259.

[5] Read J, Pfahringer B, Holmes G, et al. Classifier chains for multi-label classification[J]. Machine Learning, 2011, 85(3): 333-359.

[6] Kennedy M C, O'Hagan A. Predicting the output from a complex computer code when fast approximations are available[J]. Biometrika, 2000, 87(1): 1-13.

第5章　变可信度近似模型的序贯试验设计方法

变可信度近似模型的试验设计解决的核心问题是如何在设计空间中布置高/低精度样本点，为构建变可信度近似模型提供合理、有效的数据。这种方法可以分为静态试验设计方法和序贯试验设计方法。静态试验设计方法是指将所有可用资源一次性用于获得所有样本点，以构建变可信度近似模型，通常更适用于基于试验样本构建近似模型。序贯试验设计方法初始选定少量均匀分散在整个设计空间的高/低精度样本点，通过已有样本点信息来指导试验设计过程，通常更适用于基于数值仿真样本构建近似模型。本章针对低精度分析模型成本可否忽略两种情况，介绍两种序贯试验设计方法的核心思想、序贯更新流程及测试函数验证。

5.1　低精度分析模型成本可忽略的序贯试验设计方法

相比静态试验设计方法，序贯试验设计方法旨在充分利用建模过程中获得的信息(如高/低精度分析模型之间的相关信息、差异信息等)指导变可信度近似模型样本点的选取[1]。典型的变可信度近似模型序贯试验设计遵循以下步骤(图5.1)。

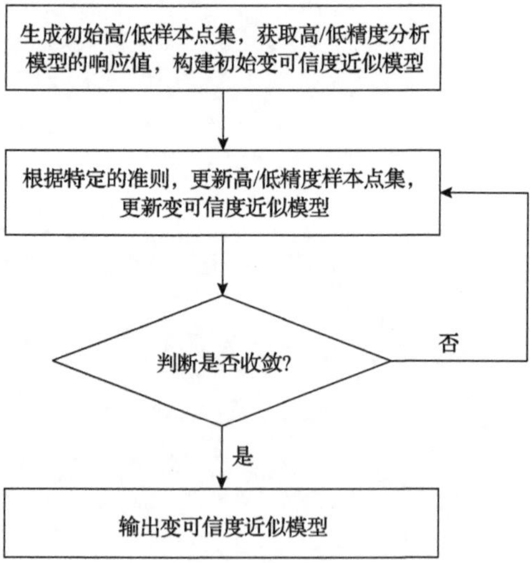

图5.1　变可信度近似模型序贯试验设计流程

步骤1：生成初始高/低精度样本点集，获取高/低精度分析模型的响应值，构建初始变可信度近似模型。

步骤 2：根据特定的准则，更新高/低精度样本点集，同时更新变可信度近似模型。

步骤 3：根据设定的收敛准则，判断序贯更新过程是否结束。若收敛准则满足，则输出当前变可信度近似模型；反之，则返回继续执行步骤 2。

若低精度分析模型的建模成本相比于高精度分析模型的建模成本可以忽略，则在序贯变可信度近似建模过程中，只需考虑序贯更新高精度样本点，来提高变可信度近似模型的预测性能。此时，低精度分析模型存在两种情况：①低精度分析模型可以显式表达；②低精度分析模型属于黑箱模型。针对第一种情况，低精度分析模型将直接用于变可信度近似建模。对于第二种情况，大量低精度样本点将用于构建低精度 GP 模型，以保证低精度 GP 模型的预测精度。本节首先提出基于加权累积误差准则的主动学习序贯变可信度近似建模(active learning variable-fidelity metamodeling, AL-VFM)方法。然后，通过一维非线性数值算例展示 AL-VFM 方法的工作流程。最后，通过两类高/低精度分析模型具有不同差异特征的多维数值算例验证本节所提出方法的有效性。

5.1.1　差异模型的特征描述

在设计变量空间内，若某区域内高/低精度分析模型差异变化的频率较大，则将该区域定义为差异不稳定区域。图 5.2 给出了差异不稳定区域的示意图。

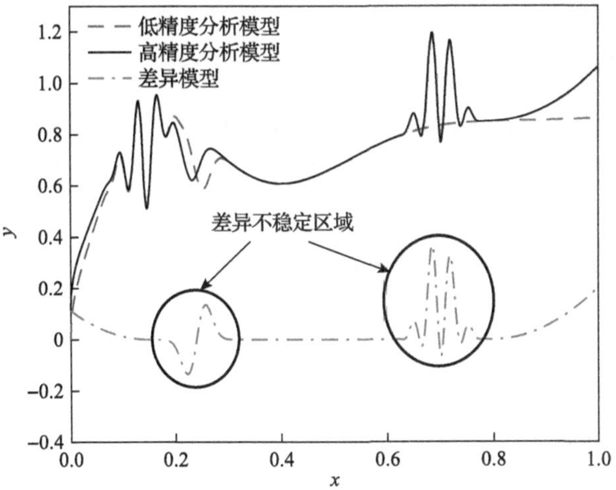

图 5.2　差异不稳定区域示意图

图 5.2 中，实线表示真实的高精度分析模型，虚线表示真实的低精度分析模型，点划线为差异模型，用以表征高/低精度分析模型在设计空间内的差异。由图 5.2 可以看出，$x \in (0.18, 0.30)$ 和 $x \in (0.62, 0.77)$ 两个区域可以被称为差异不稳定区

域。这是因为在这两个区域内，高/低精度分析模型之间的差异变化剧烈，且该区域存在多个波峰与波谷。很明显，在建立变可信度近似模型时，更多的高精度样本点应该布置在该区域用以提高该区域的拟合精度。反之，在高/低精度分析模型差异变化平缓的区域，只需要布置少量的高精度样本点就能很好地拟合该区域。

由于高/低精度分析模型的关系不能显式表达，其差异模型实质仍然属于一个黑箱模型，设计者往往无法预知设计变量空间内差异不稳定区域的分布情况。针对该问题，本节提出 AL-VFM 方法自适应探索差异不稳定区域并进行高精度样本点填充。5.1.2 节将对 AL-VFM 方法进行详细介绍。

5.1.2 基于加权累积误差准则的序贯试验设计方法

由 5.1.1 节描述可知，若差异不稳定区域内能够填充较多的高精度样本点，则变可信度近似模型的预测精度会极大提高。为此，本节提出 AL-VFM 方法自适应引导高精度样本点对差异不稳定区域进行填充。在 AL-VFM 方法中，建立目标导向的序贯高精度采样数学模型。其中，优化目标是通过分析已有的高/低精度样本点数据，选取预测误差最大的高精度样本点作为新添加样本点。同时，为了避免高精度样本点聚集，提出空间填充准则作为高精度样本点采样的约束条件。接下来将对加权累积误差准则、空间填充准则、序贯高精度样本点求解模型，以及基于加权累积误差准则的主动学习序贯变可信度近似建模方法的求解流程进行详细介绍。

1. 加权累积误差准则

留一交叉验证(leave-one-out cross-validation, LOOCV)误差方法(留一法)通常用于检验近似模型的精度。与单精度近似模型类似，对于变可信度近似模型，当前样本点集中第 i 个高精度样本点处的留一误差的计算方法如下。

步骤 1：在当前高精度样本点集 $X^{\mathrm{h}}=\{x_1^{\mathrm{h}},x_2^{\mathrm{h}},\cdots,x_{m_{\mathrm{h}}}^{\mathrm{h}}\}$ 中去除第 i 个高精度样本点 x_i^{h} 获得样本点集 $X_{-i}^{\mathrm{h}}=\{x_1^{\mathrm{h}},x_2^{\mathrm{h}},\cdots,x_{i-1}^{\mathrm{h}},x_{i+1}^{\mathrm{h}},\cdots,x_{m_{\mathrm{h}}}^{\mathrm{h}}\}$。

步骤 2：将样本点集 $X_{-i}^{\mathrm{h}}=\{x_1^{\mathrm{h}},x_2^{\mathrm{h}},\cdots,x_{i-1}^{\mathrm{h}},x_{i+1}^{\mathrm{h}},\cdots,x_{m_{\mathrm{h}}}^{\mathrm{h}}\}$ 当作输入，样本点响应值 $Y_{-i}^{\mathrm{h}}=\{y_1^{\mathrm{h}},y_2^{\mathrm{h}},\cdots,y_{i-1}^{\mathrm{h}},y_{i+1}^{\mathrm{h}},\cdots,y_{m_{\mathrm{h}}}^{\mathrm{h}}\}$ 当作输出，构建变可信度近似模型 $\hat{f}_{-i}$。

步骤 3：利用变可信度近似模型 $\hat{f}_{-i}$ 预测样本点 x_i^{h} 处的输出响应 $\hat{y}_{-i}(x_i^{\mathrm{h}})$。

步骤 4：计算 x_i^{h} 处真实响应值 $y_i(x_i^{\mathrm{h}})$ 与预测响应 $\hat{y}_{-i}(x_i^{\mathrm{h}})$ 之间差值的绝对值，即为该点处的留一误差 $e_{\mathrm{LOO}}(x_i^{\mathrm{h}})$。

很明显，留一法并不适用于当前样本点集以外设计点的误差预测。然而，留一法能够用于评价变可信度近似模型对当前样本点集中样本点的敏感程度。根据留一误差的定义和求解步骤，可以得知若某个样本点分布在差异不稳定区域，且该区域高精度样本点分布不够充足，则该点处将存在较大的留一误差。基于此分析，留一法能够用来探索设计变量空间中的差异不稳定区域。根据 GP 模型的建模机理，对于一个非样本点集中的设计点，其误差往往与该点距离较近的样本点有着相近的误差，且距离越近，误差相关程度越大。因此，本节提出加权累积误差准则用于预测设计空间内非样本点集的设计点误差。其基本思想是：设计点处的预测误差通过当前各个样本点处的留一误差以加权累积的形式表达，设计点与已存在样本点距离越近，该样本点处的留一误差贡献程度越大，则权重越大。对于当前高精度样本点集 $X^{\mathrm{h}}=\{x_1^{\mathrm{h}},x_2^{\mathrm{h}},\cdots,x_{m_{\mathrm{h}}}^{\mathrm{h}}\}$，非样本点集的设计点 $x_{\mathrm{o}}^{\mathrm{h}}$ 处的加权累积误差 $\delta(x_{\mathrm{o}}^{\mathrm{h}})$ 表示为

$$\delta(x_{\mathrm{o}}^{\mathrm{h}})=\sum_{i=1}^{m_{\mathrm{h}}}w_i\left|y_i(x_i^{\mathrm{h}})-\hat{y}_{-i}(x_i^{\mathrm{h}})\right| \tag{5.1}$$

其中，$y_i(x_i^{\mathrm{h}})$ 为 x_i^{h} 处真实响应值；$\hat{y}_{-i}(x_i^{\mathrm{h}})$ 为变可信度近似模型 $\hat{f}_{-i}$ 在样本点 x_i^{h} 的预测值；w_i 为第 i 个样本点处的权重，用以表征样本点 x_i^{h} 处的留一误差对设计点 $x_{\mathrm{o}}^{\mathrm{h}}$ 预测误差的贡献程度。

w_i 的表达式为

$$w_i=a^{-d(x_i^{\mathrm{h}},x_{\mathrm{o}}^{\mathrm{h}})}\Big/a^{-\sum_{i=1}^{m_{\mathrm{h}}}d(x_i^{\mathrm{h}},x_{\mathrm{o}}^{\mathrm{h}})} \tag{5.2}$$

其中，$d(x_i^{\mathrm{h}},x_{\mathrm{o}}^{\mathrm{h}})$ 定义为 $x_{\mathrm{o}}^{\mathrm{h}}$ 与样本点 x_i^{h} 的欧氏距离；a 为大于 1 的常数，在本节算例中 a 设置为自然底数，即 $a=\mathrm{e}$。

2. 空间填充准则

应该指出，仅仅通过式(5.1)序贯获取高精度样本点，极有可能导致添加的高精度样本点出现集聚。这是因为，$x_{\mathrm{o}}^{\mathrm{h}}$ 与某个差异不稳定区域内的样本点越近，其加权累积误差将越大，新添加的样本点首先完全填充这个差异不稳定区域，然后再考虑其他差异不稳定区域。这样一来，在有限的高精度样本点数量条件下，设计空间内的一些差异不稳定区域可能没有机会被填充。为了避免高精度样本点聚集，本节提出序贯高精度样本点的设计空间填充准则，其计算流程如下。

步骤 1：计算当前高精度样本点集 $X^{\mathrm{h}}=\{x_1^{\mathrm{h}},x_2^{\mathrm{h}},\cdots,x_{m_{\mathrm{h}}}^{\mathrm{h}}\}$ 中各个样本点与其他样本点之间的距离，并记录最小距离 $\min\left\|x_i^{\mathrm{h}}-x_j^{\mathrm{h}}\right\|_2$。

步骤 2：计算各个样本点与其他样本点之间最小距离的平均值为

$$\text{mean}(\min\left\|x_i^{\text{h}} - x_j^{\text{h}}\right\|_2), \quad \forall x_i^{\text{h}}, x_j^{\text{h}} \in x^{\text{h}}(i \neq j) \tag{5.3}$$

其中，mean 函数表示求取平均值。

步骤 3：定义空间填充因子，设定设计空间填充准则为

$$\left\|x_{\text{o}}^{\text{h}} - x_i^{\text{h}}\right\|_2 \geqslant \beta \cdot \text{mean}(\min\left\|x_i^{\text{h}} - x_j^{\text{h}}\right\|_2), \quad \forall x_i^{\text{h}}, x_j^{\text{h}} \in x^{\text{h}}(i \neq j) \tag{5.4}$$

其中，β 为空间填充因子。若 β 过大，则将导致序贯生成的样本点较多地关注设计空间样本点的均匀性，而较少地关注差异不稳定区域；若 β 过小，则可能仍然造成部分样本点聚集。大量数值算例表明，$0.2 \leqslant \beta \leqslant 0.5$ 对大部分情况都适应，本节选取 $\beta = 0.3$。β 值对序贯样本点添加结果的影响分析将在 5.1.3 节结尾进行讨论。

3. 序贯高精度样本点求解模型

将设计点处的预测误差准则与设计空间填充准则结合，构建序贯高精度样本点的求解模型如下：

$$\begin{aligned}
&\max \quad \delta(x_{\text{o}}^{\text{h}}) = \sum_{i=1}^{m_{\text{h}}} \left(a^{-d(x_i^{\text{h}}, x_{\text{o}}^{\text{h}})} \Big/ a^{-\sum_{i=1}^{m_{\text{h}}} d(x_i^{\text{h}}, x_{\text{o}}^{\text{h}})}\right) \left|y_i(x_i^{\text{h}}) - \hat{y}_{-i}(x_i^{\text{h}})\right| \\
&\text{s.t.} \quad \left\|x_{\text{o}}^{\text{h}} - x_i^{\text{h}}\right\|_2 \geqslant \beta \cdot \text{mean}(\min\left\|x_i^{\text{h}} - x_j^{\text{h}}\right\|_2), \quad \forall x_i^{\text{h}}, x_j^{\text{h}} \in x^{\text{h}}(i \neq j)
\end{aligned} \tag{5.5}$$

通过求解式(5.5)，新获得的序贯高精度样本点将与当前样本点集中的样本点保持合适的空间距离。同时，能够通过填充差异不稳定区域，最大限度地提高变可信度近似模型的预测性能。由于式(5.5)是一个多极值点的优化问题，进化类优化算法比较适用于求解该优化问题。本节利用惩罚函数法处理约束条件，并利用遗传算法(genetic algorithm，GA)求解上述优化问题，以序贯获取高精度样本点。

4. 基于加权累积误差准则的主动学习序贯变可信度近似建模方法的求解流程

图 5.3 描述了 AL-VFM 方法的求解流程，其具体步骤如下所述。

步骤 1：构建低精度分析模型/低精度 GP 模型。

步骤 2：采用优化拉丁超立方试验设计方法生成初始高精度样本点集。初始高精度样本点的选取原则是尽量保证初始样本点对整个设计空间有较均匀的填充，以便能够获取高/低精度分析模型在整个设计空间的差异。

步骤 3：运行高精度分析模型获得当前高精度样本点处的输出响应。

步骤 4：计算当前高精度样本点处的高精度分析模型与低精度分析模型/低精

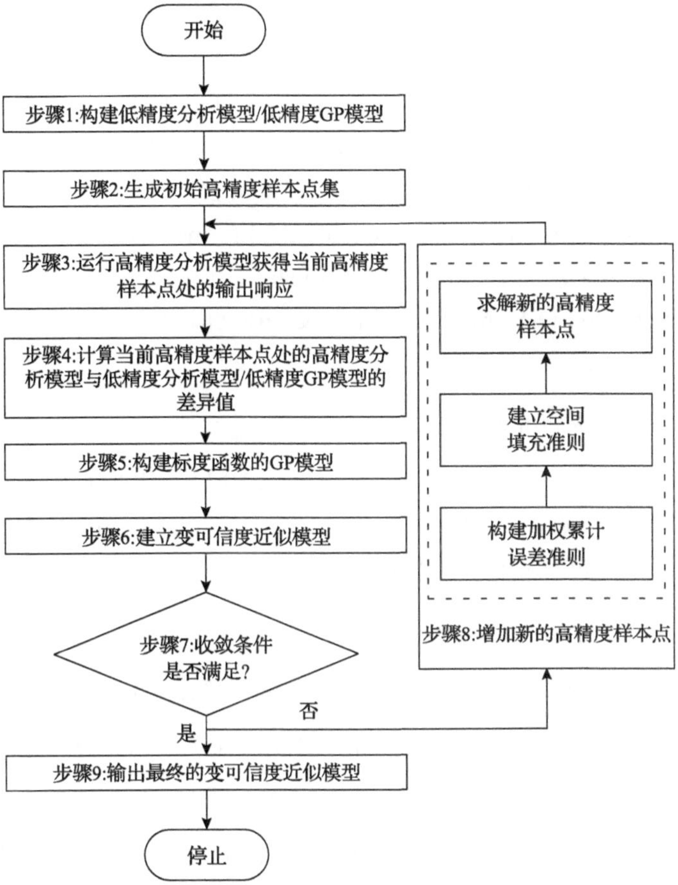

图 5.3　AL-VFM 方法的求解流程图

度 GP 模型的差异值。

步骤 5：以当前高精度样本点集为输入，高精度分析模型与低精度分析模型/低精度 GP 模型的差异数据为输出，构建标度函数的 GP 模型。

步骤 6：建立变可信度近似模型。

步骤 7：判断当前高精度样本点是否达到最大预算值。若达到，则跳至步骤 9；否则，运行步骤 8。为了比较两个近似建模方法的优劣性，常采用以下两个标准之一：①当达到预设的近似模型精度目标时，哪种近似建模方法所需要的总资源最少；②在有限的资源下，哪种近似建模方法能够获得更高预测性能的近似模型。本节以有限的资源作为主动学习序贯变可信度近似模型的收敛准则。

步骤 8：求解式(5.5)获得序贯高精度样本点，并添加至当前高精度样本点集，返回至步骤 3。

步骤 9：输出变可信度近似模型。

5.1.3 数值算例及讨论

本节通过一些常用的测试函数对 AL-VFM 方法的性能进行检验，同时与其他三种近似建模方法进行比较，并用 RMAE、RRMSE 两种评价指标衡量比较预测精度。其他三种近似建模方法分别是：基于最大最小距离的变可信度近似建模(maximum minimum distance-based variable-fidelity metamodeling, MMD-VFM)方法、基于 GP 模型的变可信度近似建模(ordinary Gaussian processed-based variable-fidelity metamodeling, O-VFM)方法和单精度 GP 近似建模(single-fidelity Gaussian process , SF-GP)方法。

1. 一维非线性数值算例[2]

本节通过一维非线性数值算例对提出的AL-VFM方法的求解流程进行详细展示，并与 MMD-VFM、O-VFM 和 SF-GP 三种近似建模方法进行比较，以说明提出的 AL-VFM 方法的优越性。测试函数表达式为

$$
\begin{aligned}
y^{\mathrm{h}} &= (1-\mathrm{e}^{-2\sqrt{x}}) + 6x\mathrm{e}^{-7x}\sin(10x) - 0.2\mathrm{e}^{-2000(x-0.23)^2} \\
&\quad + 60\min(0,|x-0.14|-0.08)^2 \times [\ln(x+0.2)+1.5\sin^2(85x)] \\
&\quad + 50\min(0,|x-0.7|-0.08)^2 \times [\ln(x+0.1)+2\sin^2(85x)] \\
y^{\mathrm{l}} &= (1-\mathrm{e}^{-2\sqrt{x}}) + 6x\mathrm{e}^{-7x}\sin(10x) - 0.2\mathrm{e}^{-2000(x-0.25)^2} \\
&\quad + 60\min(0,|x-0.14|-0.08)^2 \times [\ln(x+0.2)+1.5\sin^2(85x)] \\
x &\in [0,1]
\end{aligned}
\tag{5.6}
$$

其中，y^{h} 表示高精度分析模型；y^{l} 表示低精度分析模型。

图 5.4 展示了高/低精度分析模型和差异模型的示意图。高精度分析模型由实线表示，低精度分析模型由虚线表示，点划线为高/低精度分析模型在设计空间内的差异模型。由图 5.4 可以看出，该数值算例包含两个差异不稳定区域：$x \in (0.18, 0.30)$ 和 $x \in (0.62, 0.77)$。设计空间内的其他区域为差异光滑区域。接下来详细展示 AL-VFM 方法的第一次迭代过程。

步骤 1：构建低精度分析模型。在该数值算例中，假设低精度分析模型相对于高精度分析模型计算成本可以忽略。由于低精度分析模型可以显式表达，在变可信度近似建模过程中直接采用低精度分析模型获取低精度输出响应，构建的低精度分析模型如图 5.5 所示。

步骤 2：采用优化拉丁超立方试验设计方法生成初始高精度样本点。在该数值算例中，假设高精度样本点的总预算数量为 $N_{\mathrm{h}}^{\max} = 35$，初始高精度样本点数

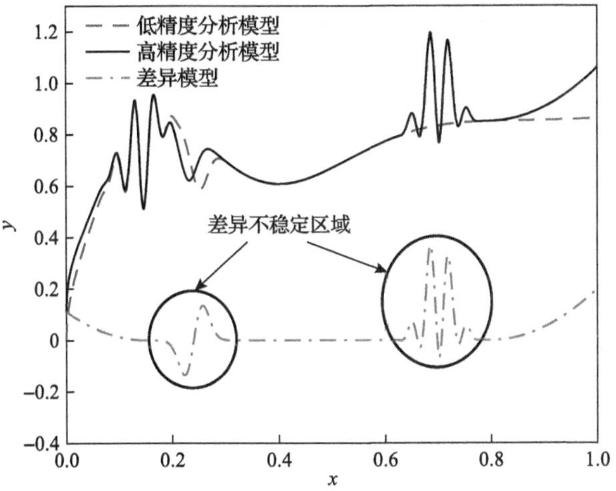

图 5.4　一维非线性数值算例高/低精度分析模型和差异模型示意图

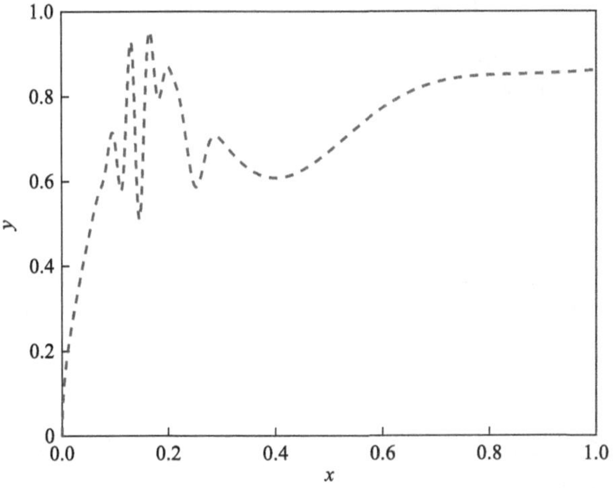

图 5.5　低精度分析模型

量为 $m_{\mathrm{h}}=10$，剩余 25 个高精度样本点在主动学习序贯变可信度建模过程中逐一产生。生成的初始高精度样本点集为 $X^{\mathrm{h}}=\{0,0.111,0.222,0.333,0.444,0.556,0.667,0.778,0.889,1\}$。该初始样本点集包括设计变量空间的上、下界。

步骤 3：获取高精度样本点处的真实输出响应。在该数值算例中，假设获取高精度分析模型在样本点处的输出响应是一个计算耗时或成本巨大的过程。表 5.1 给出了初始高精度样本点集的输出响应，其中 $c(x^{\mathrm{h}})$ 代表高/低精度分析模型的差异值。

步骤 4：获取高/低精度分析模型在初始高精度样本点处的差异数据。高/低精度分析模型在初始高精度样本点处的差异数据如表 5.1 所示。

表 5.1　初始高精度样本点集的输出响应

x^{h}	0	0.111	0.222	0.333	0.444	0.556	0.667	0.778	0.889	1
y^{l}	0	0.578	0.792	0.648	0.622	0.729	0.819	0.849	0.854	0.862
y^{h}	0	0.578	0.657	0.648	0.622	0.729	0.793	0.849	0.854	0.862
$c(x^{h})$	0	0	−0.135	0	0	0	−0.026	0	0	0

步骤 5：基于表 5.1 获取的差异数据构建标度函数的 GP 模型。

步骤 6：利用加法标度方法构建初始变可信度近似模型。图 5.6 所示为构建的初始变可信度近似模型。图 5.6 中，实心点 (•) 表示初始高精度样本点。

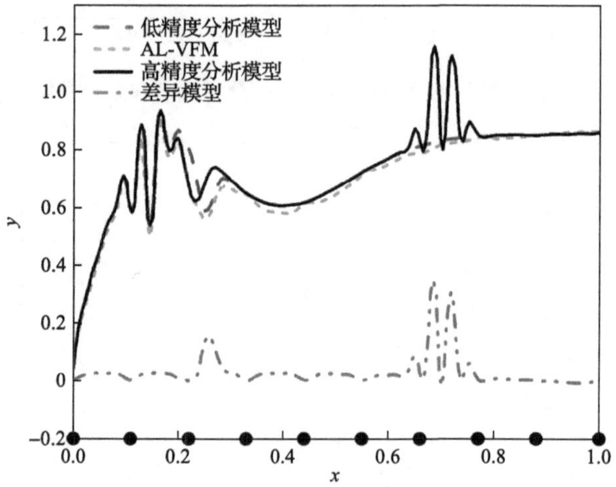

图 5.6　初始变可信度近似模型

步骤 7：判断高精度样本点是否达到总预算数量。若达到，则停止循环，输出获得的变可信度近似模型；若未达到，则继续添加高精度样本点用于更新变可信度近似模型。由于当前高精度样本点数量（$m_{h}=10$）小于高精度样本点的总预算数量（$N_{h}^{max}=35$），则需要继续添加高精度样本点来更新变可信度近似模型。通过求解式(5.5)中的优化问题，获得新的高精度样本点为 $x^{h}=0.280$ 。将该高精度分析模型的样本添加至当前高精度样本点集，获得新的高精度样本点集 $X^{h}=\{0,0.111,0.222,0.280,0.333,0.444,0.556,0.667,0.778,0.889,1\}$ 。

步骤 8：重复步骤 3 至步骤 6，获得当前样本点数据下的变可信度近似模型。图 5.7 所示为当前样本点数据下第一次迭代获得的变可信度近似模型。在图 5.7 中，实心点 (•) 表示初始高精度样本点。由图 5.7 可以看出，求解获得的新高精度样本点落在其中一个差异不稳定区域内。该高精度分析模型的样本点的添加极大程度地降低了高/低精度分析模型之间的差异。其主要原因是，在序贯更新变可信度近似建模过程中，本节提出的 AL-VFM 方法能够充分利用已有的高/低精度分析模型差异数据指导新的高精度样本点分布。

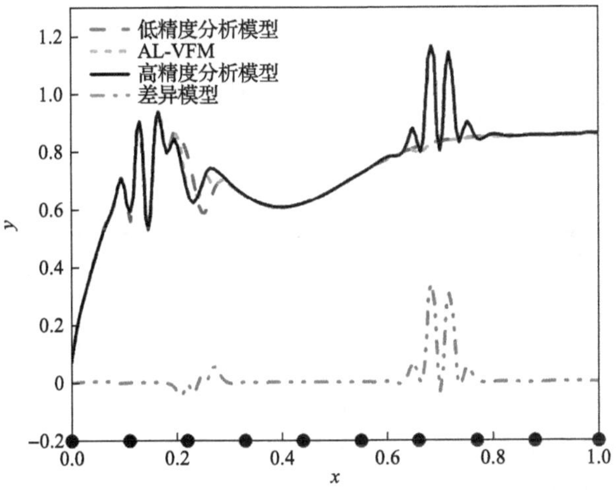

图 5.7　当前样本点数据下第一次迭代获得的变可信度近似模型

重复第一次迭代的步骤，若达到高精度样本点的总预算数量（$N_h^{max}=35$），则停止整个序贯变可信度近似模型更新过程。图 5.8(a)所示为最终获得的变可信度近似模型，图中五角星(★)表示新添加的高精度样本点。为了比较，将 MMD-VFM、O-VFM 和 SF-GP 三种近似建模方法在相同高精度样本点预算数量下的近似模型展示在图 5.8(b)～(d)中。

由图 5.8 可以看出，本节提出的 AL-VFM 方法获得的变可信度近似模型精度明显高于其他三种近似建模方法。SF-GP 近似模型的预测性能最差，O-VFM 和 MMD-VFM 两种变可信度近似模型的预测性能居中。比较高精度分析模型与变可信度近似模型的差异，可以看出 AL-VFM 方法获得的变可信度近似模型与真实高

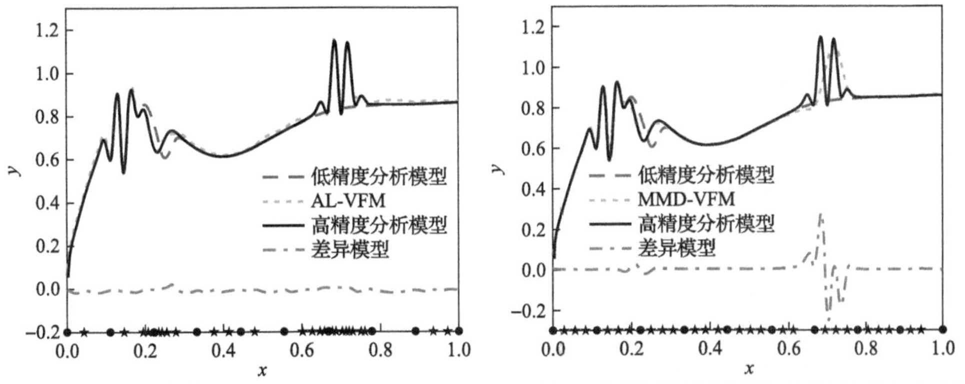

(a) AL-VFM方法(RRMSE=0.091, RMAE=0.232)　　(b) MMD-VFM方法(RRMSE=0.301, RMAE=1.856)

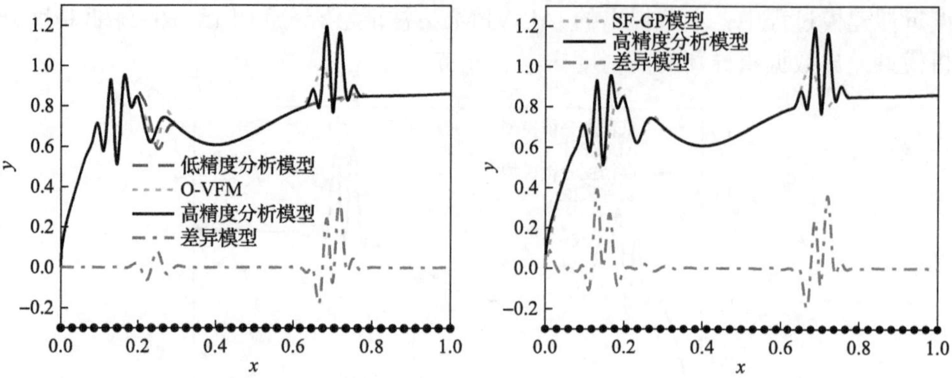

(c) O-VFM方法(RRMSE=0.316, RMAE=2.099)　　(d) SF-GP方法(RRMSE=0.464, RMAE=2.35)

图 5.8　相同高精度样本点预算数量下四种近似建模方法结果比较

精度分析模型的差异在整个设计空间内几乎为零。在 AL-VFM 方法中，大部分高精度样本点分布在两个差异不稳定区域。然而，其他三种方法中至少存在一个差异不稳定区域未被填充。这是因为 AL-VFM、MMD-VFM、O-VFM 和 SF-GP 四种不同的近似建模方法对高精度样本点的分配机制存在巨大差异。AL-VFM 方法在序贯变可信度近似建模过程中能够自适应识别差异不稳定区域，并以高精度样本点填充，同时在相对光滑的区域填充少量的样本点。相反，其他三种近似建模方法倾向于对整个设计空间进行均匀填充，这样光滑区域填充过多的高精度样本点，导致高精度样本点资源并没有被充分利用。

2. *多维数值算例*

本节采用十个常用的多维测试函数来测试提出的 AL-VFM 方法。这十个数值算例分为两组，如表 5.2 所示。其中，第一组算例包括 4 个测试函数，它们中高/低精

表 5.2　多维数值算例分组情况

算例组别	函数名称	变量个数	差异模型特征
第一组	Booth	2	差异模型在整个设计空间比较平缓
	SC	2	
	HM	2	
	DP	4	
第二组	Rastrigin's	2	差异模型在整个设计空间存在多个差异不稳定区域
	ME	2	
	Sinusoidal	2	
	Shekel	4	
	Hart6	6	
	井眼模型	8	

度分析模型的差异在整个设计空间变化平缓；第二组算例包括 6 个测试函数，它们中存在多个差异不稳定区域。十个多维测试函数的表达式见式(5.7)～式(5.16)。

在第一组数值算例中，设定高精度样本点的总预算数量为 30。在第二组数值算例中，设定高精度样本点的总预算数量为 60。对于所有数值算例，随机选取 1600 个验证点用于计算评价指标 RMAE 和 RRMSE。初始高精度样本点设置为高精度样本点总预算数量的一半。初始高精度样本点数量对 AL-VFM 方法的预测性能的影响将在本节结尾进行讨论。

(1) Booth 函数：

$$
\begin{aligned}
&f^{\mathrm{h}} = (x_1 + 2x_2 - 7)^2 + (2x_1 + x_2 - 5)^2 \\
&f^{\mathrm{l}} = f(0.8x_1, x_2) + 1.7x_1x_2 - x_1 + 2x_2 \\
&x_1 \in [-10,10], \quad x_2 \in [-10,10]
\end{aligned}
\tag{5.7}
$$

(2) 六驼峰(six-hump camel-back, SC)函数：

$$
\begin{aligned}
&f^{\mathrm{h}} = 4x_1^2 - 2.1x_1^4 + x_1^6 / 3 + x_1x_2 - 4x_2^2 + 4x_2^4 \\
&f^{\mathrm{l}} = f(0.7x_1, 0.7x_1) + x_1x_2 + \sin x_1 + 2x_2 + \sin x_2 + x_1 \\
&x_1 \in [-2,2], \quad x_2 \in [-2,2]
\end{aligned}
\tag{5.8}
$$

(3) Himmelblau(HM)函数：

$$
\begin{aligned}
&f^{\mathrm{h}} = (x_1^2 + x_2 - 11)^2 + (x_2^2 + x_1 - 7)^2 \\
&f^{\mathrm{l}} = f(0.5x_1, 0.8x_2) + x_2^3 - (x_1 + 1)^2 \\
&x_1 \in [-3,3], \quad x_2 \in [-3,3]
\end{aligned}
\tag{5.9}
$$

(4) Dixon-Price(DP)函数：

$$
\begin{aligned}
&f^{\mathrm{h}} = (x_1 - 1)^2 + \sum_{i=2}^{4} i(2x_i^2 - x_{i-1})^2 \\
&f^{\mathrm{l}} = (x_1 - 1)^2 + \sum_{i=2}^{4} i(2x_i^2 - 0.75x_{i-1})^2 \\
&x_i \in [-10,10], \quad i = 1,2,3,4
\end{aligned}
\tag{5.10}
$$

（5）Rastrigin's 函数：

$$
\begin{aligned}
&f^{\mathrm{h}}=20+x_1^2+x_2^2-10(\cos(2\pi x_1)+\cos(2\pi x_2))\\
&f^{\mathrm{l}}=\begin{cases}A, & A\geqslant B\\ B, & A<B\end{cases}\\
&A=f(x_1,x_2)(\operatorname{sgn}x_2+0.5)/\left|(\operatorname{sgn}x_2+0.5)\right|\\
&B=C(\operatorname{sgn}(-x_2)+0.5)/\left|(\operatorname{sgn}(-x_2)+0.5)\right|\\
&C=10+x_1^2-10\cos(2\pi x_1)\\
&x_1\in[-1,1],\quad x_2\in[-1,1]
\end{aligned}
\tag{5.11}
$$

（6）Modified Easom（ME）函数：

$$
\begin{aligned}
&f^{\mathrm{h}}=10^{-3}(x_1+x_2)+A\\
&f^{\mathrm{l}}=10^{-3}(x_1+x_2)\\
&A=-10\cos(x_1)\cdot\cos(x_2)\cdot \mathrm{e}^{-(x_1-2)^2-(x_2-2)^2}\\
&x_1\in[-5,5],\quad x_2\in[-5,5]
\end{aligned}
\tag{5.12}
$$

（7）Sinusoidal 函数：

$$
\begin{aligned}
&f^{\mathrm{h}}=x_1\sin x_2+x_2\sin x_1\\
&f^{\mathrm{l}}=0.8x_1\sin(0.9x_2)+0.9x_2\sin(0.8x_1)\\
&x_1\in[-2\pi,2\pi],\quad x_2\in[-2\pi,2\pi]
\end{aligned}
\tag{5.13}
$$

（8）Shekel 函数：

$$
f^{\mathrm{h}}=\sum_{i=1}^{5}\frac{1}{c_i+\sum\limits_{j=1}^{4}(x_j-a_{ij})},\quad x_j\in[3,5]
$$

$$
A=(a_{ij})=\begin{bmatrix}4.0&4.0&4.0&4.0\\1.0&1.0&1.0&1.0\\8.0&8.0&8.0&8.0\\6.0&6.0&6.0&6.0\\3.0&7.0&3.0&3.0\end{bmatrix},\quad C=(c_i)=\begin{bmatrix}0.1\\0.2\\0.2\\0.4\\0.6\end{bmatrix}
$$

$$f^{1}=\sum_{i=1}^{5}\frac{1}{c_i^{1}+\sum_{j=1}^{4}(x_j-a_{ij}^{1})},\quad x_j\in[3,5],\quad j=1,2,3,4$$

$$A^{1}=(a_{ij}^{1})=\begin{bmatrix}3.8&4.0&4.1&3.2\\0.8&0.8&0.8&0.8\\8.0&8.0&8.0&8.0\\5.6&5.6&5.6&5.6\\3.0&7.0&3.0&7.0\end{bmatrix},\quad C^{1}=(c_i^{1})=\begin{bmatrix}0.12\\0.25\\0.25\\0.40\\0.55\end{bmatrix}\tag{5.14}$$

(9) Hartman 六维(Hart6)函数：

$$f^{h}=-\sum_{i=1}^{4}c_i\exp\left(-\sum_{j=1}^{6}a_{ij}(x_j-p_{ij})^2\right),\quad x_j\in[0,1]$$

$$C^{T}=(c_i)=[1\quad 1.2\quad 3\quad 3.2]^{T},\quad A=(a_{ij})=\begin{bmatrix}10&3&17&3.05&1.7&8\\0.05&10&17&0.1&8&4\\3&3.5&1.7&10&17&8\\17&8&0.05&10&0.1&14\end{bmatrix}$$

$$P=(p_{ij})=\begin{bmatrix}0.1312&0.1696&0.5569&0.0124&0.8283&0.5886\\0.2329&0.4139&0.8307&0.3736&0.1004&0.9991\\0.2348&0.1451&0.3522&0.2883&0.3047&0.6650\\0.4047&0.8828&0.8732&0.5743&0.1091&0.0381\end{bmatrix}$$

$$f^{1}=-\sum_{i=1}^{4}c_i^{1}\exp(-\sum_{j=1}^{6}a_{ij}(l_jx_j-p_{ij})^2),\quad x_j\in[0,1]$$

$$[C^{1}]^{T}=(c_i^{1})=[1.1\quad 0.8\quad 2.5\quad 3]^{T},\quad L^{T}=(l_j)=[0.75\quad 1\quad 0.8\quad 1.3\quad 0.7\quad 1.1]^{T}\tag{5.15}$$

(10) 井眼模型(详见 5.2.2 节)：

$$f^{h}=\frac{2\pi x_3(x_4-x_6)}{\ln(x_2/x_1)[1+2x_3x_7/(\ln(x_2/x_1)x_1^2x_8)+x_3/x_5]}$$

$$f^{1}=0.4f^{h}(x)+0.07x_1^2x_8+x_1x_7/x_3+x_1x_6/x_2+x_1^2x_4$$

$$x_1\in[0.05,0.15],\quad x_2\in[100,50000]$$

$$
\begin{aligned}
&x_3 \in [63070,115600], \quad x_4 \in [990,1110] \\
&x_5 \in [63.1,116], \quad x_6 \in [700,820] \\
&x_7 \in [1120,1680], \quad x_8 \in [9855,12045]
\end{aligned} \tag{5.16}
$$

表 5.3 总结了 AL-VFM、MMD-VFM、O-VFM 和 SF-GP 四种近似建模方法在不同算例中评价指标 RMAE 和 RRMSE 的平均值和标准差。其中，评价指标的标准差用“()”标记。此外，四种不同近似建模方法在各个算例中的预测能力排序用“[]”标记。从表 5.3 中可以得出：整体而言，本节提出的 AL-VFM 方法性能优于其他三种近似建模方法，尤其对于第二组数值算例。表 5.4 总结了 AL-VFM、MMD-VFM、O-VFM 和 SF-GP 四种近似建模方法在两组数值算例中的平均排序结果。由表 5.4 可以看出，对于第一组数值算例，AL-VFM 方法预测性能平均排序最高；O-VFM 和 MMD-VFM 方法的局部预测性能排序相当，但 O-VFM 方法的全局预测性能排序略高于 MMD-VFM 方法；SF-GP 的平均排序结果最差。对于第二组数值算例，AL-VFM 方法的全局和局部平均排序明显高于其他三种近似建模方法，MMD-VFM 方法的局部预测性能排序略高于 O-VFM 方法，但二者的全局预测性能排序相当，SF-GP 的全局和局部预测性能平均排序结果最差。

表 5.3　多维数值算例精度评价指标比较结果

算例组别	函数名称	指标	AL-VFM	MMD-VFM	O-VFM	SF-GP
第一组	Booth	RMAE	1.94×10^{-15}[2] (2.51×10^{-17})	3.63×10^{-15}[4] (2.58×10^{-17})	3.39×10^{-15}[3] (2.02×10^{-17})	1.45×10^{-15}[1] (2.53×10^{-17})
		RRMSE	3.44×10^{-16}[2] (1.37×10^{-17})	3.49×10^{-16}[3] (1.29×10^{-17})	3.53×10^{-16}[4] (1.03×10^{-17})	3.37×10^{-16}[1] (1.14×10^{-17})
	SC	RMAE	7.61×10^{-5}[1] (8.94×10^{-7})	2.30×10^{-4}[2] (3.01×10^{-7})	6.11×10^{-4}[3] (2.55×10^{-7})	2.40×10^{-3}[4] (1.88×10^{-6})
		RRMSE	1.71×10^{-5}[1] (1.22×10^{-7})	3.04×10^{-5}[2] (1.01×10^{-7})	4.50×10^{-5}[3] (1.83×10^{-7})	1.76×10^{-4}[4] (2.12×10^{-6})
	HM	RMAE	0.0395[1] (3.24×10^{-4})	0.2490[3] (8.52×10^{-2})	0.2231[2] (6.33×10^{-2})	0.3248[4] (9.77×10^{-2})
		RRMSE	9.68×10^{-3}[1] (3.75×10^{-5})	2.27×10^{-2}[3] (1.14×10^{-4})	1.88×10^{-2}[2] (3.99×10^{-4})	4.57×10^{-2}[4] (5.42×10^{-3})
	DP	RMAE	0.1383[1] (7.32×10^{-2})	0.1456[2] (8.81×10^{-2})	0.1457[3] (7.19×10^{-2})	2.4778[4] (2.79×10^{-1})
		RRMSE	0.0201[2] (9.98×10^{-4})	0.0220[3] (1.02×10^{-3})	0.0200[1] (8.77×10^{-4})	0.5187[4] (7.62×10^{-2})

续表

算例组别	函数名称	指标	AL-VFM	MMD-VFM	O-VFM	SF-GP
第二组	Rastrigin's	RMAE	0.1172[1] (0.0118)	0.3080[2] (0.0431)	0.4364[4] (0.0263)	0.4339[3] (0.0399)
		RRMSE	4.02×10^{-2}[1] (3.99×10^{-4})	5.41×10^{-2}[3] (4.98×10^{-4})	5.32×10^{-2}[2] (3.77×10^{-4})	9.66×10^{-2}[4] (5.11×10^{-4})
	ME	RMAE	2.5154[1] (0.2876)	9.6276[2] (0.3756)	11.4360[3] (0.3121)	12.1538[4] (0.3214)
		RRMSE	0.2642[1] (0.0287)	0.7822[2] (0.0440)	1.1343[3] (0.0374)	1.1567[4] (0.0409)
	Sinusoidal	RMAE	0.3046[1] (0.0108)	1.3909[2] (0.2398)	2.6785[4] (0.2985)	2.1660[3] (0.1775)
		RRMSE	0.0568[1] (1.22×10^{-4})	0.3713[2] (5.55×10^{-3})	0.4349[3] (3.78×10^{-3})	0.5227[4] (5.32×10^{-3})
	Shekel	RMAE	3.6126[1] (0.209)	6.9224[2] (0.3999)	6.9850[3] (0.2818)	7.6084[4] (0.3736)
		RRMSE	0.4950[1] (0.0139)	0.8000[2] (0.0207)	0.8299[3] (0.0169)	0.8434[4] (0.0288)
	Hart6	RMAE	1.7866[1] (0.1010)	2.2523[2] (0.1302)	2.6676[3] (0.1300)	2.7729[4] (0.1559)
		RRMSE	0.6039[1] (0.0177)	0.6479[3] (0.0219)	0.6351[2] (0.0182)	0.7789[4] (0.0229)
	井眼模型	RMAE	0.2011[1] (0.0321)	0.3491[2] (0.0449)	0.3774[3] (0.0400)	0.7640[4] (0.0519)
		RRMSE	5.12×10^{-2}[1] (4.61×10^{-4})	5.90×10^{-2}[3] (5.09×10^{-4})	5.34×10^{-2}[2] (4.99×10^{-4})	8.09×10^{-2}[4] (4.74×10^{-4})

表 5.4　四种近似建模方法在两组数值算例中的平均排序结果

指标		第一组				第二组			
		AL-VFM	MMD-VFM	O-VFM	SF-GP	AL-VFM	MMD-VFM	O-VFM	SF-GP
平均排序	RMAE	1.25	2.75	2.75	3.25	1.00	2.00	3.33	3.67
	RRMSE	1.50	2.75	2.50	3.25	1.00	2.50	2.50	4.00

为了进一步说明各个近似建模方法性能的差异，本节采用 Friedman 假设检验方法对不同近似模型在两组数值算例下的预测性能进行差异显著性分析。若显著性检验 p 值满足 $p\leqslant0.05$，则表明两种近似模型的预测性能存在显著性差异。表

5.5 总结了四种近似建模方法在两组不同数值算例下的 Friedman 假设检验结果。由表 5.5 可以得出，对于第一组数值算例，AL-VFM 方法与其他三种近似建模方法的显著性检验 p 值均小于 0.05，表明 AL-VFM 方法预测性能与其他三种近似建模方法的预测性能存在显著性差异。同时，SF-GP、O-VFM 和 MMD-VFM 三种近似建模方法在第一组数值算例中两两比较的显著性检验 p 值大于 0.05，表明 SF-GP、O-VFM 和 MMD-VFM 三种近似建模方法对于高/低精度分析模型差异光滑的例子，预测性能差异不显著。对于第二组数值算例，AL-VFM 方法的预测性能与其他三种方法的显著性检验 p 值相比第一组数值算例更小。这说明，对于第二组数值算例而言，AL-VFM 方法的预测性能与其他三种近似建模方法的差异更明显。值得一提的是，对于第二组数值算例，变可信度近似模型 MMD-VFM 和 AL-VFM 与单精度 SF-GP 近似建模方法的预测性能存在显著性差异，O-VFM、SF-GP 方法与 MMD-VFM 方法的预测性能差异不显著。

表 5.5　四种近似建模方法在两组不同数值算例下的 Friedman 假设检验结果

i	第一组		第二组	
	假设	p 值	假设	p 值
1	SF-GP vs. AL-VFM	9.95×10^{-4}	SF-GP vs. AL-VFM	7.62×10^{-8}
2	MMD-VFM vs. AL-VFM	0.020	O-VFM vs. AL-VFM	2.76×10^{-4}
3	O-VFM vs. AL-VFM	0.033	MMD-VFM vs. SF-GP	0.003
4	SF-GP vs. O-VFM	0.245	MMD-VFM vs. AL-VFM	0.018
5	MMD-VFM vs. SF-GP	0.333	O-VFM vs. SF-GP	0.082
6	O-VFM vs. MMD-VFM	0.846	O-VFM vs. MMD-VFM	0.206

初始高精度样本点数量的选取对 AL-VFM 方法的预测精度存在影响。对某些问题而言，初始选定小比例高精度样本点，以使得更大比例的样本点后续生成来探索差异不稳定区域，对变可信度近似模型预测性能的提高十分有利。反之，对另外一些问题则恰好相反。

为了分析初始高精度样本点数量对 AL-VFM 方法预测性能的影响，本节分析五种不同水平的初始高精度样本点(30%、40%、50%、60%、70%)下 AL-VFM 方法预测性能的变化趋势。选取 50%初始高精度样本点下的预测精度结果为基准，图 5.9 显示了不同水平的初始样本点情况下，评价指标 RMAE 和 RRMSE 在十个数值算例中平均值的提高程度。若提高程度为正值，则表明该初始样本点水平下，AL-VFM 方法的预测性能优于 50%初始样本点水平下的预测性能，该值越大，则说明优越程度越高。反之，若提高程度为负值，表明该初始样本点水平下 AL-VFM 方法的预测精度要劣于 50%初始样本点水平下的预测性能。

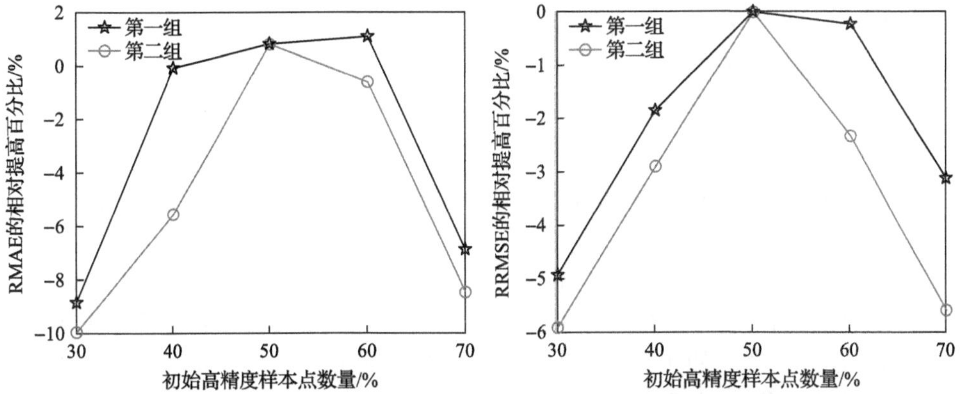

(a) 初始样本点数量对RMAE的敏感性分析　(b) 初始样本点数量对RRMSE的敏感性分析

图 5.9　初始样本点数量对 AL-VFM 方法预测性能影响性分析

由图 5.9(a)和(b)可以得出，在过少的初始样本点下，高/低精度分析模型的差异数据获取不足，导致主动学习序贯变可信度近似建模过程中会遗漏部分差异不稳定区域；在过多的初始样本点下，可允许的序贯高精度样本点的数量下降，也会导致主动学习序贯变可信度近似建模过程中差异不稳定区域不能被完全填充。因此，初始高精度样本点的选取要结合当前所要解决的问题维度和现有的计算资源决定，且选取 40%～60%的高精度样本点的总预算数量为宜。

空间填充因子 β 可能对 AL-VFM 方法的预测性能存在一定的影响，因此，本节选取四种不同水平的空间填充因子(0.2、0.3、0.4 和 0.5)分析其对 AL-VFM 方法预测性能的影响。图 5.10 显示了在不同水平的空间填充因子下 RMAE 和 RRMSE 两种评价指标在十个数值算例中的平均值变化情况。由图 5.10 可以得出，不论高/

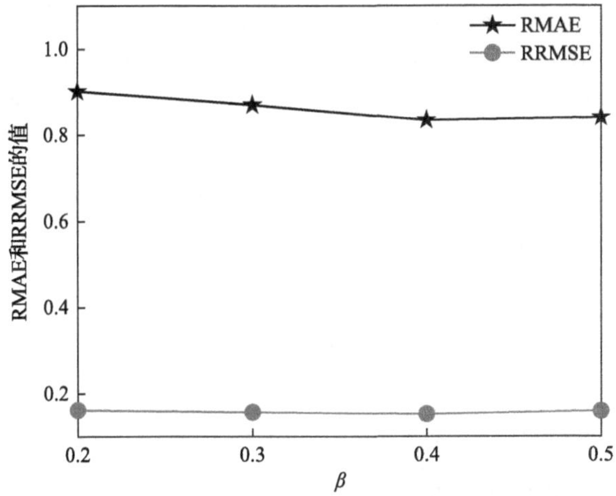

图 5.10　空间填充因子对 AL-VFM 方法预测性能影响性分析

低精度分析模型是在整个设计空间的差异光滑(第一组数值算例)，还是存在多个差异不稳定区域(第二组数值算例)，在 $0.2 \leqslant \beta \leqslant 0.5$ 范围内，空间填充因子 β 对 AL-VFM 方法的预测性能影响并不明显。

5.2 低精度分析模型成本不可忽略的序贯试验设计方法

若低精度分析模型的建模成本相比于高精度分析模型的建模成本不可忽略，则在序贯变可信度近似建模过程中，不仅需要考虑高/低精度样本点在设计空间内的分布，还需要考虑如何将有限的资源分配给高/低精度分析模型[3]。本节提出了基于预测精度提高水平的序贯变可信度近似建模(sequential variable-fidelity modeling, S-VFM)方法用于解决：①高/低精度样本点在设计空间的分布；②高/低精度样本点的分配比例。首先，介绍基于预测精度提高水平的 S-VFM 方法的思想；然后，通过一维非线性数值算例展示了所提出方法的求解流程；最后，通过井眼模型验证所提出方法的有效性。

5.2.1 基于预测精度提高水平的序贯变可信度建模方法

在低精度分析模型计算成本不可忽略的条件下，变可信度近似模型的精度很大程度上取决于高/低精度样本点比例及高/低精度样本点在设计空间内的分布。本节提出基于预测精度提高水平的 S-VFM 方法，旨在获得高/低精度样本点最佳组合及样本点在设计空间的最优分布。首先，在初始资源预算下采用 S-VFM 方法分配高/低精度样本点的初始组合。然后，基于初始样本点数据，构建初始变可信度近似模型。如果总样本点预算没有达到，则 S-VFM 方法进入决策循环。在每次决策循环中，比较在该次循环中添加潜在的高精度样本点和等资源需求量的多个低精度样本点的预测精度提高水平程度，并基于比较结果，做出更新变可信度近似模型的决策。S-VFM 方法流程如图 5.11 所示。下面将详细介绍各个步骤中的关键技术。

步骤 1：在给定的初始资源预算下，生成初始高/低精度样本点组合 $N_{\mathrm{h}}|N_{\mathrm{l}}$，其中，$N_{\mathrm{h}}$ 为高精度样本点数量，N_{l} 为低精度样本点数量。为使设计空间在初始采样阶段被均匀地覆盖，在此步骤中，采用优化拉丁超立方试验设计方法生成初始高精度样本点集 X^{h} 和低精度样本点集 X^{l}。

步骤 2：运行低精度分析模型，获取当前样本点集 X^{l} 处的低精度输出响应 Y^{l}。

步骤 3：基于当前低精度样本点数据，构建低精度 GP 模型。任何一点处的低精度 GP 模型预测都服从高斯分布：

$$Y^{\mathrm{l}}(x)\,|\,Y^{\mathrm{l}} \sim N(E(Y^{\mathrm{l}}(x)\,|\,Y^{\mathrm{l}}), \mathrm{cov}\{f(x), f(x')\,|\,Y^{\mathrm{l}}\}) \tag{5.17}$$

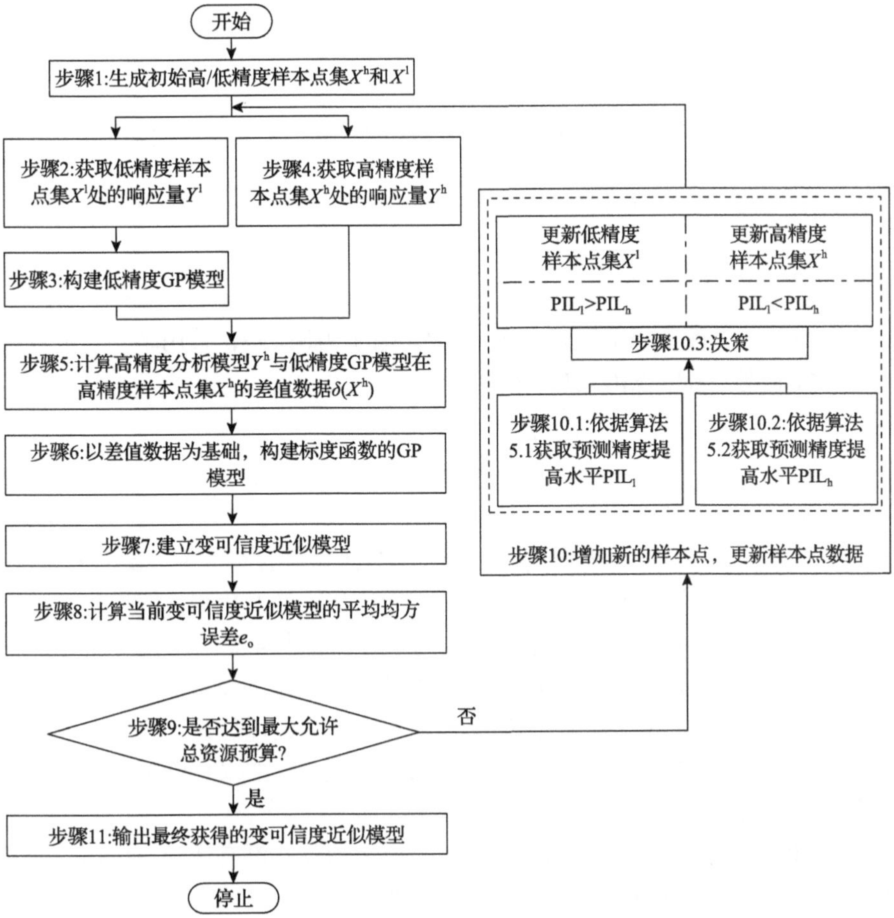

图 5.11　S-VFM 方法流程图

步骤 4：运行高精度分析模型，获取当前样本点集 X^h 处的高精度输出响应 Y^h 。

步骤 5：计算高精度样本点集 X^h 处，高精度分析模型和低精度 GP 模型预测响应之间的差值 $\delta(X^h)$ ：

$$\delta(X^h) = Y^h - E(Y^l(X^h) \mid Y^l) \tag{5.18}$$

步骤 6：以高精度样本点集 X^h 作为输入，高精度分析模型和低精度 GP 模型预测响应在 X^h 处的差值 $\delta(X^h)$ 作为输出，构建标度函数的 GP 模型如下：

$$\hat{\delta}(x) \mid \delta(X^h) \sim N(E(\delta(x) \mid \delta(X^h)), \operatorname{cov}\{\delta(x), \delta(x') \mid \delta(X^h)\}) \tag{5.19}$$

步骤 7：在构建的低精度 GP 模型和标度函数的 GP 模型基础上，建立变可信度近似模型：

$$\hat{y}(x) = \hat{Y}^{\mathrm{l}}(x) + \hat{\delta}(x) \tag{5.20}$$

式(5.20)假设两个 GP 模型之间相互独立。

变可信度近似模型的均值和预测方差可以由式(5.21)和式(5.22)计算：

$$m(y(x)) = E(Y^{\mathrm{l}}(x) \mid Y^{\mathrm{l}}) + E(\delta(x) \mid (Y^{\mathrm{h}} - E(Y^{\mathrm{l}}(X^{\mathrm{h}}) \mid Y^{\mathrm{l}}))) \tag{5.21}$$

$$\hat{\sigma}^2(y(x)) = \mathrm{cov}(f(x), f(x') \mid Y^{\mathrm{l}}) + \mathrm{cov}\{\delta(x), \delta(x') \mid (Y^{\mathrm{h}} - E(Y^{\mathrm{l}}(X^{\mathrm{h}}) \mid Y^{\mathrm{l}}))\} \tag{5.22}$$

步骤 8：为了评估当前变可信度近似模型的预测误差，采用平均均方误差作为误差评价准则，e_{o} 可以由式(5.23)计算：

$$e_{\mathrm{o}} = \frac{1}{t}\sum_{k=1}^{t} \hat{\sigma}^2(f(x_k)), \quad x_k \in X^{\mathrm{s}} \tag{5.23}$$

其中，$X^{\mathrm{s}} = \{x_1^{\mathrm{s}}, x_2^{\mathrm{s}} \cdots, x_t^{\mathrm{s}}\}$ 为随机生成的含有 t 个样本点的测试集；$\hat{\sigma}^2(f(x_k))$ 通过式(5.22)计算获得。较低的 e_{o} 值表示变可信度近似模型的预测性能更优。值得注意的是，当 t 足够大时，平均均方误差 e_{o} 与基于蒙特卡罗集的均方误差等价。

步骤 9：由于所提出的 S-VFM 方法旨在获取在给定的总资源预算下，最优的高精度样本点和低精度样本点的最佳组合和样本点的最优位置。所以，本节以有限的资源作为 S-VFM 的收敛准则。在执行步骤 9 之后，如果总资源预算没有达到收敛准则，则执行步骤 10，否则将执行步骤 11。

步骤 10：判断收敛准则是否达到，若总资源预算并没有达到预设值，则需要添加新的样本点来更新变可信度近似模型。在序贯更新过程中，不仅需要确定新添加样本点的位置，还需要判断是添加低精度样本点还是高精度样本点。因为这直接决定了最终的高/低精度样本点比例。为了解决这两个问题，本节提出基于预测精度提高水平的采样和决策方法。该方法的思想是：在当前序贯过程中，资源必须分配给能够最大限度提高变可信度近似模型精度的样本点。预测精度提高水平定义为：添加该潜在样本点后，变可信度近似模型相对于当前变可信度近似模型的预测精度提高相对百分比。接下来将详细描述整个 S-VFM 的更新过程。S-VFM 的更新过程在图 5.11 中以虚线框标注出。

步骤 10.1：为了获得更新低精度样本点集的预测精度提高水平 PIL_1，首先需要获得 q 个潜在的低精度样本点。其中 q 是高/低精度分析模型的成本比率，表示获得 1 个高精度样本点的输出响应资源可以用于获得 q 个低精度样本点的输出响应。在建立变可信度近似模型之初，q 已经确定。潜在的 q 个低精度样本点 x_i^{l} 依据最大预测误差准则依次获得。即在设计空间内选取变可信度近似模型最大预测误差最大的低精度样本点作为潜在样本点。一旦潜在低精度样本点确定，则更新当前预测误差，顺序选取下一个潜在低精度样本点，直到潜在低精度样本点数量达到 q。这种顺序搜索和更新过程可以由式(5.24)表示：

$$\begin{aligned} &\max \quad \hat{\sigma}^2(f(x_i^{\mathrm{l}})) \\ &\text{s.t.} \quad \left\| x_i^{\mathrm{l}} - x_i^{\mathrm{o}} \right\|_2 \geqslant \mathrm{CT}, \quad x_i^{\mathrm{o}} \in X^{\mathrm{l}} \end{aligned} \tag{5.24}$$

其中，CT 为聚类阈值。

为了避免低精度样本点聚集，采用空间填充准则作为约束条件。阈值的计算步骤为：①对于每个现有的样本点，计算该样本点与剩余样本点的最小距离。②计算获得的最小距离数据的平均值。③将阈值设置为该最小距离平均值的一半。

为了获取 q 个潜在的低精度样本点，将获得的潜在低精度样本点处的预测精度值作为真实值，更新变可信度近似模型的预测误差。因此，获取 q 个潜在的低精度样本点的过程中不需要运行真实的低精度分析模型。采用 GA 求解式(5.24)所示的优化问题。一旦获得 q 个潜在的低精度样本点，则更新变可信度近似模型，并获得测试集上的预测平均均方误差：

$$e_1 = \frac{1}{t}\sum_{j=1}^{t} \hat{\sigma}^2(f(x_j)), \quad x_j \in X^{\mathrm{s}} \tag{5.25}$$

更新低精度样本点集的预测精度提高水平 PIL_1 定义为：添加 q 个潜在的低精度样本点后，变可信度近似模型相对于当前变可信度近似模型的预测精度提高相对百分比：

$$\mathrm{PIL}_1 = \frac{e_0 - e_1}{e_0} \times 100\% \tag{5.26}$$

算法 5.1 给出了获取更新低精度样本点集预测精度提高水平 PIL_1 的详细算法。

算法 5.1　获取更新低精度样本点集的预测精度提高水平 PIL_1

输入：当前样本点集 X^{l} 和 X^{h}，输出响应 Y^{l} 和 Y^{h}，高精度分析模型与低精度分析模型的成本比率 q，当前变可信度近似模型的预测平均均方误差 e_0，测试样本点集 X^{s}。

输出：更新低精度样本点集的预测精度提高水平 PIL_1。

开始
　当 $i \leqslant q$
　　x_i^{l} ←获取第 i 个潜在低精度样本点的最优位置 x_i^{l}
　　X^{l} ←将第 i 个潜在低精度样本点添加至 X^{l} 更新低精度样本点集

　　$\hat{y}_i^{\mathrm{l}}$ ←获得样本点 x_i^{l} 处的预测值
　　Y^{l} ←将 $\hat{y}_i^{\mathrm{l}}$ 添加至 Y^{l} 更新低精度输出响应向量
　　y_{vf} ←更新变可信度近似模型
　　$i = i + 1$;
结束循环
　　e_{l} ←计算更新后的变可信度近似模型的预测平均均方误差 e_{l}
　　$\mathrm{PIL_l}$ ←计算更新低精度样本点集的预测精度提高水平
停止

步骤 10.2：为了获得潜在的高精度样本点 x^{h}，建立如下单目标优化数学模型：

$$\begin{aligned} &\max \quad \hat{\sigma}^2(f(x^{\mathrm{h}})) \\ &\text{s.t.} \quad \left\| x^{\mathrm{h}} - x_i^{\mathrm{o}} \right\|_2 \geqslant \mathrm{CT}, \quad x_i^{\mathrm{o}} \in X^{\mathrm{h}} \end{aligned} \tag{5.27}$$

与式(5.24)所示的优化问题相比，该优化问题仅仅需要获取 1 个预测误差最大的潜在高精度样本点，且约束限定新添加的高精度样本点与已有的高精度样本点之间保持合理的空间距离。GA 被用于求解式(5.27)所示的优化问题。一旦获得潜在的高精度样本点 x^{h}，则更新变可信度近似模型，获得更新后的变可信度近似模型在测试集上的预测平均均方误差：

$$e_{\mathrm{h}} = \frac{1}{t}\sum_{j=1}^{t} \hat{\sigma}^2(f(x_j)), \quad x_j \in X^{\mathrm{s}} \tag{5.28}$$

更新高精度样本点集的预测精度提高水平 $\mathrm{PIL_h}$ 定义为：添加潜在的高精度样本点后，变可信度近似模型相对于当前变可信度近似模型的预测精度提高相对百分比：

$$\mathrm{PIL_h} = \frac{e_{\mathrm{o}} - e_{\mathrm{h}}}{e_{\mathrm{o}}} \times 100\% \tag{5.29}$$

值得说明的是，更新变可信度近似模型利用的是潜在的高精度样本点及其预测响应，因此整个过程并不需要运行真实的高精度分析模型。算法 5.2 给出了获取更新高精度样本点集预测精度提高水平 $\mathrm{PIL_h}$ 的详细算法。

步骤 10.3：比较更新高精度样本点集的预测精度提高水平 $\mathrm{PIL_h}$ 和更新低精度样本点集的预测精度提高水平 $\mathrm{PIL_l}$，判断在此次序贯过程中更新低精度样本点集

算法 5.2　获取更新高精度样本点集的预测精度提高水平 $\mathrm{PIL_h}$

输入： 当前样本点集 X^{l} 和 X^{h}，输出响应 Y^{l} 和 Y^{h}，当前变可信度近似模型的预测平均均方误差 e_{o}，测试样本点集 X^{s}。

输出： 更新高精度样本点集的预测精度提高水平 $\mathrm{PIL_h}$。

开始
　　x^{h} ←获取潜在的高精度样本点
　　X^{h} ←将潜在高精度样本点 x^{h} 添加至 X^{h} 更新高精度样本点集
　　$\hat{\delta}(x^{\mathrm{h}})$ ←预测 x^{h} 处高精度分析模型与低精度分析模型的差值
　　y_{vf} ←更新变可信度近似模型
　　e_{o} ←计算更新后的变可信度近似模型的预测平均均方误差 e_{o}
　　$\mathrm{PIL_h}$ ←计算更新高精度样本点集的预测精度提高水平
停止

还是高精度样本点集。如果 $\mathrm{PIL_l} > \mathrm{PIL_h}$，表明在此次序贯过程中更新低精度样本点集将更有利于提高变可信度近似模型的精度。因此，在该次序贯过程中获取 q 个潜在的低精度样本点处的真实值，并用于更新变可信度近似模型。否则，将选择更新高精度样本点集。

步骤 11：当满足收敛准则时，输出最终获得的变可信度近似模型。

5.2.2　数值算例及讨论

1. 一维数值算例

本节选用一维数值算例[4]详细展示所提出的 S-VFM 方法的求解步骤。测试函数表达式如下：

$$
\begin{aligned}
&f^{\mathrm{h}}(x) = -\sin x - \exp(x/100) + 10 \\
&f^{\mathrm{l}}(x) = -\sin x - \exp(x/100) + 10.3 + 0.03(x-0.3) \\
&0 < x < 10
\end{aligned} \tag{5.30}
$$

其中，$f^{\mathrm{h}}(x)$ 为高精度分析模型；$f^{\mathrm{l}}(x)$ 为低精度分析模型。

真实的高精度分析模型和低精度分析模型如图 5.12 所示。

虽然该例中高/低精度分析模型可以显式表达，但在变可信度近似建模过程中，我们仅仅需要利用该表达式获取给定样本点下的高/低精度分析模型的输出响应。所以，高/低精度分析模型之间的关系仍然非先验。在该算例中，假设总资源预算为 10 个高精度样本点的计算量，用 10H 表示。初始资源预算为 5 个高精度样本点的计算量，用 5H 表示。高精度分析模型的计算成本是低精度分析模型的

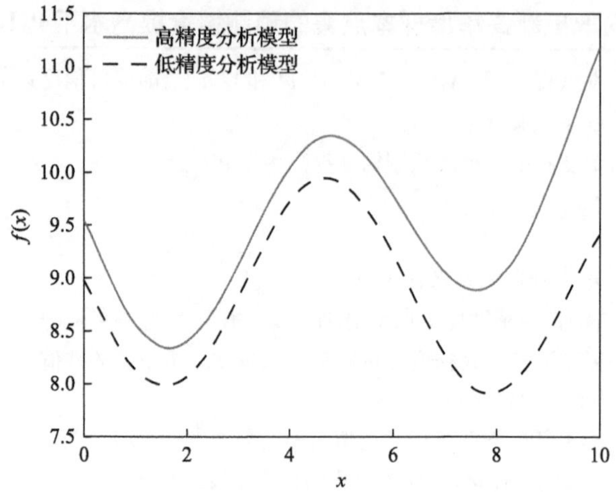

图 5.12 真实高精度分析模型和低精度分析模型图

计算成本的 4 倍，即$q=4$。在给定总资源预算 10H 计算量下，可以将资源分配成任意高/低精度样本点组合，如(5H|20L)(5 个高精度样本点和 20 个低精度样本点)，或两种极端的情况：资源仅分配给高精度分析模型(10H|0L)或低精度分析模型(0H|40L)。为了计算评价指标 MAE 和 RMSE，在设计空间内随机生成 500 个样本点作为验证点。

作为参考，表 5.6 列出了两种极端情况下的评价指标。此外，直接利用低精度分析模型预测高精度分析模型的评价指标 MAE 和 RMSE 的中位数也总结于表 5.6 中。从表 5.6 中可以看出，40 个低精度样本点能够非常精确地拟合低精度分析模型。

表 5.6 一维算例中三种参考情况下的评价指标

指标	10H|0L	0H|40L	直接利用低精度分析模型
MAE	0.0037	1.7700	1.7700
RMSE	0.0012	0.7881	0.7881

在给定的初始计算量 5H 下，考虑两种初始方案，如表 5.7 所示。其中，在方案 1 中，将初始计算量预算 5H 分配成 4 个高精度样本点和 4 个低精度样本点组合(4H|4L)；在方案 2 中，将初始计算量 5H 分配成 3 个高精度样本点和 8 个低精度样本点组合(3H|8L)。

图 5.13 显示的是序贯高可信度近似建模(sequential high-fidelity modeling, S-HFM)和 S-VFM 方法两种序贯变可信度近似建模方法在方案 1 下获得的变可信度近似建模结果。表 5.8 总结了评价指标 MAE 和 RMSE 以及总资源预算向高/低精度分析模型的最终分配情况。

表 5.7　5H 初始样本点预算下的两种不同方案

计算资源配置	方案 1	方案 2
总资源预算	10H	10H
高精度分析模型与低精度分析模型成本比率 q	4	4
初始资源预算	5H	5H
初始高/低精度分析模型组合	4H|4L	3H|8L

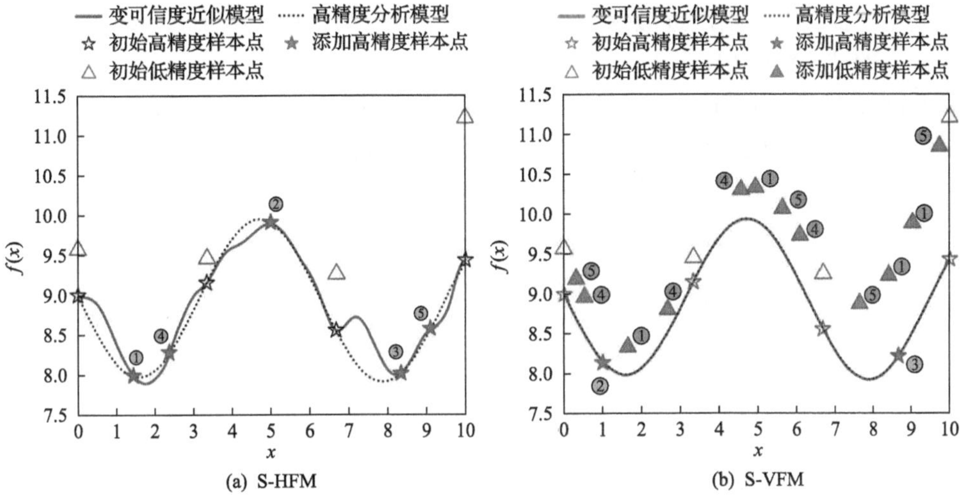

图 5.13　S-HFM 和 S-VFM 在方案 1 下获得的变可信度近似建模结果

表 5.8　S-HFM 和 S-VFM 方法在一维数值算例中的比较结果

评价指标	方案 1		方案 2	
	S-HFM	S-VFM	S-HFM	S-VFM
最终的高/低精度样本点组合	9H|4L	6H|16L	8H|8L	6H|16L
MAE	0.6266	3.84×10^{-6}	0.0500	1.39×10^{-5}
RMSE	0.2032	2.03×10^{-6}	0.0231	4.78×10^{-6}

在图 5.13 中，实线表示最终构建的变可信度近似模型，虚线表示实际的高精度分析模型，初始低精度样本点和初始高精度样本点分别由空心三角形和空心五角星表示。新添加的低精度样本点由实心三角形表示，添加的顺序在三角形旁用数字予以标记。新添加的高精度样本点由实心五角星表示，添加的顺序在五角星旁用数字予以标记。由图 5.13(a) 可以看出，在 S-HFM 方法中，5 个高精度样本点序贯添加在设计空间内更新变可信度近似模型，最终高/低精度样本点组合为 (9H|4L)。虽然，S-HFM 方法获得的变可信度近似模型能够捕捉到高精度分析模

型的整体趋势，然而，在某些设计变量区域内存在较大的预测误差。相反，由图 5.13(b)可以得出，本节提出的 S-VFM 方法最终的高/低精度样本点的组合为(6H|16L)，获得的变可信度近似模型与实际的高精度分析模型基本重合。这归因于 S-VFM 方法考虑了高/低精度分析模型的成本比率，以更新高/低精度样本点集的预测精度提高水平，自适应向高/低精度分析模型分配总资源预算。从图 5.13(b)还可以得出，S-VFM 方法在第 2 次和第 3 次迭代过程中添加了高精度样本点，这表明在第 2 次迭代和第 3 次迭代过程中，更新高精度样本点集比更新低精度样本点集更能提高变可信度近似模型的预测精度。这与第 1 次、第 4 次和第 5 次迭代过程中的结论恰好相反。

图 5.14 给出了迭代过程中更新高/低精度样本点的预测精度提高水平。由图 5.14 可以得出，更新高精度样本点集的预测精度提高水平在第 2 次和第 3 次迭代过程中要高于更新低精度样本点集的预测精度提高水平。

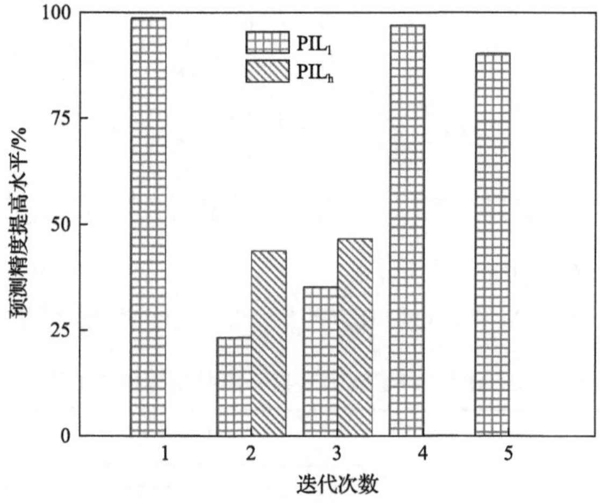

图 5.14　S-VFM 方法在方案 1 建模过程中的预测精度提高水平

图 5.15(a)和图 5.15(b)所示为 S-HFM 和 S-VFM 两种方法在方案 2 下获得的变可信度近似建模结果。由图 5.15(a)可知，初始高/低精度样本点组合为(3H|8L)，S-HFM 方法序贯添加了 5 个高精度样本点更新变可信度近似模型，最终的高/低精度样本点组合为(8H|8L)。该结果与方案 1 中获得的高/低精度样本点组合(9H|4L)不一致。由图 5.15(b)可知，S-VFM 方法构建的变可信度近似模型在整个设计空间内都能精确地拟合高精度分析模型，这个结论也可以从表 5.6 的评价指标 MAE 和 RMSE 中得出。对于方案 2，S-VFM 方法获得的最终高/低精度样本点组合与在方案 1 中获得的最终高/低精度样本点组合一致，均为(6H|16L)。在方案 2 中，初始高精度样本点数量(3H)小于方案 1 中的初始高精度样本点数量(4H)，在序贯更新变可信度近似模型的过程中，S-VFM 方法在第 1 次、第 2 次和第 4 次迭代中序贯

添加 3 个高精度样本点。在第 3 次和第 5 次迭代中，S-VFM 方法更新了低精度样本点集，表明在这两次迭代中，更新低精度样本点集更利于提高变可信度近似模型的预测精度。图 5.16 展示了序贯变可信度近似建模过程中更新高/低精度样本点的预测精度提高水平。比较图 5.13(a)和图 5.15(a)可以得出，高/低精度样本点组合对变可信度近似模型的精度有着重要的影响。此外，S-HFM 方法在方案 2 中的预测精度要明显高于情况 1 中的精度。这是因为，方案 2 中 S-HFM 方法最终获得的高/低精度样本点组合为(8H|8L)，该样本点组合结果与 S-VFM 方法获得的样本点组合(6H|16L)更加接近。

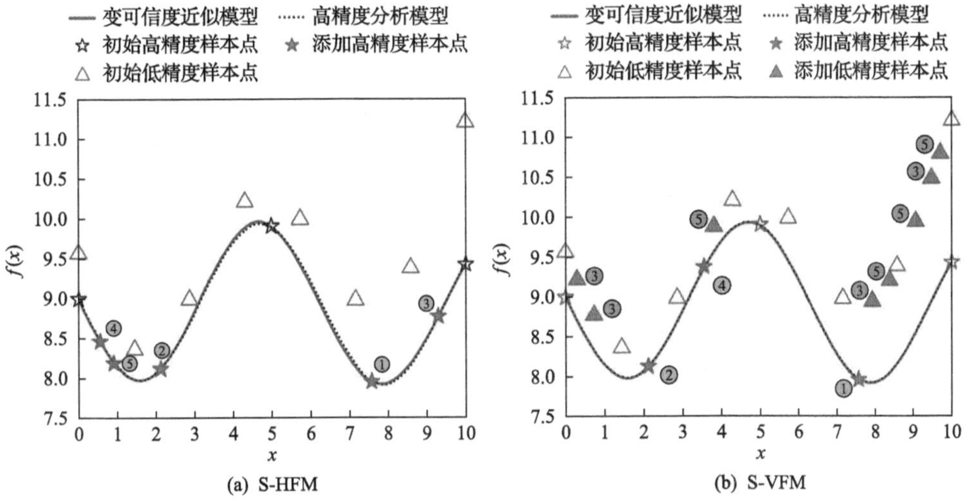

图 5.15　S-HFM 和 S-VFM 在方案 2 下获得的变可信度近似建模结果

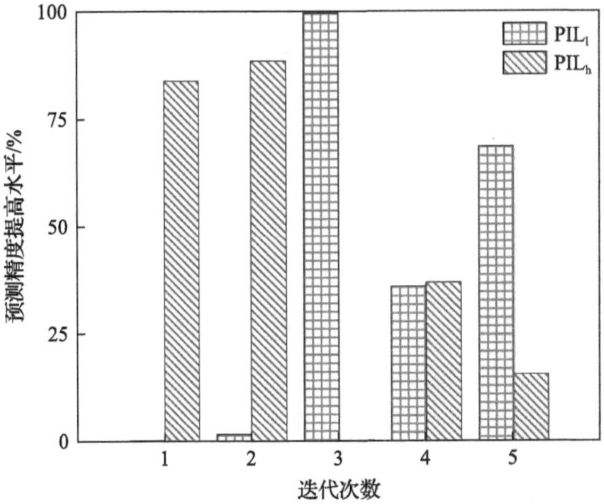

图 5.16　S-VFM 方法在方案 2 建模过程中的预测精度提高水平

2. 井眼模型

本节将所提出的 S-VFM 方法应用于井眼模型的流量预测中。在井眼模型中，通过渗透两个含水层的井眼来模拟水流。假定没有地下水梯度，同时，从上层含水层到钻孔和从井下到下层含水层为稳态流动，通过井眼的流量$(\mathrm{m}^3/\mathrm{a})$可由式(5.31)进行计算：

$$f^{\mathrm{h}}=\frac{2\pi T_{\mathrm{u}}(H_{\mathrm{u}}-H_{\mathrm{l}})}{\ln(R/R_{\mathrm{w}})(1+2LT_{\mathrm{u}}/(\ln(R/R_{\mathrm{w}})R_{\mathrm{w}}^2K_{\mathrm{w}})+T_{\mathrm{u}}/T_{\mathrm{l}})} \tag{5.31}$$

参数的意义和取值如表 5.9 所示。

表 5.9　输入变量范围和环境参数取值

变量和环境参数	取值范围或取值
井眼的半径 R_{w}/m	0.05～0.15
井眼的长度 L/m	1120～1680
井眼的水力传导率 K_{w}/(m/a)	9855～12045
半径的影响 R/m	25050
上含水层的透射率 $T_{\mathrm{w}}/(\mathrm{m}^2/\mathrm{a})$	89335
上含水层电位头 H_{u}/m	1050
下含水层的透射率 $T_{\mathrm{l}}/(\mathrm{m}^2/\mathrm{a})$	89.55
下含水层的电位头 H_{l}/m	760

将式(5.31)中的井眼流量计算模型作为高精度分析模型，选取 Xiong 等[5]给出的井眼流量计算模型为对应的低精度分析模型：

$$f^{\mathrm{l}}=\frac{5\pi T_{\mathrm{u}}(H_{\mathrm{u}}-H_{\mathrm{l}})}{\ln(R/R_{\mathrm{w}})[1.5+2LT_{\mathrm{u}}/(\ln(R/R_{\mathrm{w}})R_{\mathrm{w}}{}^2K_{\mathrm{w}})+T_{\mathrm{u}}/T_{\mathrm{l}}]} \tag{5.32}$$

对于该例，假设总资源预算为 40 个高精度样本点的计算量，用 40H 表示。初始资源预算为 12 个高精度样本点的计算量，用 12H 表示。高精度分析模型的计算成本是低精度分析模型的计算成本的 5 倍，即$q=5$。在给定总资源预算 40H 计算量下，可以将资源分配成任意高精度样本点和低精度样本点的组合，如(30H|50L)(30 个高精度样本点和 50 个低精度样本点)，或两种极端的情况：计算资源仅分配给高精度分析模型(40H|0L)或低精度分析模型(0H|200L)。为了计算评

价指标 MAE 和 RMSE，在设计空间内随机生成 1000 个样本点作为验证点。

作为参考，表 5.10 列出了两种极端情况下(资源预算仅分配给高精度分析模型(40H|0L)或低精度分析模型(0H|200L))的评价指标 MAE 和 RMSE 的中位数。此外，直接利用低精度分析模型预测高精度分析模型的评价指标 MAE 和 RMSE 的中位数也总结在表 5.10 中。从表 5.10 中可以看出，200 个低精度样本点能够非常精确地拟合低精度分析模型。

表 5.10　井眼模型中三种参考情况下的评价指标

指标	40H|0L	0H|200L	直接利用低精度分析模型
MAE	1.673	43.233	43.225
RMSE	0.138	18.201	18.201

对于给定的初始资源预算 12H，考虑四种不同初始高/低精度样本点组合。四种不同初始组合方案如表 5.11 所示。

表 5.11　12H 初始样本点预算下的四种不同初始组合方案

计算资源配置	方案 1	方案 2	方案 3	方案 4
总资源预算	40H	40H	40H	40H
高精度分析模型与低精度分析模型成本比率 q	5	5	5	5
初始资源预算	12H	12H	12H	12H
初始高/低精度分析模型组合	10H|10L	9H|15L	8H|20L	7H|25L

考虑 GA 和优化拉丁超立方试验设计的随机性，S-HFM 和 S-VFM 方法在四种初始高/低精度样本点方案下分别运行 200 次，评价指标 MAE 和 RMSE 的中位数总结在表 5.12 中。

表 5.12　S-HFM 和 S-VFM 方法在井眼模型中的比较结果

指标	方案 1		方案 2		方案 3		方案 4	
	S-HFM	S-VFM	S-HFM	S-VFM	S-HFM	S-VFM	S-HFM	S-VFM
样本点组合*	38H|10L	29H|55L	37H|15L	29H|55L	36H|20L	29H|55L	35H|25L	29H|55L
MAE	1.372	0.191	1.346	0.204	1.275	0.203	1.185	0.211
RMSE	0.318	0.046	0.307	0.048	0.320	0.047	0.308	0.053

*由于 GA 和优化拉丁超立方试验设计的随机性，S-VFM 获得的样本点组合最大频率记为最终结果。

图 5.17 描绘了四种不同方案下 S-HFM 和 S-VFM 方法的评价指标 MAE 和

RMSE 的箱形图(S-HFM 在图中记为 HFM，S-VFM 在图中记为 VFM)。图 5.17 中还显示了下分位数(25%)和上分位数(75%)，底部和顶部延伸的虚线表示四分位数范围的 1.5 倍，超出此范围的数据被视为异常值，用符号“+”表示。

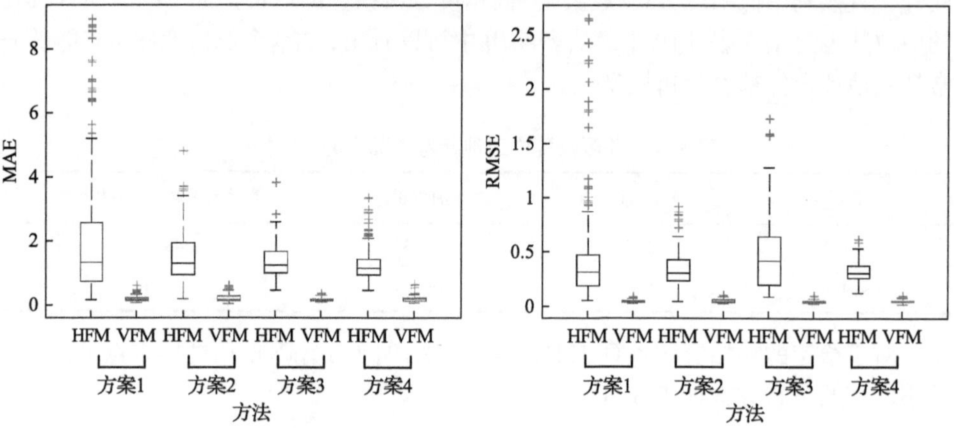

(a) MAE箱形图　　(b) RMSE箱形图

图 5.17　S-HFM 和 S-VFM 方法的评价指标 MAE 和 RMSE 箱形图

如表 5.12 和图 5.17 所示，在所有四种初始高/低精度样本点组合方案下，S-VFM 方法在评价指标 MAE 和 RMSE 方面均优于 S-HFM 方法。从表 5.10 和图 5.17 可以看出，S-VFM 方法能够集成高/低精度样本点信息，比仅使用高精度样本点信息或低精度样本点信息获得的近似模型局部和全局预测精度更好。此外，在给定的初始资源预算下，S-VFM 方法最终获得的变可信度近似模型的预测性能对初始高/低精度样本点组合并不敏感。图 5.18 给出了方案 1 的典型更新过程。

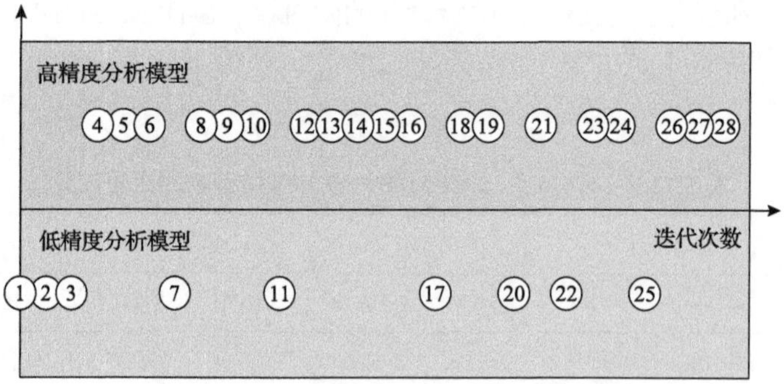

图 5.18　S-VFM 方法的变可信度近似模型更新过程

在图 5.18 中，如果数字标号在横轴上方，则意味着在当前迭代处，更新高精度样本点集获得的预测精度提高水平 PIL_h 要大于更新低精度样本点集获得的预测精度提高水平 PIL_l。由图 5.18 可以看出，在更新变可信度近似模型 28 次过程中，有 19 次更新高精度样本点集。这表明在这些迭代处，计算资源分配给高精度分析模型更有利于提高变可信度近似模型的预测精度。对于该算例，更多的计算资源被分配给高精度分析模型用以更新变可信度近似模型。

为了进一步展示 S-VFM 方法的有效性，采用优化拉丁超立方试验设计方法生成给定总资源预算下的所有高/低精度样本点组合。每种样本点组合运算 200 次。所有组合下构建的变可信度近似模型的评价指标 MAE 和 RMSE 中位数记录在图 5.19 中。如图 5.19 所示，高/低精度样本点组合对变可信度近似模型的预测性能有显著的影响。对于该例，高/低精度样本点组合在(25H|75L)和(30H|50L)之间能获得较好的结果。如图 5.19 所示，S-VFM 获得的最终高/低精度样本点组合为(29H|55L)，在图 5.19 中用矩形标记。可以看出，高/低精度样本点组合(29H|55L)落在组合(25H|75L)和组合(30H|50L)之间。比较 S-VFM 方法在样本点组合(29H|55L)处变可信度近似模型的评价指标与优化拉丁超立方试验设计方法在样本点组合(29H|55L)下建立的变可信度近似模型的评价指标，不难得出，本节所提出的 S-VFM 方法构建的变可信度近似模型的预测精度要高于优化拉丁超立方试验设计方法在样本点组合(29H|55L)下建立的变可信度近似模型。这表明本节所提出的 S-VFM 方法不仅可以提供最佳高/低精度样本点组合，而且可以确定高/低精度样本点的理想分布位置。比较图 5.19 和表 5.12 中的评价指标，可以得出，不恰当的高/低精度样本点组合的选择，可能会导致变可信度近似模型的预测性能不及单精度近似模型。

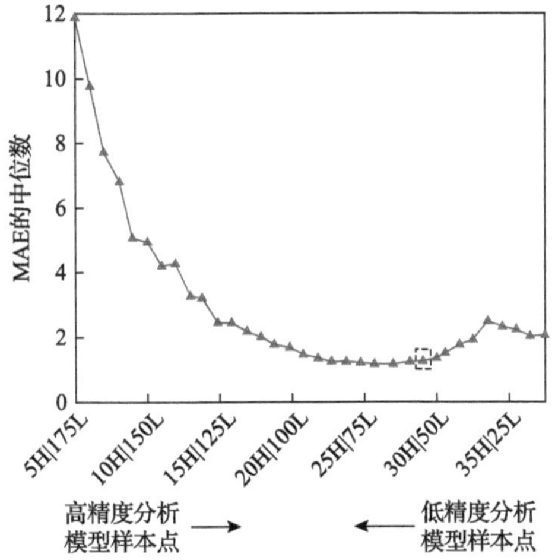

(a) MAE的中位数

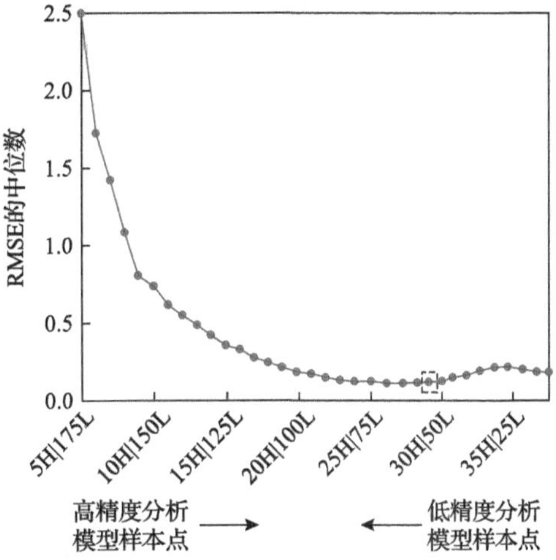

(b) RMSE的中位数

图 5.19　不同高/低精度样本点组合下变可信度近似模型评价指标

参 考 文 献

[1] Morris M D, Mitchell T J. Exploratory designs for computational experiments[J]. Journal of Statistical Planning and Inference, 1995, 43 (3) : 381-402.

[2] van Dam E R, Husslage B, Den Hertog D. One-dimensional nested maximin designs[J]. Journal of Global Optimization, 2010, 46 (2) : 287-306.

[3] Jin R C, Chen W, Sudjianto A. An efficient algorithm for constructing optimal design of computer experiments[J]. Journal of Statistical Planning and Inference, 2005, 134 (1) : 268-287.

[4] Huang D, Allen T T, Notz W I, et al. Sequential Kriging optimization using multiple-fidelity evaluations[J]. Structural and Multidisciplinary Optimization, 2006, 32 (5) : 369-382.

[5] Xiong S F, Qian P Z G, Jeff Wu C F Sequential design and analysis of high-accuracy and low-accuracy computer codes[J]. Technometrics, 2013, 55 (1) : 37-46.

第 6 章　变可信度近似模型预测不确定性量化方法

现有变可信度近似模型不确定性量化指标可以大致分为两类：第一类是依赖于额外验证点的不确定性量化指标，第二类是不依赖于额外验证点的不确定性量化指标(或依赖于现有样本点的不确定性量化指标)。采用第一类不确定性量化指标时，通常在设计空间内随机选取一定数量的验证点，通过比较变可信度近似模型的预测响应与真实响应之间的差异，达到对变可信度近似模型预测不确定性进行量化的目的。此类不确定性量化指标的性能极大地依赖于验证点的数量，在验证点较多时能得到较为稳定可靠的不确定性量化结果，验证点较少时不确定性量化结果可能存在较大波动。但是工程装备优化设计中高精度仿真分析的计算成本通常较为昂贵，得到稳定不确定性量化结果的样本点可能需要耗费大量的仿真成本，这也限制了第一类不确定性量化指标在实际工程装备优化设计中的应用。第二类不确定性量化指标仅依赖于现有样本点，通过已构建近似模型的误差信息，或者通过对现有样本点重采样构建多个“中间变可信度近似模型”进行误差计算等手段，对变可信度近似模型的预测不确定性进行量化。此类方法不需要额外进行仿真，应用范围较广。因此，在对变可信度近似模型进行不确定性量化时，研究不依赖于额外验证点的不确定性量化指标更能满足工程装备优化设计的需要。本章主要研究四种常用的不依赖于额外验证点的不确定性量化指标：自举误差、留一误差、预测均方差误差及预测模型复杂度误差。利用这四种不确定性量化指标对变可信度近似模型进行不确定性量化，通过比较它们在不同条件下不确定性量化结果与真实误差之间的贴近程度来比较各不确定性量化指标的性能。在此基础上，介绍基于组合加权平均的变可信度近似模型预测不确定性量化方法及基于置信水平的保守变可信度近似模型。

6.1　不确定性量化指标

6.1.1　自举误差

自举法首先由 Efron 等[1]提出，并广泛用于模型的参数检验[2, 3]。自举法是一种有放回的抽样方法，可分为参数化自举法和非参数化自举法。在参数化自举法中，原始数据被用于拟合特定类型的分布并估计该分布的形状参数 θ^*，然后从所拟合的分布中通过自举法进行采样并重新估计形状参数 $\hat{\theta}$，通过 θ^* 与 $\hat{\theta}$ 的差异建立关于形状参数的置信区间。对于非参数化自举法，由于无需原始数据分布的任何假设，其应用范围更加广泛。非参数化自举法通过对当前样本点集进行有放回的抽放估计，可得到不同抽样样本点组合下参数的分布情况，从而对现有样本点集中参数进行推断。

当将自举法应用于变可信度近似模型的预测不确定性量化时，通常对大小为 m 的原始样本点集 $X=\{x_1,x_2,\cdots,x_m\}$ 进行相同大小的有放回抽样，并重复 m 次，利用每次得到的建模样本点集构建“中间变可信度近似模型”，并利用原始样本点集中除建模样本点集外剩余测试样本点集对“中间变可信度近似模型”的预测精度进行评估，最后可得到 m 个“中间变可信度近似模型”的误差 $S=\{s_1,s_2,\cdots,s_m\}$。原始变可信度近似模型的不确定性可估计为

$$e_{\text{Bootstrap}}=\frac{1}{m}\sum_{i=1}^{m}s_i \tag{6.1}$$

在采样过程中，每个样本点被选取的概率均为 $1/m$，因此可能会出现进行 m 次采样后，某一样本点出现了 m 次，而另一样本点从未被选取。原始样本点集中任一样本点从未被选取的概率为 $(1-1/m)^m\approx \mathrm{e}^{-1}=0.368$，则预计出现在自举法测试样本点集中的原始样本点个数为 $0.632m$。因此，Efron[4]提出了 0.632 自举法误差，该方法可表示为

$$e_{\text{Bootstrap}}^{[0.632]}=\frac{1}{m}\sum_{i=1}^{m}(0.632\varepsilon_i^0+0.328\text{acc}_i) \tag{6.2}$$

其中，ε_i^0 是第 i 个样本点处所估计的自举误差；acc_i 是在整个数据集下所建立的模型在该样本点处的误差。

由于 HK 模型仍属于高斯类近似模型，即建模过程是对原始样本点进行插值，因此在样本点处误差 acc_i 为 0，那么 0.632 自举误差可重新写为

$$e_{\text{Bootstrap}}^{[0.632]}=\frac{1}{m}\sum_{i=1}^{m}0.632\varepsilon_i^0 \tag{6.3}$$

当所构建的近似模型存在过拟合时，0.632 自举误差可能会存在低估模型实际误差的情况，因为 $\text{acc}_i=0$ 仍存在于这种情况下。为了克服该缺点，0.632 自举误差被提出，具体可参照文献[5]。本节中 0.632 自举误差被用作对变可信度近似模型的不确定性量化指标。

需要说明的是，在利用自举法进行重抽样的过程中，建模样本点集中可能出现重复的样本点，这会导致改进的 HK 模型建模失败。按照 Efron[6]所提出的解决方法，需要在建模样本点集中添加随机噪声。本章测试过程中，如果得到重复的

样本点，将对样本点中每一个设计变量分别进行归一化，并人为添加大小为 0～10^{-6} 的随机噪声。样本点归一化过程使用了 MATLAB 中的 mapminmax 函数。

6.1.2　留一误差

交叉验证方法首先于 1931 年提出[7]，并由 Stone[8]进一步完善。交叉验证将原始样本点集 $S=\{X,Y\}$ 分为训练点 $S_{\mathrm{t}}=\{X_{\mathrm{t}},Y_{\mathrm{t}}\}$ 和验证点 $S_{\mathrm{v}}=\{X_{\mathrm{v}},Y_{\mathrm{v}}\}$ 两部分，其中训练点用于构建"中间变可信度近似模型"，验证点用于评估所构建模型的精度。k 折叠交叉验证将大小为 m 的原始样本点集 $S=\{(x_1,y_1),(x_2,y_2),\cdots,(x_m,y_m)\}$ 分成 k 部分 $S=\{s_1,s_2,\cdots,s_i,\cdots,s_k\}$，每个子集 s_i 的大小为 $n=m/k$。在验证过程中，轮流选取一个子集 $s_i(i=1,2,\cdots,k)$ 作为验证点集，剩下的 $k-1$ 个子集作为训练点集构建"中间变可信度近似模型" $\hat{f}_{-i}$，然后利用 $\hat{f}_{-i}$ 预测验证点集 s_i 中各点的响应，并与真实值进行比较计算误差。这样重复 k 次后，该近似模型的 k 折叠交叉验证误差可写为

$$e_{\mathrm{cv}}=\frac{1}{k}\sum_{i=1}^{k}\frac{1}{n}\sum_{j\in s_i}F(y_j,\hat{f}_{-i}(x_j)) \tag{6.4}$$

其中，$\hat{f}_{-i}(x_j)$ 为利用所有样本点除了第 i 个子集所构建"中间变可信度近似模型"的预测响应；$F(\cdot)$ 为"中间变可信度近似模型"的预测响应与该点真实响应的差值的绝对值。

交叉验证是一种有偏误差估计方法，其偏置的大小随着折叠次数 k 的增大而逐渐减小[9]。Meckesheimer 等[10]和 Rodriguez 等[11]也研究了针对不同模型和不同问题的 k 值选取方式。

留一法属于一种特殊类型的 k 折叠交叉验证，留一法中 k 的大小与样本点数量相同，即 $k=m$。算法 6.1 给出了留一误差的计算。

算法 6.1　留一误差的计算

输入： 样本点集 $S=\{(x_1,y_1),(x_2,y_2),\cdots,(x_m,y_m)\}$ 及指定类型的近似模型 f

输出： 模型 f 的留一误差 e_{LOO}。

```
开始
    i = 1
    当 i < m 时
        S_t = {(x_1,y_1),…,(x_{i-1},y_{i-1}),(x_{i+1},y_{i+1}),…,(x_m,y_m)}  ←构建训练样本点集
        S_v = {(x_i,y_i)}  ←构建验证样本点集
        f̂_{-i}(x_i)  ←利用训练样本点集构建变可信度近似模型，并预测在样本点 x_i 处
```

　　的响应

　　$F(y_i, \hat{f}_{-i}(x_i))$ ←计算预测响应与真实响应之间的差别

　　$i = i + 1$

结束循环

$e_{\text{LOO}} = \dfrac{1}{m}\sum_{i=1}^{m} F(y_i, \hat{f}_{-i}(x_i))$ ←计算变可信度近似模型的留一误差

停止

相比于一般的 k 折叠交叉验证，留一误差 e_{LOO} 可对变可信度近似模型误差提供一个接近于无偏的估计，但是其预测结果的方差将会较大。此外，留一误差的另一个问题是其性能容易受到个别误差非常大的点的影响。因此，平均逐点交叉验证误差比(mean pointwise cross-validation error ratio，PRESS-ratio)指标被提出来缓解这个问题，这个指标在样本点 x_i 处的公式可写为

$$\sigma_{\text{PRESS-ratio}}^{i} = \frac{1}{m}\sum_{i=1}^{m}\left|\frac{\hat{f}_{-i}(x_i) - y_i}{\hat{f}_{-i}(x_i)}\right| \tag{6.5}$$

式(6.5)将各点处的留一误差通过该点处的预测响应进行了调整，不同样本点处的误差大小调整到了相匹配的水平，并提升了误差较小的样本点对最终计算结果的影响程度。但由于此误差指标不能表示模型的真实误差，因此仍使用算法 6.1 对变可信度近似模型的不确定性进行量化。

6.1.3　预测均方误差

对于 Kriging 或 PRS 模型，当预测未知点处的响应时，可同时提供该点处的预测方差(prediction variance，PV)。较大的 PV 表示近似模型的响应在该点处具有较大的不确定性。预测方差属于模型局部误差测量手段，且与其相关的预测均方误差(MSE)和变可信度近似模型的预测响应具有相同的物理含义，因此高斯类变可信度近似模型在不同点处的预测 MSE 也可用作变可信度近似模型的不确定性量化指标。在高斯类变可信度近似模型中，任意两点间的预测方差并不相互独立，它们之间的相关性随着两点之间距离的增加而不断减小。此外，一个点越靠近现有样本点，则该点处的预测方差越小，在样本点处方差为 0。Kriging 模型拟合一个一维函数结果及其相应预测 MSE 如图 6.1 所示。图 6.1(a)中实线表示真实模型，虚线表示 Kriging 模型，阴影区域表示 Kriging 模型的预测不确定性区域，即代表真实响应可能出现的区域。由于样本点数量的限制，Kriging 模型与真实模型之间存在较大的误差。Kriging 模型预测 MSE 与真实误差的对比如图 6.1(b)所

示。可以看出，虽然预测 MSE 与真实误差之间有一定的差别，但其仍能反映真实误差的变化趋势和误差较大的点的大致位置。这一特点使预测 MSE 能快速评估所构建 Kriging 模型的质量，并预测不同点处误差的大小，这在模型选择和模型改进方面具有重要作用。

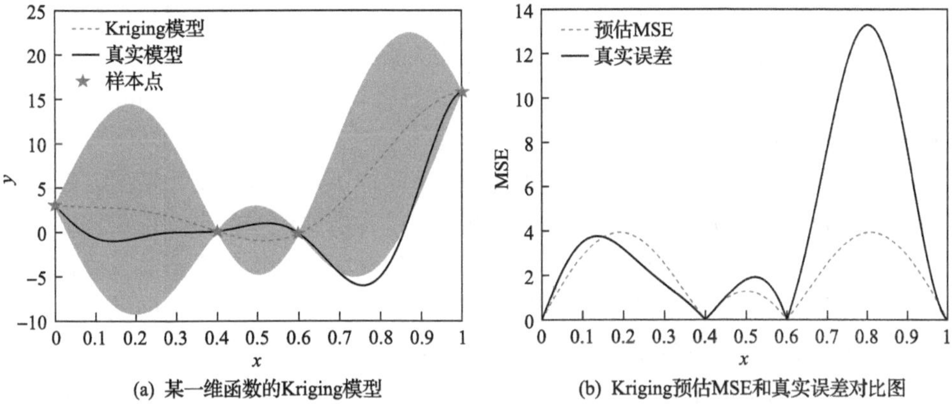

图 6.1　Kriging 模型预测 MSE 示意图

取一系列均匀分布在设计空间内不同点处预测 MSE 的平均值可反映模型的整体误差大小，因此可用作对变可信度近似模型的预测不确定性量化指标，用数学公式表示为

$$e_{\mathrm{MSE}}=\frac{1}{n}\sum_{i=1}^{n}\hat{\sigma}^2(x_i) \tag{6.6}$$

其中，x_i 表示在设计空间内随机生成大小为 n 的点集 $X=\{x_1,x_2,\cdots,x_n\}$ 中第 i 个点；$\hat{\sigma}^2(x_i)$ 表示在点 x_i 处的预测方差；e_{MSE} 值越小，代表模型的精度越高。

当样本点集大小 n 足够大时，这个误差等价于利用蒙特卡罗法积分得到的 MSE[12,13]。本节利用式(6.6)对变可信度近似模型不确定性进行量化。

6.1.4　预测模型复杂度误差

预测模型复杂度误差是由 Mehmani 等[14]提出的一种基于样本点再采样的变可信度近似模型误差估计方法。该方法通过计算不同密度的小样本点集下变可信度近似模型的误差从而推断基于所有样本点(大样本点集)下所构建变可信度近似模型的误差。该方法计算过程大致分为以下几个步骤：①将原始样本点集分为训练点集和验证点集，确定不同密度的小样本点集个数及该样本密度下重复采样次数。然后通过自举法获得多个具有不同样本点密度的训练点集。②利用所获得的训练点集构建“中间变可信度近似模型”，并通过验证点集计算所构建“中间变可信度近似模型”的误差。将同一样本点密度下多次计算得到所有误差的中位数作为该密度下“中间变可信度近似模型”的误差。③利用 χ^2 最优分布判断误差对样本点密度的分布形式。④利用所有样本点建立最终变可信度近似模型，并判断模型误差随样本点密度的变化是否满足单调趋势(monotonic trend，MT)准则，若满足，则利用指数回归模型或者乘法回归模型预测所有样本点下变可信度近似模型误差；否则，利用 k 折叠交叉验证方法预测模型误差(predictive estimation of model fidelity based k-fold cross validation，PEMF)。

该方法建立了变可信度近似模型误差随不同样本点密度的变化情况，能较好地估计变可信度近似模型在所有样本点下的误差。需要说明的是，由于该方法需要选取不同数量的样本点构建中间变可信度近似模型，而构建高斯类变可信度近似模型有最小数量样本点的限制，因此在问题维度较低特别是一维问题中，该方法所需要的最少样本点数量可能相对较多。但如果利用大量样本点对变可信度近似模型进行不确定性量化，模型的真实误差将会很小甚至接近于 0，这种情况将不利于不同误差性能的对比，因此不确定性量化指标仅应用于设计变量个数大于 1 的问题中。

6.2　四种不确定性量化指标性能比较

本节选用八个测试函数及一个压力容器设计问题来测试以上四种不确定性量化指标的性能。下面首先描述测试函数及测试流程，然后对各不确定性量化指标在不同影响因素下的性能结果进行分析，最后对测试结果进行总结。

6.2.1　算例描述及测试流程

1. 算例描述

本节选用八个具有不同特点的测试函数来测试四种不确定性量化指标的性能，这八个测试函数均为文献[15]～[18]中的基准测试函数。对这八个测试函数特点的描述总结如表 6.1 所示，其中主要分类依据为测试函数的问题维度及非线性程度。测试函数 1～8 的表达式见式(6.7)～式(6.14)。

(1)测试函数 1(P1)：

$$
\begin{aligned}
&f^{\mathrm{l}} = -\sin x - \mathrm{e}^{x/100} + 10.3 + 0.03\times(x-3)^2 \\
&f^{\mathrm{h}} = -\sin x - \mathrm{e}^{x/100} + 10 \\
&x \in [0,10]
\end{aligned}
\tag{6.7}
$$

表 6.1　八个测试函数特点描述

测试函数	问题维度	非线性程度
测试函数 1	低维 ($d=1$)	低
测试函数 2	低维 ($d=1$)	高
测试函数 3	低维 ($d=2$)	低
测试函数 4	低维 ($d=2$)	高
测试函数 5	高维 ($d=4$)	低
测试函数 6	高维 ($d=6$)	高
测试函数 7	高维 ($d=8$)	低
测试函数 8	高维 ($d=10$)	高

(2) 测试函数 2 (P2)：

$$\begin{aligned} &f^{\mathrm{l}} = 0.5\times\sin(12x-4)\times(6x-2)^2+10\times(x-0.5)+5 \\ &f^{\mathrm{h}} = \sin(12x-4)\times(6x-2)^2 \\ &x\in[0,1] \end{aligned} \tag{6.8}$$

(3) 测试函数 3 (P3)：

$$\begin{aligned} f^{\mathrm{l}} &= 4\times(0.7x_1)^2-2.1\times(0.7x_1)^4+(0.7x_1)^6/3 \\ &\quad +(0.7x_1x_2)-4\times(0.7x_2)^2+4\times(0.7x_2)^4 \\ f^{\mathrm{h}} &= 4x_1^2-2.1x_1^4+x_1^6/3+x_1x_2-4x_2^2+4x_2^4 \\ x_1&,x_2\in[-2,2] \end{aligned} \tag{6.9}$$

(4) 测试函数 4 (P4)：

$$\begin{aligned} &y_{\mathrm{l}} = [(0.5x_1)^2+0.8x_2-11]^2+[(0.8x_2)^2+0.5x_1-7]^2+x_2^3-(x_1+1)^2 \\ &y_{\mathrm{h}} = (x_1^2+x_2-11)^2+(x_2^2+x_1-7)^2 \\ &x_1,x_2\in[-3,3] \end{aligned} \tag{6.10}$$

(5) 测试函数 5 (P5)：

$$\begin{aligned} &y_{\mathrm{l}} = (x_1-1)^2+2\times(2x_2^2-0.75x_1)^2+3\times(3x_3^2-0.75x_2)^2+4\times(4x_4^2-0.75x_3)^2 \\ &y_{\mathrm{h}} = (x_1-1)^2+2\times(2x_2^2-x_1)^2+3\times(3x_3^2-x_2)^2+4\times(4x_4^2-x_3)^2 \\ &x_1,x_2,x_3,x_4\in[-10,10] \end{aligned} \tag{6.11}$$

(6) 测试函数 6 (P6)：

$$f(x_1,x_2,\cdots,x_6) = -\sum_{i=1}^{4}c_i\exp\left(-\sum_{j=1}^{6}a_{ij}(x_j-p_{ij})^2\right),\quad x_j\in[0,1]$$

$$C^{\mathrm{T}}=[c_i]=[1\quad 1.2\quad 3\quad 3.2]^{\mathrm{T}},\quad A=[a_{ij}]=\begin{bmatrix}10 & 3 & 17 & 3.05 & 1.7 & 8\\ 0.05 & 10 & 17 & 0.1 & 8 & 4\\ 3 & 3.5 & 1.7 & 10 & 17 & 8\\ 17 & 8 & 0.05 & 10 & 0.1 & 14\end{bmatrix}$$

$$P=[p_{ij}]=\begin{bmatrix}0.1312 & 0.1696 & 0.5569 & 0.0124 & 0.8283 & 0.5886\\ 0.2329 & 0.4139 & 0.8307 & 0.3736 & 0.1004 & 0.9991\\ 0.2348 & 0.1451 & 0.3522 & 0.2883 & 0.3047 & 0.6650\\ 0.4047 & 0.8828 & 0.8732 & 0.5743 & 0.1091 & 0.0381\end{bmatrix}$$

$$[C^1]^{\mathrm{T}}=[c_i^1]=[1.1\quad 0.8\quad 2.5\quad 3]^{\mathrm{T}},\quad L^{\mathrm{T}}=[l_j]=[0.75\quad 1\quad 0.8\quad 1.3\quad 0.7\quad 1.1]^{\mathrm{T}}$$

$$y_1=-\sum_{i=1}^{4}c_i^1\exp\left(-\sum_{j=1}^{6}a_{ij}(l_jx_j-p_{ij})^2\right)$$

$$y_{\mathrm{h}}=f(x_1,x_2,\cdots,x_6),\quad x_j\in[0,1] \tag{6.12}$$

(7)测试函数 7(P7)：

$$\begin{aligned}&y_{\mathrm{h}}=\frac{2\pi x_3(x_4-x_6)}{\ln(x_2/x_1)[1+2x_3x_7/(\ln(x_2/x_1)x_1^2x_8)+x_3/x_5]}\\&y_1=0.4y_{\mathrm{h}}(x)+0.07x_1^2x_8+x_1x_7/x_3+x_1x_6/x_2+x_1^2x_4\\&x_1\in[0.05,0.15],\quad x_2\in[100,50000]\\&x_3\in[63070,115600],\quad x_4\in[990,1110]\\&x_5\in[63.1,116],\quad x_6\in[700,820]\\&x_7\in[1120,1680],\quad x_8\in[9855,12045]\end{aligned} \tag{6.13}$$

(8)测试函数 8(P8)：

$$\begin{aligned}&y_1=\sum_{i=1}^{10}x_i^3+(\sum_{i=1}^{10}2ix_i)^2+(\sum_{i=1}^{10}3ix_i)^4\\&y_{\mathrm{h}}=\sum_{i=1}^{10}x_i^2+(\sum_{i=1}^{10}0.5ix_i)^2+(\sum_{i=1}^{10}0.5ix_i)^4\\&x_i\in[-5,10],\quad i=1,2,\cdots,10\end{aligned} \tag{6.14}$$

测试函数 9 为文献[17]中一个工程设计实例，对象为装载天然气的圆柱形压力容器，如图 6.2 所示，设计的目标为在满足设计约束的前提下，尽量减少总制造材料的消耗。此问题中总共有五个设计变量[18,19]：主体内半径 r_2、主体厚度 t_2、

末端内半径 r_1、末端厚度 t_1 及末端高度 h_1。每个设计变量的取值范围在表 6.2 中给出。为了加强压力容器末端的强度，从容器末端到主体部分的厚度是逐渐减小的。压力容器总长度为 6000mm，外直径为 406mm，其他形状参数已在图 6.2 中给出。用于制造压力容器材料的弹性模量及泊松比分别为 $E = 207\text{GPa}$、$\mu = 0.3$。压力容器受到均匀分布的载荷 $P = 23\text{MPa}$。除五个设计变量外，其余参数在优化过程中均保持不变。

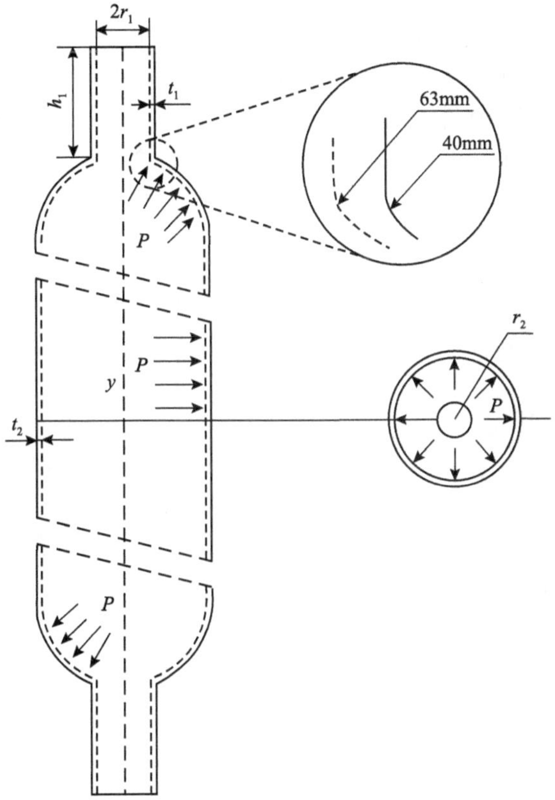

图 6.2　压力容器示意图

表 6.2　压力容器工程实例设计变量的取值范围

设计变量	范围/mm
主体内半径 r_2	165～205
主体厚度 t_2	13～23
末端内半径 r_1	40～50
末端厚度 t_1	19～27
末端高度 h_1	280～320

优化问题有两个设计约束：最大应力不得超过许用应力，压力容器的体积不得小于 0.63m^3。因此，优化问题可描述为

$$
\begin{aligned}
&\min\ f(r_1,r_2,t_1,t_2,h_1)\\
&\text{s.t.}\ \ \sigma_s \leqslant 250\text{MPa}\\
&\qquad V \geqslant 0.63\text{m}^3
\end{aligned}
\tag{6.15}
$$

其中，f 为所需制造材料的体积；σ_s 为最大应力；V 为压力容器内腔的体积。

上述优化问题中，最大应力 σ_s 并不能由一个显式的公式直接计算，因此变可信度近似模型可用来近似反映设计变量和最大应力之间的关系。本节中用 Ansys Mechanical APDL 17.0 软件仿真求解压力容器的最大应力，用 MATLAB 2013b 改变源文件中设计变量的值和重复调用仿真并读取仿真结果。由于压力容器为对称机构，选用 1/4 模型进行仿真。其中，具有不同网格数量的仿真模型被分别选为高/低精度仿真模型，如图 6.3(a)和图 6.4(a)所示。其中，高精度仿真模型包含的

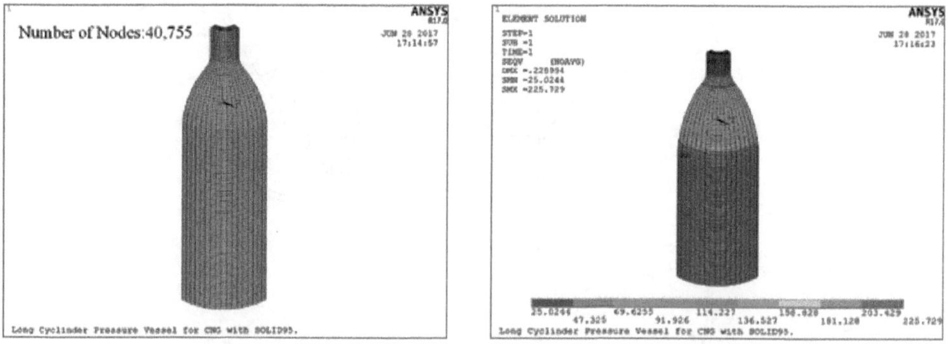

(a) 高精度仿真模型网格划分　　(b) 高精度仿真模型仿真结果

图 6.3　高精度仿真模型

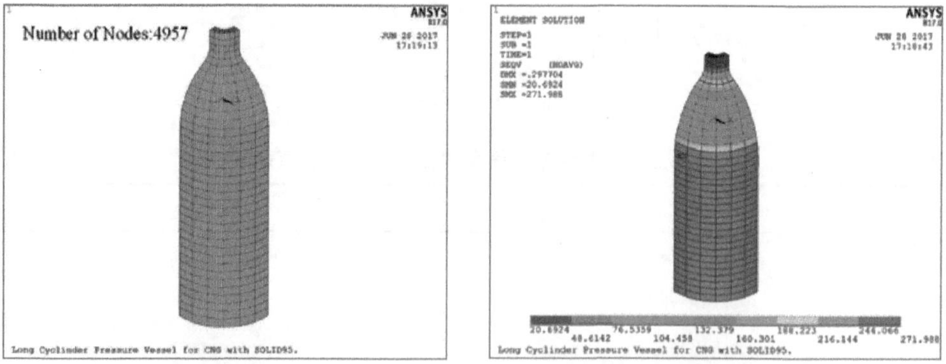

(a) 低精度仿真模型网格划分　　(b) 低精度仿真模型仿真结果

图 6.4　低精度仿真模型

节点数量约为低精度仿真模型的 10 倍。高/低精度仿真模型网格均使用六面体网格，其仿真结果分别如图 6.3(b)和图 6.4(b)所示。

2. 测试流程

利用不同误差对变可信度近似模型的预测不确定性进行量化主要分为三个步骤：①生成初始样本点；②构建变可信度近似模型；③变可信度近似模型预测不确定性量化。每个步骤详细说明如下。

步骤 1：生成初始样本点。为了构建变可信度近似模型，首先需要生成高/低精度样本点。本节中，为了使构建的变可信度近似模型具有较好的全局性能，生成的样本点需要较为均匀地分布在设计空间内，因此用拉丁超立方采样方法生成初始样本点。样本点均通过 MATLAB 2013b 中的 lhsdesign 及 maximum 函数生成，即最大化样本点之间的最小距离来保证样本点能覆盖设计空间内更大的区域。

步骤 2：构建变可信度近似模型。本节中使用的变可信度近似模型为 3.3 节中所提出的 GCK 模型，其编程实现是在 MATLAB 2013b 中基于 DACE 工具箱[20, 21]完成的。

步骤 3：量化变可信度近似模型预测不确定性并与真实误差进行比较。为了计算变可信度近似模型的真实误差，需要在设计空间内随机生成大量验证点，各验证点处误差的平均值即可代表整个变可信度近似模型的真实误差。同时，分别用四种不确定性量化指标对变可信度近似模型的预测不确定性进行估计，将计算得到的结果与真实误差进行比较以评估其性能。通过误差计算得到的预测不确定性量化结果与真实误差越接近，说明这种不确定性量化指标的性能越好。为了防止由样本点分布的不同而导致比较结果的变化，从而产生没有代表性的结论，将算例每种情况均重复 100 次，所得到 100 个结果的中间值为这种情况下变可信度近似模型的误差。工程算例中为了减少仿真成本，将这一重复次数减少到 30 次。

6.2.2 数值算例及讨论

1. 高精度样本点数量的影响分析

本节首先分析高精度样本点数量对四种不确定性量化指标(分别用 Bootstrap、LOO、MSE、PEMF 表示)性能的影响。所有算例中低精度样本点数量均设置为设计变量个数的 25 倍($N_1 = 25d$)，高精度样本点数量由少到多分别设置 7 个水平。高/低精度样本点数量设置如表 6.3 所示。需要说明的是，由于受到 PEMF 方法中建模最少样本点数量的限制，因此 P7 和 P8 两个高维算例的样本点数量与其他算例比相对较高。

在不同高精度样本点数量下，各误差指标不确定性量化结果与真实误差对比如图 6.5 所示。由图中结果可以得出以下几个结论：①当初始高精度样本点较少

表 6.3　高/低精度样本点数量设置(一)

	水平 1	水平 2	水平 3	水平 4	水平 5	水平 6	水平 7
高精度样本点数量 N_h (P1～P6 及 P9)	$6d$	$7d$	$8d$	$9d$	$10d$	$11d$	$12d$
高精度样本点数量 N_h (P7、P8)	$9d$	$10d$	$11d$	$12d$	$13d$	$14d$	$15d$
低精度样本点数量 N_l				$25d$			

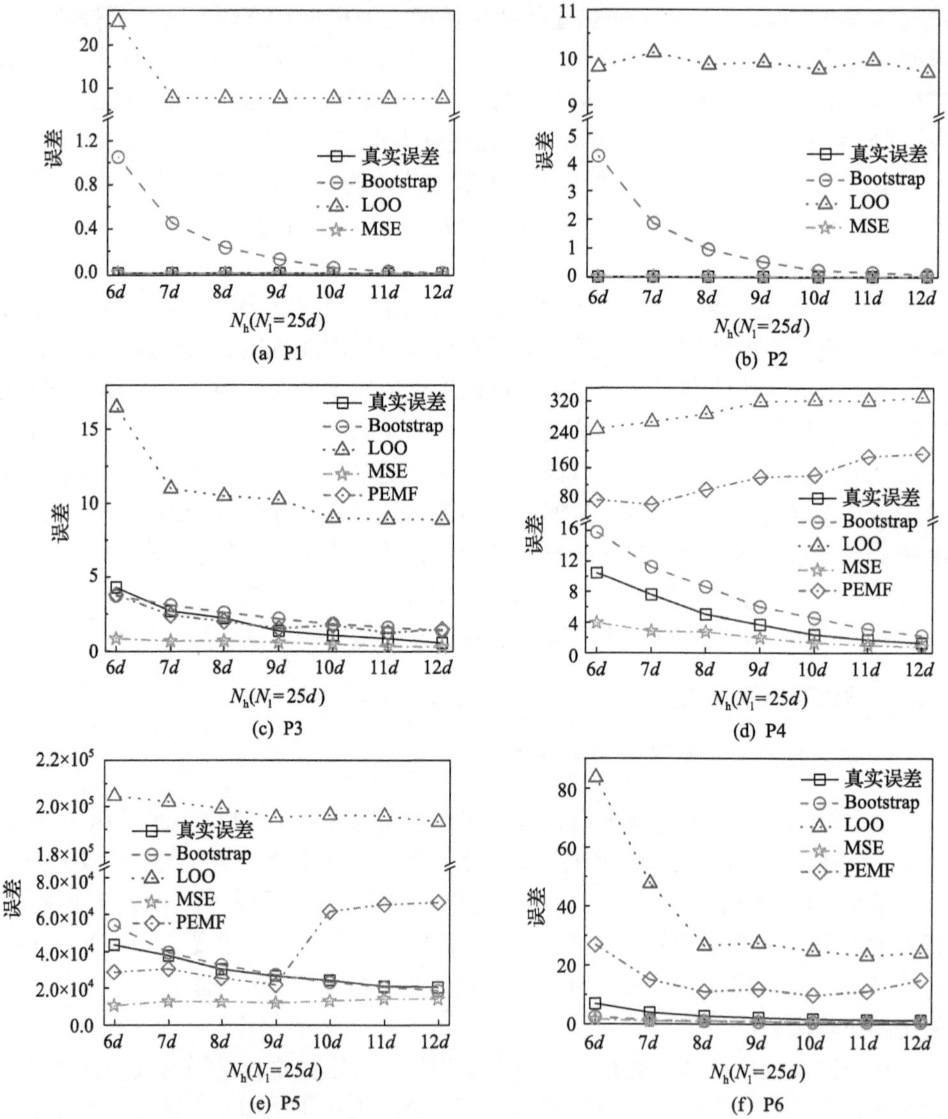

(a) P1　(b) P2

(c) P3　(d) P4

(e) P5　(f) P6

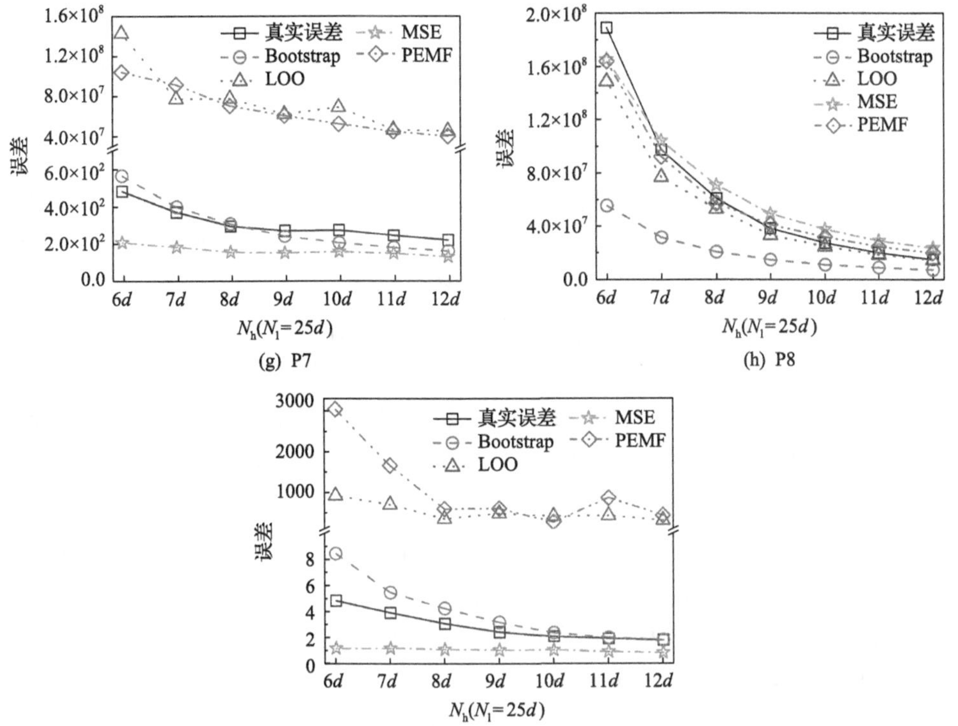

(g) P7　(h) P8　(i) P9

图 6.5　在不同高精度样本点数量下各误差结果与真实误差对比

时，变可信度近似模型的真实误差较大。随着高精度样本点数量的逐渐增多，变可信度近似模型的精度逐渐提高。当高精度样本点数量增加到一定程度时，继续增加高精度样本点数量对模型精度提升作用不明显，如图 6.5(f) 中 P6 算例结果所示。②在前四个低精度算例中，MSE 和 Bootstrap 方法的不确定性量化结果与真实误差较为接近，并且与真实误差变化趋势较为一致。Bootstrap 方法的结果基本都高于真实误差，而 MSE 均低于真实误差。LOO 方法结果始终高于真实误差，且在 P4 算例中远大于真实误差。PEMF 误差在 P3 算例中与真实误差较为接近，但在 P4 算例中同样高于真实误差，因此其性能在低精度算例中较不稳定。③在后五个高精度算例中，一般 Bootstrap 方法和 MSE 方法结果与真实误差大小和变化趋势较为接近，除了 Bootstrap 方法在 P8 算例中与真实误差大小有较大区别，变化趋势大致相同。PEMF 方法结果仅在 P8 算例中与真实误差比较接近，在其余算例中大多高于真实误差。P5 算例中高精度样本点数量增多后，其不确定性量化结果甚至变大。因此，PEMF 在高维算例下性能同样不稳定。④LOO 方法结果除了在 P8 算例中略小于真实误差，其余算例中均大于真实误差，在部分算例中甚至是真实误差的上百倍。但 LOO 方法比 PEMF 方法能更准确地反映真实误差的变化趋势，例如在 P6 算例结果中，随着高精度样本点数量的增多，LOO 方法量化结果显著降低；当高精度样本点达到一定数量后，不确定性量化计算结果保持稳定，与真实误差变化趋势相同。而 PEMF 方法不确定性量化结果仅在小范围内波动。

为了更准确地分析当高精度样本点数量变化时，各误差指标不确定性量化结果与真实误差的接近程度，本节选用双独立样本 t 检验对结果进行分析。分析结果如表 6.4 所示。其中，零假设 H_0 为不确定性量化结果与真实误差没有显著性差异，备选假设 H_1 为不确定性量化结果与真实误差存在显著性差异。显著性水平为 0.05，即如果计算得到的检验统计量 p 值小于等于 0.05，则拒绝 H_0，接受 H_1，表明该不确定性量化结果与真实误差之间存在显著性差异；反之如果 p 值大于 0.05，则接受 H_0，拒绝 H_1，表明不确定性量化结果与真实误差之间差异不明显，即该不确定性量化指标能较准确地反映真实误差的变化。p 值越大，表明该误差越准确；p 值越小，表明差异越显著。表 6.4 中 p 值大于 0.05 的结果已用黑体标出。可以看出，采用 Bootstrap 方法结果在所有算例中与真实误差(记为 True)均没有显著性差异，因此该指标在所有算例中均能较为准确地对模型不确定性进行量化。MSE 方法结果在四个低精度算例中有三个算例效果较好，五个高精度算例中仅有两个 p 值高于 0.05，因此 MSE 方法在低精度算例中能较为准确地反映变可信度近似模型的不确定性水平。LOO 方法和 PEMF 方法仅在少数算例中 p 值高于 0.05，并且 PEMF 方法能准确反映模型不确定性变化的次数更多，即 PEMF 方法性能较 LOO 方法更好。

表 6.4　不同高精度样本点数量下四种不确定性量化指标的 t 检验结果

算例	维度	Bootstrap 与 True	LOO 与 True	MSE 与 True	PEMF 与 True
P1	一维	**0.0991**	0.0065	**0.4247**	—
P2	一维	**0.0896**	1.315×10^{-12}	**0.5534**	—
P3	二维	**0.4313**	3.146×10^{-5}	0.0385	**0.7799**
P4	二维	**0.2387**	1.528×10^{-7}	**0.1050**	0.0004
P5	四维	**0.7684**	1.709×10^{-11}	0.0024	**0.1416**
P6	六维	**0.0616**	0.0068	**0.0568**	0.0014
P7	八维	**0.8336**	0.0010	0.0045	0.0003
P8	十维	**0.1241**	**0.7118**	**0.8819**	**0.9390**
P9	五维	**0.3158**	0.0009	0.0056	0.0289

2. 低精度样本点数量的影响分析

在变可信度近似建模过程中，低精度样本点数量同样会对建模精度产生影响，但其产生的影响要小于高精度样本点数量。本节主要研究低精度样本点数量对四种误差性能的影响。各算例中高/低精度样本点设置数量如表 6.5 所示，其中低精度样本点数量为高精度样本点数量的 1～5 倍。各误差指标不确定性量化结果与真实误差对比如图 6.6 所示。

由图 6.6 中结果可以看出：①当初始低精度样本点数量较少时，如与高精度样本点数量相同，在建模过程中增加低精度样本点的数量会适当提高变可信度近似模型的建模精度；但增加到一定数量，如大约为高精度样本点数量三倍（$N_l = 3N_h$）

表 6.5　高/低精度样本点数量设置(二)

	水平 1	水平 2	水平 3	水平 4	水平 5
高精度样本点数量 N_h（P1～P6 及 P9）			$6d$		
高精度样本点数量 N_h（P7、P8）			$9d$		
低精度样本点数量 N_l	$1N_h$	$2N_h$	$3N_h$	$4N_h$	$5N_h$

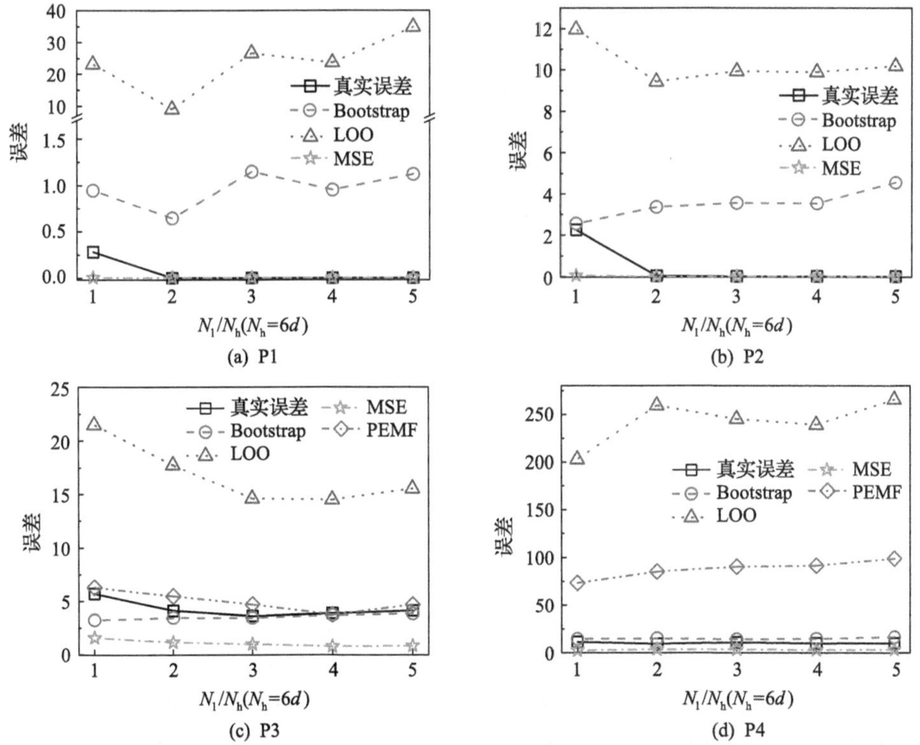

(a) P1　(b) P2　(c) P3　(d) P4

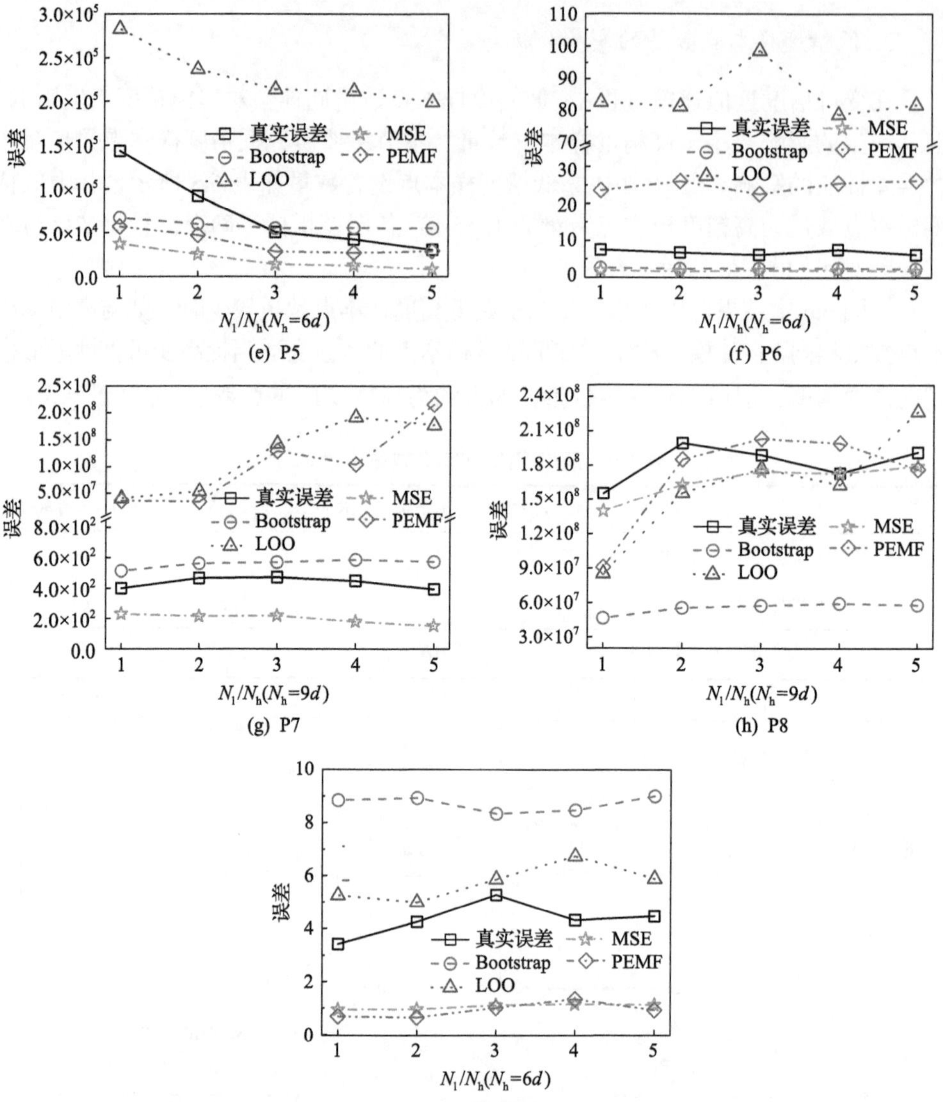

(e) P5　(f) P6　(g) P7　(h) P8　(i) P9

图 6.6　在不同低精度样本点数量下各误差指标不确定性量化结果与真实误差对比

后，继续增加低精度样本点，变可信度近似模型的真实误差将不会有太大变化。这种情况推断为此时低精度近似模型已达到较高建模精度，继续增加低精度样本点数量对模型精度提升作用不大。②MSE 方法不确定性量化结果在 P1～P8 算例中均与真实误差较为接近，在 P9 算例中相比于其他指标与真实误差的差别较大。因此，MSE 方法在不同低精度样本点数量下能较为准确地反映变可信度近似模型真实误差的变化。③Bootstrap 方法和 PEMF 方法不确定性量化结果均只能在部分算例中准确反映真实误差的大小及变化趋势，且 Bootstrap 误差在所有算例中不确定性量化结果变化不大，即不能反映变可信度近似模型真实的不确定性变化情况。④LOO 方法不确定性量化结果除了在 P8 算例外，与真实误差相比均偏高。MSE 结果在所有算例中均低于真实误差，而 Bootstrap 和 PEMF 结果高于或者低于真实误差的情况均存在。

在不同低精度样本点数量下，为了分析各误差指标不确定性量化结果与真实误差的接近程度，选用独立样本 t 检验，对结果进行分析，t 检验结果如表 6.6 所示。

表 6.6　不同低精度样本点数量下四种不确定性量化指标的 t 检验结果

算例	维度	Bootstrap 与 True	LOO 与 True	MSE 与 True	PEMF 与 True
P1	一维	7.697×10^{-5}	0.0048	**0.4037**	—
P2	一维	0.0008	2.856×10^{-7}	**0.3780**	—
P3	二维	**0.1105**	0.0004	0.0003	**0.2598**
P4	二维	3.802×10^{-5}	2.905×10^{-5}	3.190×10^{-7}	8.790×10^{-5}
P5	四维	3.802×10^{-5}	2.905×10^{-5}	3.190×10^{-7}	8.790×10^{-5}
P6	六维	0.0001	2.320×10^{-5}	8.800×10^{-5}	1.718×10^{-6}
P7	八维	0.0004	0.0180	5.475×10^{-6}	0.0358
P8	十维	3.407×10^{-5}	**0.4431**	**0.1776**	**0.6529**
P9	五维	2.134×10^{-5}	1.052×10^{-2}	0.0003	8.231×10^{-5}

由表 6.6 可以看到，Bootstrap 和 LOO 方法在大部分算例中，对模型预测的误差同真实误差相比都有显著性差异，因此这两个指标在低精度数量变化时，对变可信度近似模型进行不确定性量化性能最差。MSE 预测结果在两个低维算例和一个高维算例中与真实误差相比没有显著差别，为此情况下性能最佳的指标。总体来说，在不同低精度样本点数量下，MSE 能较准确地反映变可信度近似模型误差的变化，但没有指标能较为准确地表示其预测不确定性的水平。

3. 样本点噪声的影响分析

工程装备优化设计生成样本点过程中，试验中的测量误差或仿真中数值误差等因素会导致样本点响应存在一定的噪声。本节主要讨论样本点中噪声水平对变可信度近似模型预测不确定性量化结果的影响。在各算例的高精度样本点响应中通过式(6.16)加入不同水平的人工噪声[22,23]：

$$Y = f(x) + l'\delta \tag{6.16}$$

其中，$f(x)$ 为原始响应；Y 为加入噪声后的响应；l' 为 0～15%的噪声水平；δ 从标准正态分布 $N(0,1)$ 中随机选取。

本节设置 4 个不同的噪声水平进行比较，如表 6.7 所示。测试中高精度样本点数量固定为 $9d$（$N_h = 9d$），低精度样本点数量固定为 $25d$（$N_l = 25d$）。不同样本点噪声水平下各误差指标不确定性量化结果与真实误差对比以及不确定性量化 t 检验结果如图 6.7 和表 6.8 所示。

表 6.7　样本点噪声水平设置

	水平 1	水平 2	水平 3	水平 4
噪声水平	0	5%	10%	15%

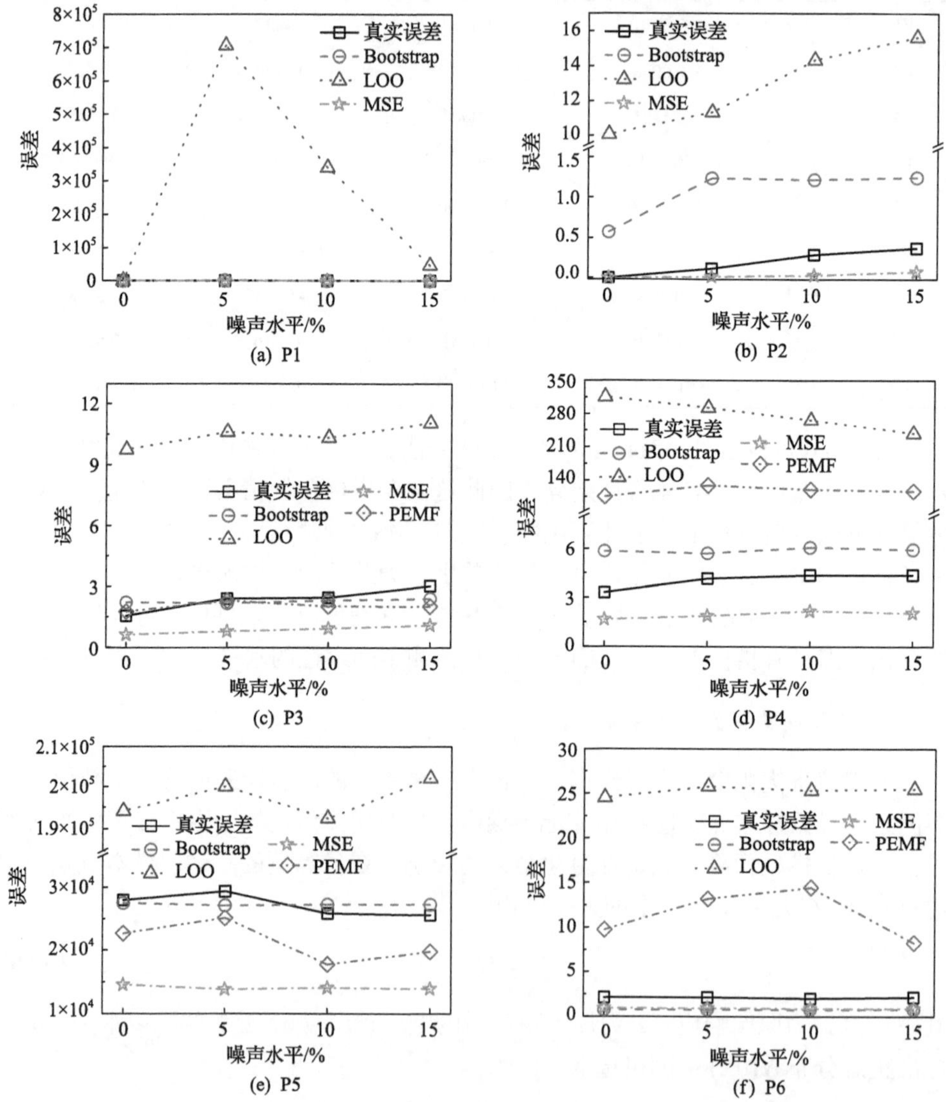

(a) P1　(b) P2　(c) P3　(d) P4　(e) P5　(f) P6

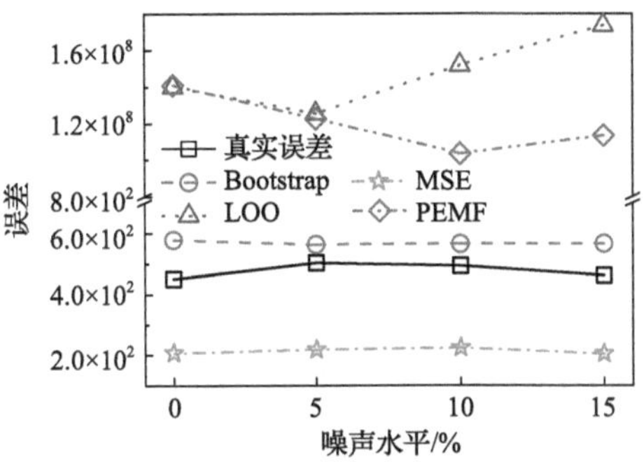

(g) P7

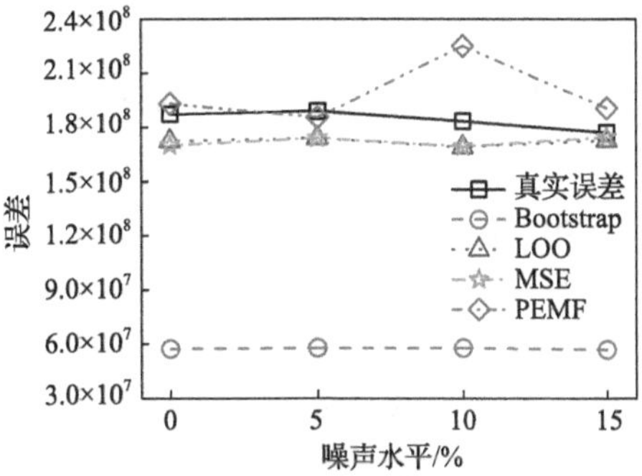

(h) P8

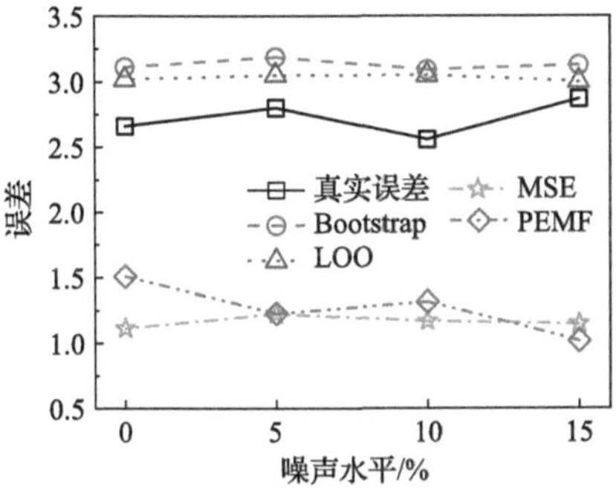

(i) P9

图 6.7　不同样本点噪声水平下各误差指标不确定性量化结果与真实误差对比

表 6.8　不同样本点噪声水平下四种不确定性量化指标 *t* 检验结果

算例	维度	Bootstrap 与 True	LOO 与 True	MSE 与 True	PEMF 与 True
P1	一维	**0.2494**	**0.1917**	**0.0890**	—
P2	一维	0.0072	0.0022	**0.1462**	—
P3	二维	**0.8136**	1.213×10^{-6}	0.0117	**0.3672**
P4	二维	0.0033	0.0005	0.0014	0.0002
P5	四维	**0.9279**	8.110×10^{-7}	0.0005	0.0272
P6	六维	1.143×10^{-5}	2.683×10^{-6}	5.723×10^{-7}	0.0076
P7	八维	0.0036	0.0007	5.749×10^{-5}	0.0007
P8	十维	0.0000	0.0140	0.0124	**0.2045**
P9	五维	0.0071	0.0194	5.680×10^{-5}	5.242×10^{-5}

由图 6.7 可看出：①在低维算例中加入噪声后，变可信度近似模型的真实误差会有一定程度的增加，但在高维算例中，噪声对建模精度影响不大。②由 P1

及 P4 算例结果可以看出，LOO 方法不确定性量化结果在大部分低维算例中不能准确反映真实误差变化，因为图 6.7(d)中真实误差随着噪声水平的增加有一定的提升，但 LOO 方法不确定量化结果反而逐渐降低。③在大多数算例中，Bootstrap 和 MSE 方法仍然是最能准确反映变可信度近似模型预测不确定性水平变化的两种不确定性量化指标。表 6.8 中的结果也进一步验证了此结论：Bootstrap 方法在 P1、P3 及 P5 算例中与真实误差没有显著性差异，且 P5 算例中 p 值为 0.9279，远大于显著性水平 0.05，表明不确定性量化结果与真实误差十分接近。MSE 方法和 PEMF 方法均在两个算例中与真实误差没有显著性差异，而 LOO 方法只在 P1 算例中能准确反映真实误差变化。因此，LOO 方法在此例中不确定性量化性能较差。

4. 采样方法的影响分析

在构建变可信度近似模型时，不同的样本点分布会使近似模型具有不同的预测不确定性。因此，本节比较三种一次性采样方法对不同误差在模型预测不确定性量化方面的影响。这三种采样方法可以分为两类：重点关注空间投影特性的采样方法，如拉丁超立方采样(LHS)方法和随机采样(random sampling，RS)方法，以及重点关注空间填充特性的采样方法，如重心泰森多边形(centroidal Voronoi tessellation，CVT)采样方法。测试中高精度样本点数量仍为 $9d$($N_{\mathrm{h}}=9d$)，低精度样本点数量为 $25d$($N_{\mathrm{l}}=25d$)。不同采样方法下各误差指标不确定性量化结果与真实误差如图 6.8 所示。

由图 6.8 结果可以看出，①由不同采样方法得到的样本点建立的近似模型具有不同的真实误差。其中，相同类型的采样方法通常得到的结果比较相似，如由 LHS 和 RS 方法得到的真实误差在大多数算例中均比较相近。②在低维问题中，除了 MSE 方法不确定性量化结果低于真实误差，其余三种误差结果均高于真实误差。在高维算例中，LOO 方法不确定性量化结果均高于真实误差(P8 算例除外)，MSE 在大部分算例中(P8 算例除外)均低于真实误差。③当使用 CVT 方法时，即采样过程更关注与样本点的空间填充信息时，MSE 是最为准确的不确定性量化指标，因为其预测不确定性量化的结果在所有算例中与真实误差都没有较大差别。④当使用 LHS 和 CVT 方法时，MSE 和 Bootstrap 两种方法不确定性量化结果更能反映模型真实误差水平。PEMF 方法在 P4、P7 和 P9 算例中结果远大于模型的真实误差。⑤在相同数量的样本点下，利用 CVT 方法建立的变可信度近似模型的真实误差在 P3、P4、P6、P7、P8 和 P9 算例中均小于另两种方法的误差，因此改进的层次 Kriging 模型更倾向于使用重点关注空间填充特性的采样方法，尤其在设计变量较多的情况下。

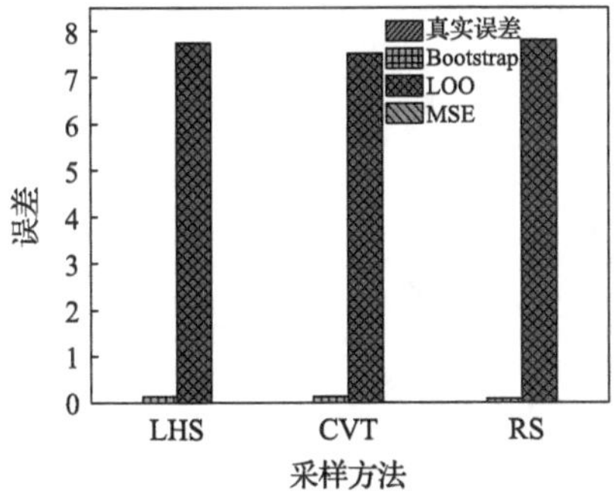

(a) P1

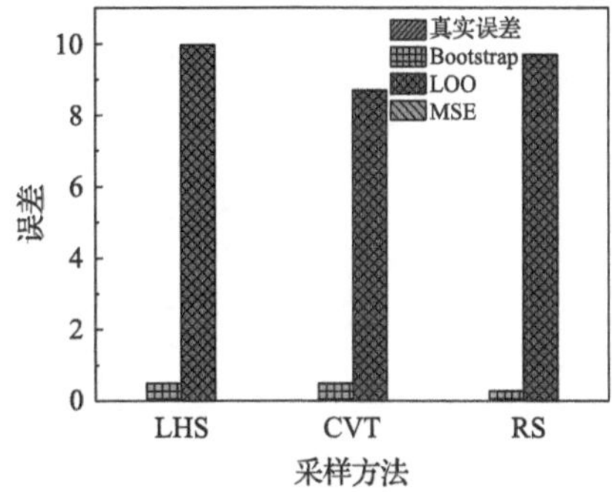

(b) P2

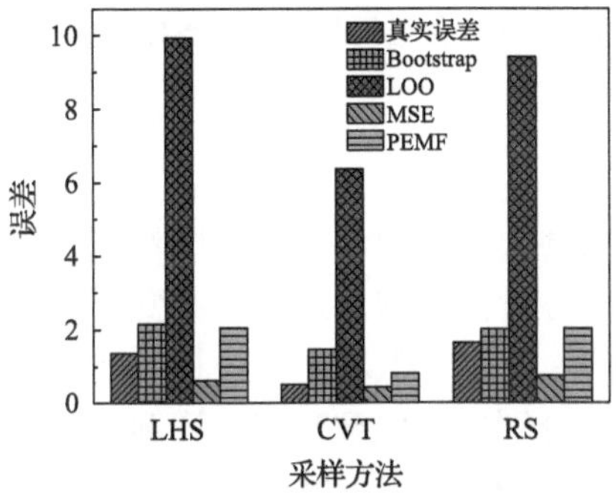

(c) P3

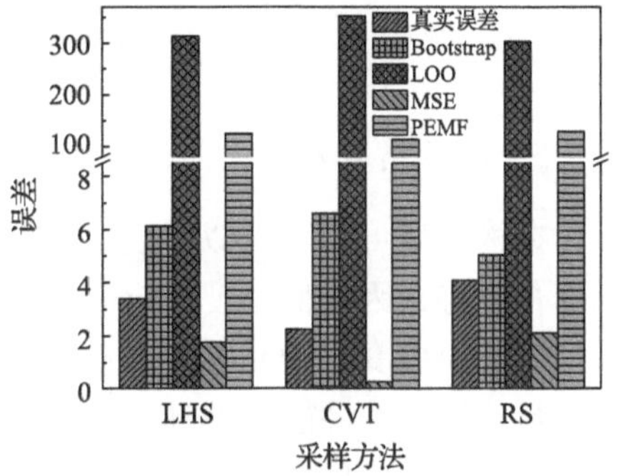

(d) P4

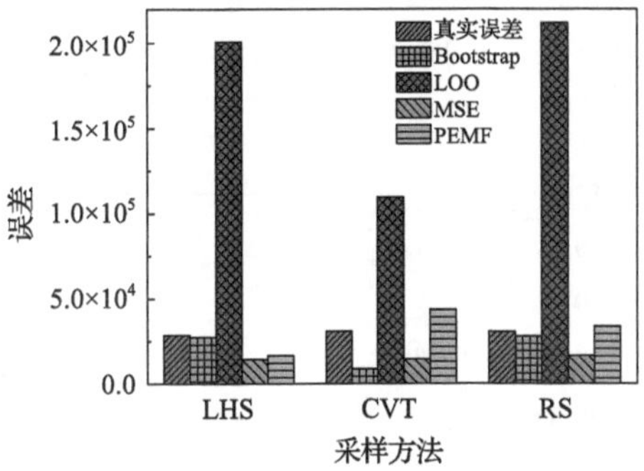

(e) P5

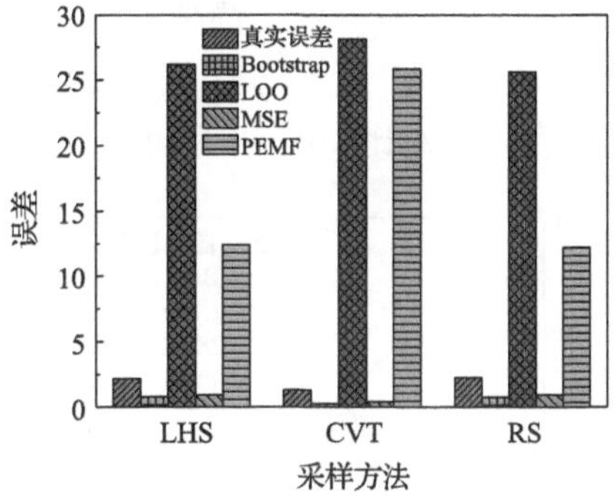

(f) P6

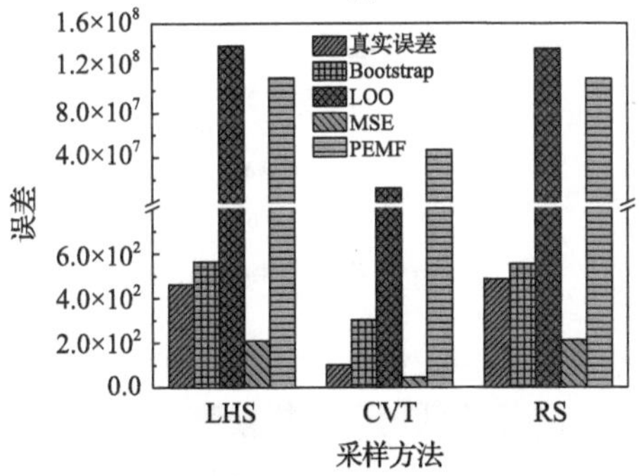

(g) P7

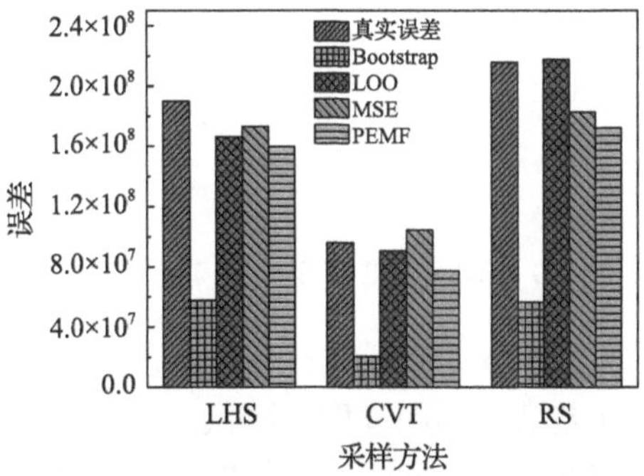

(h) P8

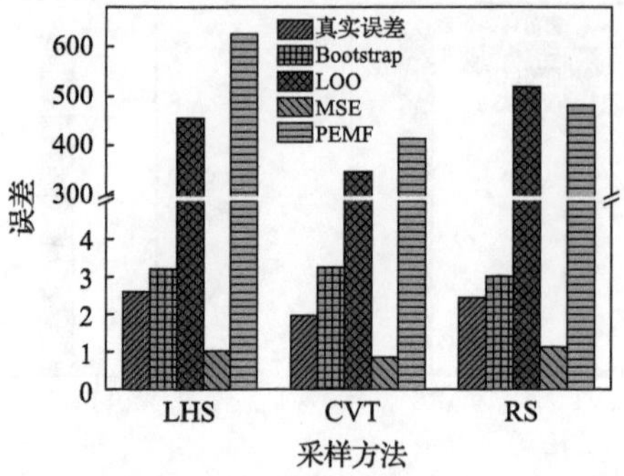

(i) P9

图 6.8　不同采样方法下各误差指标不确定性量化结果与真实误差对比

5. 高/低精度分析模型相关性的影响分析

在构建变可信度近似模型过程中，低精度分析模型通常用来反映高精度响应的变化趋势，因此低精度分析模型与高精度分析模型的接近程度对变可信度近似模型的建模精度有重要影响。本节主要研究在不同高/低精度模型相关性下各不确定性量化指标的性能。P3 和 P6 两个算例被分别选作低维和高维算例代表。每个算例均设置 7 个低精度分析模型，其中高/低精度分析模型的相关系数从 0.2 逐渐变化至 0.8。各算例中高精度样本点数量为 $6d$（$N_h = 6d$），低精度样本点数量为 $25d$（$N_l = 25d$）。不同高/低精度分析模型相关性下各误差指标不确定性量化结果与真实误差对比如图 6.9 所示。

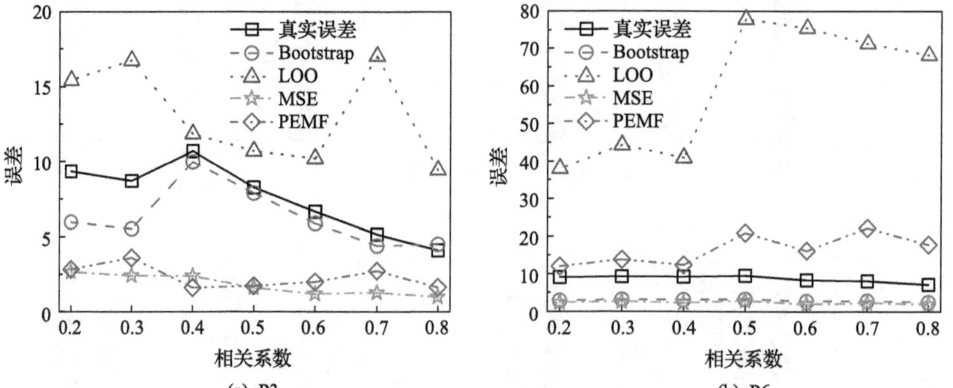

图 6.9　不同高/低精度分析模型相关性下各误差指标不确定性量化结果与真实误差对比

从图 6.9 中可以看出，随着高/低精度分析模型相关性的增加，两个算例中真实误差都有不同程度的降低。因此，选用较为准确的低精度分析模型能够提高变可信度近似模型的建模精度。P3 算例中，Bootstrap 方法不确定性量化结果与真实误差变化最为接近，而 LOO 方法的结果与真实误差的变化趋势相差最大，并且当高/低精度分析模型相关系数从 0.3 变化到 0.4 时，真实误差有增加的趋势，所有不确定性量化指标中只有 Bootstrap 方法和 MSE 方法结果能反映这一变化趋势。P6 算例中，可明显看出 Bootstrap 方法和 MSE 方法不确定性量化结果十分接近，且能较好地反映真实误差的变化。LOO 方法和 PEMF 方法在高/低精度分析模型相关性增加过程中，对模型预测不确定性量化结果甚至出现了增加的趋势，因此这两种不确定性量化指标在此算例中不能反映模型真实误差变化。总体来说，Bootstrap 方法和 MSE 方法在低维和高维算例中均能较好地反映变可信度近似模型的预测不确定性的变化情况，但是难以正确表示真实误差的水平。

6. 计算效率及结果鲁棒性的比较

本节选取两个低维算例(P2 和 P3)及两个高维算例(P6 和 P8)，记录各误差在高精度样本点为 $6d(N_h=9d)$、低精度样本点为 $25d(N_l=25d)$ 的情况下，对变可信度近似模型进行 100 次不确定性量化所需要的时间。本节中，所有算例的计算均在 3.30GHz，Intel(R) Core(TM) i5 CPU 和 16GB RAM 的计算机平台上完成。各不确定性量化指标计算时间对比结果如表 6.9 所示。

表 6.9　各不确定性量化指标计算时间对比　(单位：s)

算例	True	Bootstrap	LOO	MSE	PEMF
P2	0.900	126.144	8.466	0.643	—
P3	1.365	365.286	15.901	1.183	220.295
P6	18.388	3996.505	888.918	18.470	2886.492
P8	98.754	13308.677	7073.719	99.369	12860.382

由表 6.9 中结果可以看出，各不确定性量化指标的计算时间排序在不同维度的问题中保持不变。四种方法效率排序为：MSE > LOO > PEMF > Bootstrap。其中,Bootstrap 和 PEMF 方法所需计算成本的差异随着问题维度的增加而逐渐缩小。例如，在 P3 算例中，两种指标计算时间差异约为 PEMF 方法计算时间的 65.8%，而在 P8 算例中，这一差异缩小到了 3.5%。除 MSE 外，另外三种不确定性量化指标进行不确定性量化的时间随着问题维度的升高呈指数级增加。原因为这三种不确定性量化指标计算过程中，均需要构建“中间变可信度近似模型”，并且误差进行不确定性量化所需要构建“中间变可信度近似模型”数量的不同导致了计算成本的差异。其中，Bootstrap 方法在 P6 算例中，建模所用时间为 1615.784s，约占总时间的 40.4%，为相同样本点增加人工噪声过程中数据归一化过程占了大部分成本，所用时间为 2329.965，约占总时间的 58.3%；PEMF 方法中建模时间为 2845.307s，约占总时间的 98.6%；LOO 方法中建模时间为 886.902s，约占总时间

的 99.8%。因此，通过调整 Bootstrap 方法中对重复数据添加人工噪声时的数据归一化方法，此不确定性量化指标计算效率可大幅提高。

由于样本点分布的差异，每次同一个不确定性量化指标对变可信度近似模型进行不确定性量化结果也不相同。因此，本节同时研究通过不同不确定性量化指标所获得结果的鲁棒性。100 次重复试验结果的标准差与中间值的比值被选用，作为对结果的鲁棒性评价指标，这一评价指标能将不同算例中结果的标准差调整到相同的量级进行比较。该指标的值越大，表明这一不确定性量化指标计算结果的鲁棒性越差。各误差的鲁棒性比较结果如图 6.10 所示。可以看出，LOO 方法在低维算例中鲁棒性较差，而在高维算例中鲁棒性较好，性能较为稳定。Bootstrap 方法除 P2 算例外鲁棒性评价指标值均最大，表明其鲁棒性均较差。而 PEMF 方法的鲁棒性评价指标一直最小，不确定性量化结果最为稳定。然而，不确定性量化指标的鲁棒性评价指标并非越小越好，过小的鲁棒性评价指标将不能反映由样本点分布变化而导致模型精度的变化。通过将四种不确定性量化指标的鲁棒性评价结果与真实结果进行对比，可以看出低维算例中 MSE 方法和 Bootstrap 方法的计算结果与真实结果最为接近，而高维算例中 MSE 方法和 LOO 方法的计算结果与真实结果最为接近。因此，MSE 在四种不确定性量化指标中能比较准确地表示变可信度近似模型对于样本点分布的敏感程度。

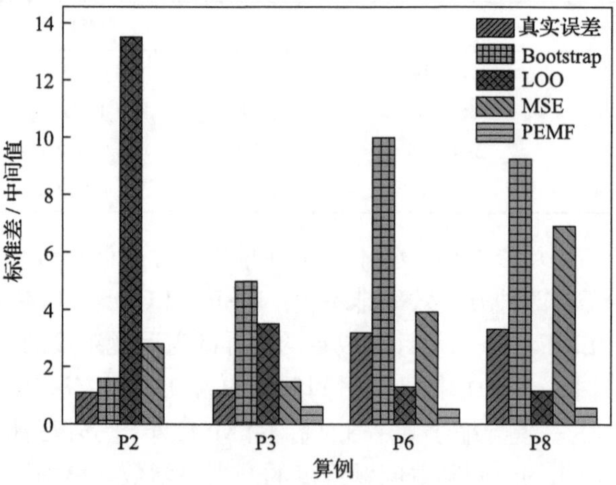

图 6.10　四种不确定性量化指标计算结果鲁棒性对比

7. 结果分析

(1) 在量化变可信度近似模型预测不确定性方面，Bootstrap 方法和 MSE 方法能较好地反映模型的真实误差变化，因此表现出较好的性能。但是，Bootstrap 方法的不确定性量化结果通常高于模型真实误差，MSE 方法结果通常低于真实误差，即这两种不确定性量化指标在大部分算例中均难以准确反映变可信度近似模型的真实误差水平。PEMF 性能较为不稳定，在部分算例中有较好性能，但在某些算例中不确定性量化结果远高于模型真实误差。LOO 方法不确定性量化结果在绝大多数算例中均高于模型的真实误差，并且在部分算例中远大于真实误差，因此 LOO 不确定性量化指标在不确定性量化方面性能较差。

(2) 在计算效率方面，计算过程需要构建“中间变可信度近似模型”的不确定性量化指标通常需要较高的计算成本，如 Bootstrap、PEMF 和 LOO 方法，并且计算成本随着问题维度的提升呈指数增加。MSE 方法的计算效率最高，Bootstrap 不确定性量化指标的计算成本最高，但 Bootstrap 方法的计算效率可通过改进数据归一化方式而大幅提高。

(3) 在计算鲁棒性方面，低维算例中，Bootstrap 和 MSE 方法的不确定性量化指标能较好反映由样本点分布的变化而导致变可信度近似模型真实误差的变化。高维算例中，MSE 和 LOO 能较好地反映真实误差的变化范围。

综合以上四种不确定性量化指标在具有不同特性问题中的测试结果，MSE 和 Bootstrap 两种不确定性量化指标能更能准确地对变可信度近似模型的预测不确定性进行量化。

6.3　变可信度近似模型的预测不确定性量化与建模

从 6.2 节对几种常用不确定性量化指标的性能比较结果发现，Bootstrap 方法和 MSE 方法虽然能较为准确地反映改进的层次 Kriging 变可信度近似模型真实误差的变化趋势，但是这两种不确定性量化指标均难以准确地反映其真实误差的大小。因此，本节首先提出一种基于组合加权平均(ensemble weighted average，EWA)的变可信度近似模型预测不确定性量化方法，以更加准确对 3.3 节中提出的 GCK 模型的预测不确定性进行量化；然后在此基础上提出基于置信水平的保守变可信度近似建模方法，当改进的层次 Kriging 模型代替优化问题中约束条件时，通过提升响应的保守程度来有效提高最优解的可行性，最后通过不同的数学实例验证所提出方法的有效性。

6.3.1　基于组合加权平均的变可信度近似模型预测不确定性量化过程

6.2 节中结论表明：虽然 Bootstrap 方法和 MSE 方法能较好地反映变可信度近似模型的真实误差变化趋势，但 Bootstrap 方法所估计的模型不确定性在大部分情况下会高估模型的真实预测不确定性，而变可信度近似模型所提供的 MSE 方法通常会低估模型的真实预测不确定性。因此，本节提出一种基于 EWA 的变可信度近似模型预测不确定性量化方法。该方法基本思想为：利用 Bootstrap 和 MSE 两种不确定性量化指标对变可信度近似模型的不确定性分别进行量化，并对两种方法不确定性量化结果进行加权，使组合量化结果不远高于或者远低于模型的真实误差，能更接近变可信度近似模型的真实误差水平，同时避免在不同问题中仅使用其中某一种不确定性量化指标可能导致结果较差的问题，提高结果的鲁棒性。

基于 EWA 的变可信度近似模型预测不确定性量化方法中权重系数的计算步骤为：①利用交叉验证，计算 Bootstrap 方法和 MSE 方法在部分样本点集(小样本点集)下的不确定性量化结果，并通过比较它们与真实误差之间的贴近程度计算组合加权时最优权重；②分别采用 Bootstrap 方法和 MSE 方法在所有样本点(大样本点集)下对变可信度近似模型不确定性进行量化；③计算 EWA 不确定性量化结果。可以看出，所提出的方法主要通过 Bootstrap 方法和 MSE 方法在小样本点集下不确定性量化结果计算权重系数，并应用至大样本点集下对所构建变可信度近似模型的预测不确定性进行量化。同时，为避免小样本点集下所求出的权重系数在应用至大样本点集下进行不确定性量化时误差较大的问题，此处选用留一法构建小样本点集。

该方法的具体计算流程如算法 6.2 所示。

算法 6.2　基于 EWA 的变可信度近似模型预测不确定性量化方法

输入：n_{h} 个高精度样本点 $(S_{\mathrm{H}},Y_{\mathrm{H}})=\{(x_i^{\mathrm{h}},y_i^{\mathrm{h}})\}$ $(i=1,2,\cdots,n_{\mathrm{h}})$ 和 n_{l} 个低精度样本点 $(S_{\mathrm{L}},Y_{\mathrm{L}})=\{(x_i^{\mathrm{l}},y_i^{\mathrm{l}})\}$ $(i=1,2,\cdots,n_{\mathrm{l}})$

输出：基于 EWA 的变可信度近似模型预测不确定性 e_{EWA}

开始
　y_{l} ←构建低精度近似模型
　y_{vf} ←构建变可信度近似模型
　$k=1$
　当 $k\leqslant n_{\mathrm{h}}$ 时
　　y_{vf}^{-k} ←利用新样本点集 $(S_{\mathrm{H}}^{-k},Y_{\mathrm{H}}^{-k})=\{(x_i^{\mathrm{h}},y_i^{\mathrm{h}})\}$ $(i=1,2,\cdots,i-1,i+1,\cdots,n_{\mathrm{h}})$ 和 $(S_{\mathrm{L}},Y_{\mathrm{L}})$ 构建“中间变可信度近似模型”
　　e_{MSE}^{-k} 和 e_{true}^{-k} ←利用“中间变可信度近似模型”计算样本点处预测 MSE e_{MSE}^{-k} 和该点处预测响应与真实响应的绝对误差 e_{true}^{-k}
　　e_{boot}^{-k} ←利用 Bootstrap 方法对高精度样本点集 $(S_{\mathrm{H}}^{-k},Y_{\mathrm{H}}^{-k})$ 进行采样，构建“中间变可信度近似模型”后预测样本点 x_k^{h} 处响应，并计算预测响应与真实响应的绝对误差
　　$k=k+1$
　结束循环
　　ω_1 和 ω_2 ←采用遗传算法求解权重系数，使得 Bootstrap 和 MSE 组合加权不

确定性量化结果在各样本点处与真实误差的均方误差最小，且满足 $\omega_1+\omega_2=1$

e_{MSE} 和 e_{boot} ←采用 Bootstrap 和 MSE 分别对变可信度近似模型 y_{vf} 不确定性进行量化

$e_{\text{EWA}}=\omega_1 e_{\text{boot}}+\omega_2 e_{\text{MSE}}$ ←计算变可信度近似模型 y_{vf} 的预测不确定性

停止

其中，优化问题的数学模型可表示为

$$\begin{aligned}&\min_{\omega_1,\omega_2}\ \frac{1}{n_{\text{h}}}\sum_{k=1}^{n_{\text{h}}}(\omega_1 e_{\text{boot}}^{-k}+\omega_2 e_{\text{MSE}}^{-k}-e_{\text{true}}^{-k})^2\\&\text{s.t.}\quad \omega_1+\omega_2=1\end{aligned}\tag{6.17}$$

此优化问题主要通过比较 Bootstrap 和 MSE 组合加权量化方法在各样本点处不确定性量化结果与真实误差之间的关系，近似求得二者不确定性量化结果的权重使总体误差最小。其中利用 Bootstrap 方法预测样本点处 $(x_k^{\text{h}},y_k^{\text{h}})$ 误差的计算流程如图 6.11 所示，即每次 Bootstrap 方法从样本点集 $(S_{\text{H}}^{-k},Y_{\text{H}}^{-k})$ 中抽样生成新的样本点集建立变可信度近似模型，然后预测样本点 $(x_k^{\text{h}},y_k^{\text{h}})$ 处响应，并和真实响应进行比较计算该点处误差，最后将多个 Bootstrap 样本点集误差的均值作为该点处 Bootstrap 方法不确定性量化结果。

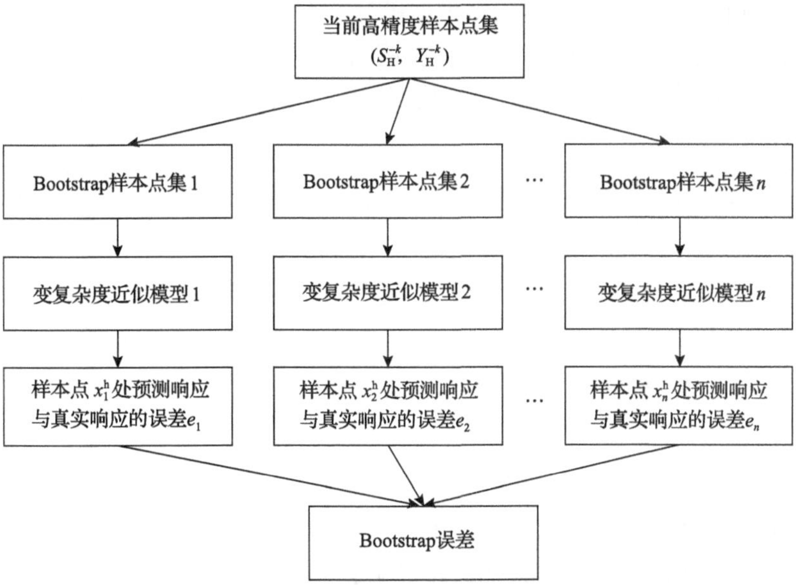

图 6.11　基于 EWA 的变可信度近似模型预测不确定性量化方法中 Bootstrap 误差计算流程

由于基于 EWA 的变可信度近似模型预测不确定性量化方法需要用留一法分别在不同样本点处对变可信度近似模型预测不确定性进行量化，因此相比于单独用 Bootstrap 和 MSE 进行不确定性量化，计算量会有一定程度的提升。为了缓解在样本点较多时利用留一法划分样本点集导致不确定性量化计算成本较大的问题，可选用 k 折叠交叉验证方法。为避免变可信度近似模型精度变化较大，本节中推荐使用 10 折叠交叉验证方法，能在缓解计算成本和保证不确定性量化结果准确性方面达到较好平衡。

下面以一个一维函数的预测不确定性量化过程为例，详细说明所提方法计算流程。首先采用拉丁超立方采样方法选取 4 个高精度样本点和 11 个低精度样本点构建变可信度近似模型，所建立变可信度近似模型与真实模型对比如图 6.12(a)所示。然后利用所提出的基于 EWA 的变可信度近似模型预测不确定性量化方法对所构建的 IHK(improved hierarchical Kriging)模型进行不确定性量化，在各点处 Bootstrap 方法和 MSE 方法与真实误差对比如图 6.12(b)所示，其中每个样本点处 Bootstrap 方法重采样次数为 300 次。接下来利用式(6.17)进行优化求解两误差权重，求得 Bootstrap 方法的权重系数 ω_1 为 0.2248，MSE 方法的权重系数 ω_2 为 0.7752。最后，采用 Bootstrap 方法和 MSE 方法分别对利用所有样本点所构建的变可信度近似模型进行预测不确定性量化，所求的结果为：$e_{\text{boot}} = 16.2226$，$e_{\text{MSE}} = 0.0742$，加权后本节所提出的变可信度近似模型预测不确定性量化结果为：$e_{\text{EWA}} = \omega_1 e_{\text{boot}} + \omega_2 e_{\text{MSE}} = 3.7044$。任意选取 1000 个点计算变可信度近似模型与真实模型的误差，得到变可信度近似模型的真实误差大小为：$e_{\text{true}} = 4.1053$。因此，本节提出的基于 EWA 的变可信度近似模型预测不确定性量化方法的结果更接近于真实误差，能更准确地对变可信度近似模型的预测不确定性进行量化。

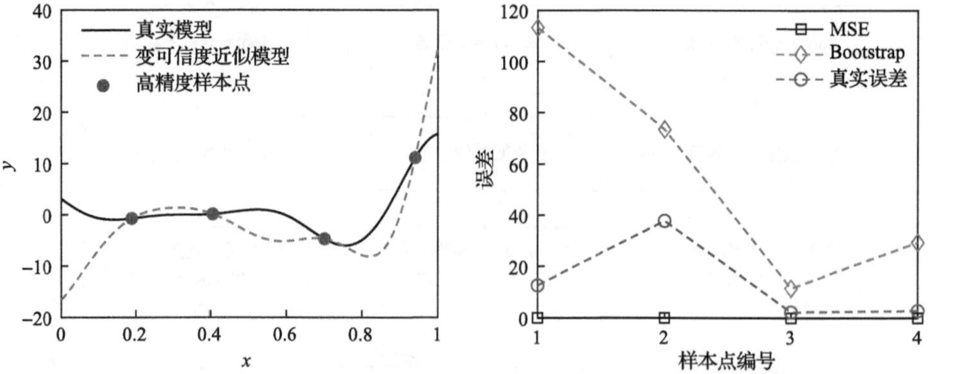

(a) 一维函数真实模型与变可信度近似模型对比　　(b) 不同样本点处不确定性量化误差与真实误差比较

图 6.12　基于 EWA 的变可信度近似模型预测不确定性量化方法对一维函数不确定性量化结果

下面利用6.2节中几个算例验证本节所提出的基于EWA的变可信度近似模型预估不确定性量化方法（下称EWA方法）的性能。选取6.2节中P2、P4、P5和P7作为测试函数，维度分别为一、二、四和八维，从低维到高维均有覆盖，在高精度样本点和低精度样本点数量变化两种情况下分别比较Bootstrap方法和MSE方法单独进行预测不确定性量化结果。此外，将简单组合平均(simple average，SA)不确定性量化方法的结果也加入了比较，此方法不确定性量化表达式为：$e_{SA}=\omega_1 e_{boot}+\omega_2 e_{MSE}$，且$\omega_1=\omega_2=0.5$。此处，为防止由样本点分布不同而导致得出没有代表性的结论，每个算例的高/低精度样本点均由拉丁超立方采样方法生成，且每个算例每种情况均重复 20 遍。不同高/低精度样本点数量下各算例预测不确定性量化结果比较结果如图6.13和图6.14所示，t检验结果如表6.10和表6.11所示。

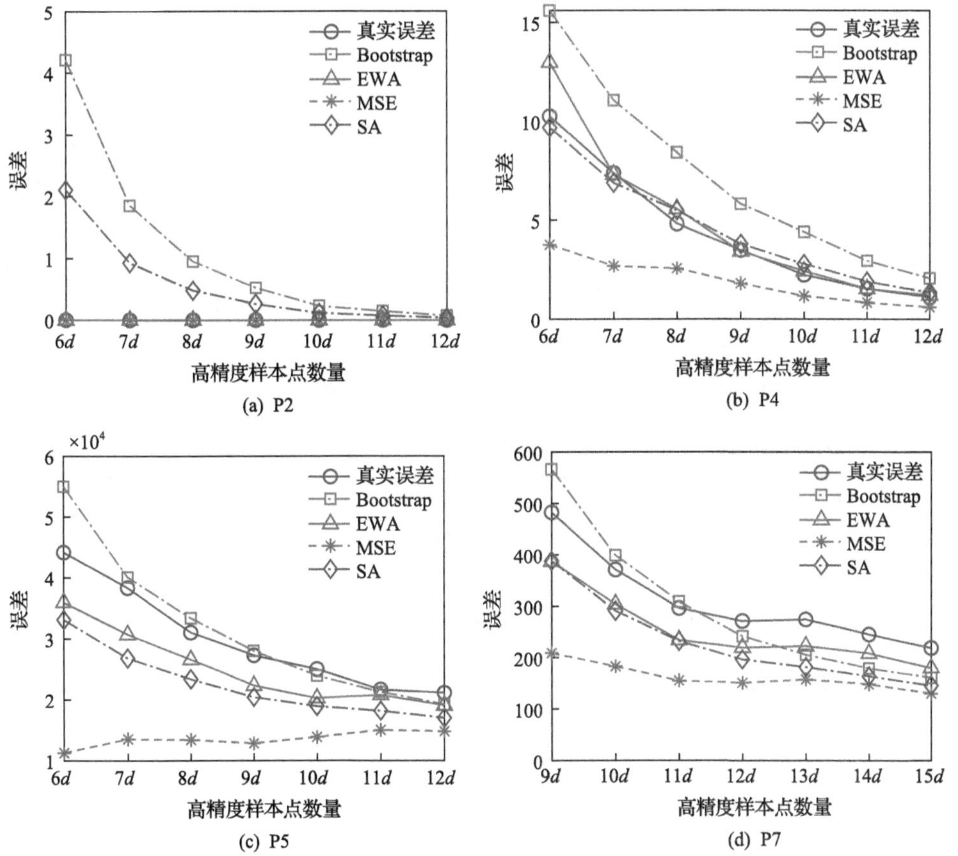

图 6.13　不同高精度样本点数量下各算例预测不确定性量化结果比较

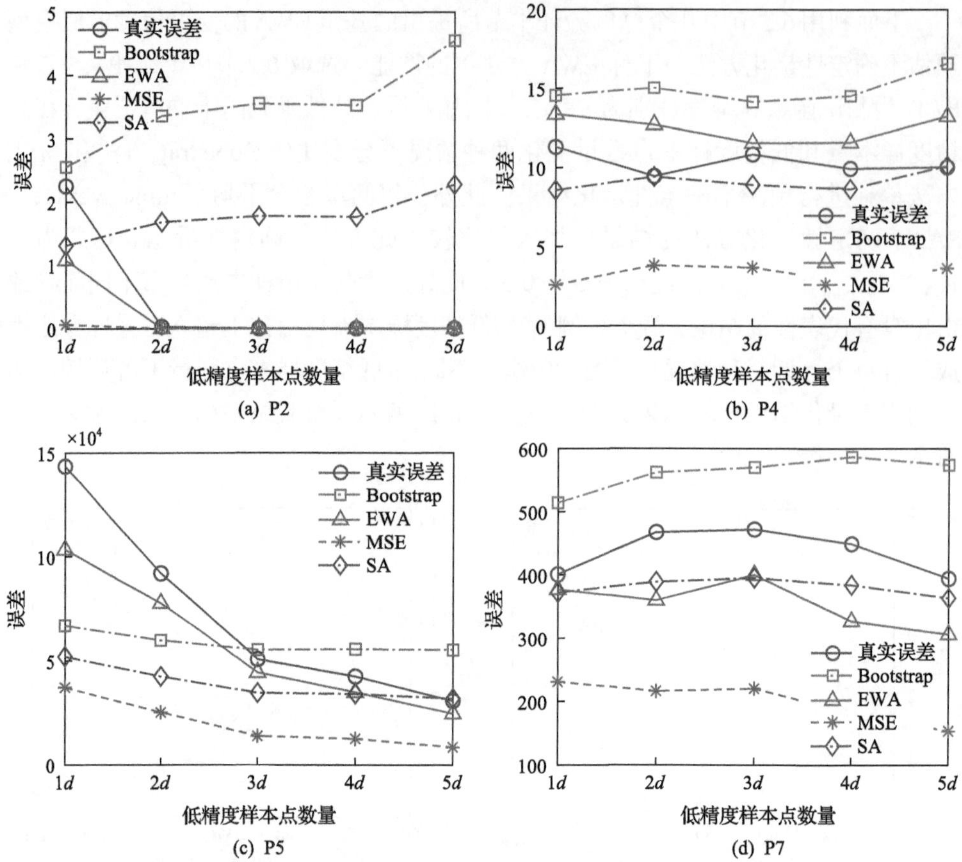

(a) P2　(b) P4　(c) P5　(d) P7

图 6.14　不同低精度样本点数量下各算例预测不确定性量化结果比较

表 6.10　不同高精度样本点数量下各算例预估不确定性量化 t 检验结果对比

算例	维度	Bootstrap 与 True	MSE 与 True	EWA 与 True	SA 与 True
P2	一维	**0.0896**	**0.5534**	**0.9707**	**0.0897**
P4	二维	**0.2387**	**0.1050**	**0.8044**	**0.9310**
P5	四维	**0.7684**	0.0024	**0.2703**	**0.0933**
P7	八维	**0.8336**	0.0045	**0.2098**	**0.1134**

表 6.11　不同低精度样本点数量下各算例预估不确定性量化 t 检验结果对比

算例	维度	Bootstrap 与 True	MSE 与 True	EWA 与 True	SA 与 True
P2	一维	0.0008	**0.3780**	**0.6454**	0.0408
P4	二维	3.8017×10^{-5}	3.1900×10^{-7}	0.0030	0.0278
P5	四维	**0.5546**	**0.0630**	**0.5755**	**0.1886**
P7	八维	0.0004	5.4753×10^{-6}	0.0081	0.0246

由图 6.13 可以看出，随着高精度样本点的增加，变可信度近似模型的真实误差不断减小，本节所提方法结果也不断减小，并且与真实误差曲线较为接近。在表 6.10 四个算例中，本节所提的 EWA 方法、Bootstrap 方法和 SA 方法的 t 检验结果均大于 0.05，表明这三种方法均能准确表示变可信度近似模型真实误差变化。在表 6.11 中，Bootstrap 方法和 SA 方法在四个算例中的三个不能准确反映真实误差变化，不确定性量化结果最差；MSE 方法和 EWA 方法在 P2 和 P5 算例中均能准确反映真实误差变化，并且 EWA 方法的 p 值最大，与真实误差更为接近。综上所述，本节所提出的 EWA 方法相比于单独使用 Bootstrap 和 MSE 方法，能更准确地对变可信度近似模型的预测不确定性进行估计。同时，相比于 SA 方法，EWA 方法针对两个不确定性量化指标计算结果更加合理地进行权重分配，能更好地预测不确定性量化性能。

6.3.2　基于置信水平的保守变可信度近似模型

当获得变可信度近似模型的预测不确定性后，合理利用变可信度近似模型的不确定性信息是变可信度近似模型应用于工程装备优化设计的关键。当变可信度近似模型仅用于拟合数值仿真输入输出之间关系，并预测其他未测试点处响应时，可通过不确定性量化结果与实际设计要求比较判断是否在设计中应用所构建的变可信度近似模型。当变可信度近似模型应用于优化问题中时，需要减少变可信度近似模型不确定性对优化设计结果的影响。当利用变可信度近似模型替代目标函数时，可通过 5.2 节提出的 S-VFM 方法，逐步减小近似模型与真实模型之间的差异进而提高最优解的准确度。但利用变可信度近似模型替代约束条件时，即使变可信度近似模型不确定性很小，其预测的可行域边界与真实可行域边界仍存在一定差别，因此仍可能会对靠近可行域边界样本点的可行性产生错误的判断，导致最后设计的最优解位于不可行域以内甚至设计失效。这与变可信度近似模型替代目标函数时预测不确定性的影响有着本质的区别：目标函数中变可信度近似模型不确定性只会影响最优解的优越性，只能说明当前设计不是最优的，但设计是符合设计要求的；而约束条件中变可信度近似模型不确定性影响最优解的可行性，可直接导致设计失效。因此，本节提出建立基于置信水平的保守变可信度近似模型来减少其预测不确定性对优化设计问题中最优解的影响。

本节首先以一维非线性测试函数介绍保守变可信度近似模型的概念，该测试函数表达式如下：

$$
\begin{aligned}
&y_{\mathrm{h}} = (6x-2)^2 \sin(12x-4) \\
&y_{\mathrm{l}} = (3x^2 - 0.1x - 1.3) - (x+8) \\
&x \in [0,1]
\end{aligned}
\tag{6.18}
$$

该函数的高/低精度真实模型如图 6.15(a)所示，其中低精度真实模型能大致反映高精度真实模型的变化趋势。利用 4 个高精度样本点和 11 个低精度样本点构建的变可信度近似模型和真实模型对比如图 6.15(b)所示，可以看出，当高精度样本点较少时，所构建的变可信度近似模型与真实模型有较大差别。增加 3 个高精度样本点，即 7 个高精度样本点以及 11 个低精度样本点构建的变可信度近似模型如图 6.15(c)所示。此处变可信度近似模型与真实模型变化趋势基本相同，但在局部区域仍有一定差异。因此可以得出，增加高精度样本点数量能提高变可信度近似模型的建模精度，但利用有限样本点构建的变可信度近似模型与真实模型之间的差异不能完全被消除，即变可信度近似模型的预测不确定性不能通过使用大量高精度样本点进行建模而完全消除。

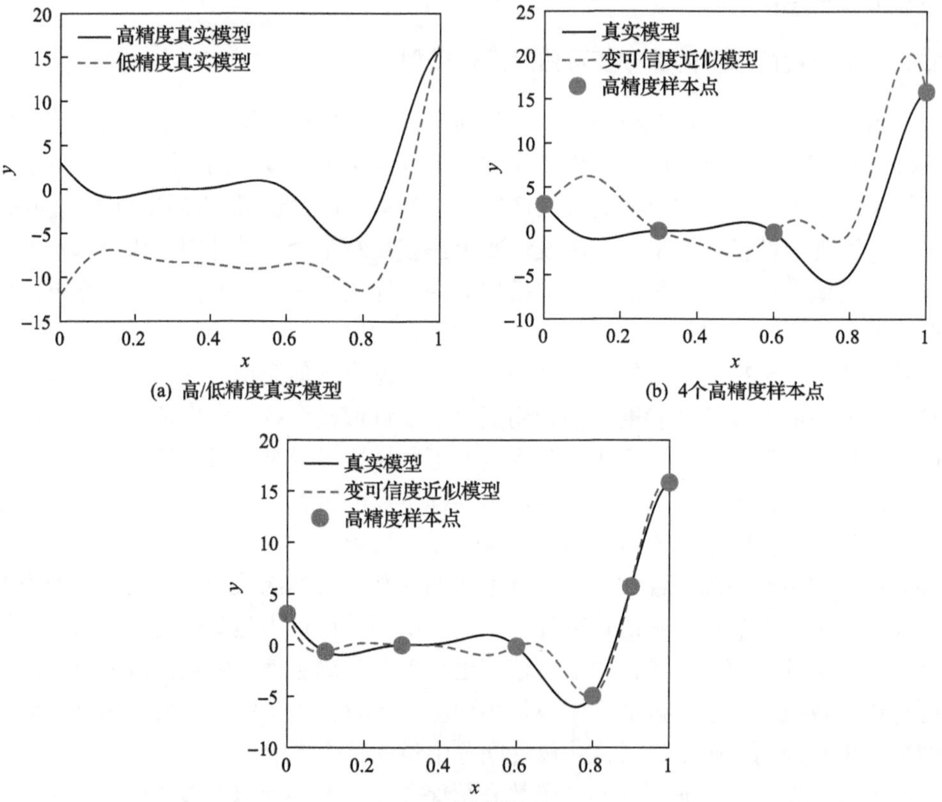

(a) 高/低精度真实模型　(b) 4个高精度样本点　(c) 7个高精度样本点

图 6.15　一维函数高/低精度真实模型与变可信度近似模型的关系

图 6.15(c)中变可信度近似模型与真实模型的误差如图 6.16 所示。其中黑色线为真实误差大小。当变可信度近似模型预测不确定性不能消除时，在整个设计空间中，变可信度近似模型的预测响应与真实响应之间存在三种关系：

(1) 预测响应大于真实响应，如图 6.16 中区域②、④和⑥所示；

(2) 预测响应等于真实响应，如图 6.16 中圆点处所示；

(3) 预测响应小于真实响应，如图 6.16 中区域①、③和⑤所示。

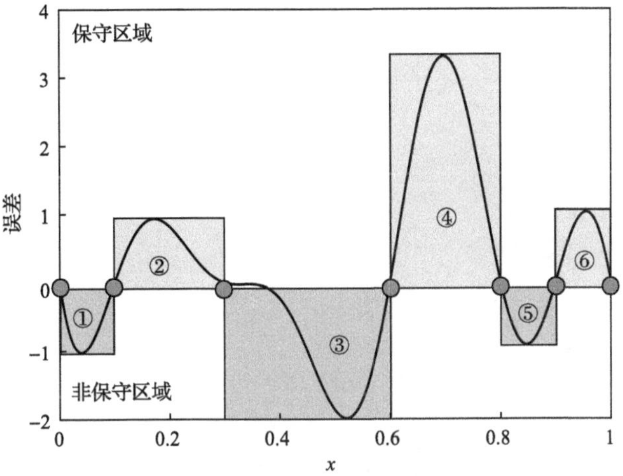

图 6.16　变可信度近似模型与真实模型的误差

在工程装备优化设计过程中，假设约束条件为机械系统的性能不超过某一许用值，如机械系统的最大应力不超过许用应力（当约束条件为大于等于某一许用值时同样可转化为小于等于），则可以称区域②、④和⑥为保守区域，区域①、③和⑤为非保守区域。这是因为当使用变可信度近似模型替代真实约束条件时，若变可信度近似模型的预测值大于真实值，则能保证最终设计方案满足约束要求；反之，若变可信度近似模型的预测值小于真实值，则当约束条件真实值大于许用值时变可信度近似模型的预测值可能仍小于许用值，即对当前设计参数下约束条件的可行性产生错误的判断，导致最终设计的失效。但当变可信度近似模型的预测不确定性较大，即预测值远大于约束条件的真实值时，可能导致最终的设计虽然满足设计可行性要求，但与最优解之间存在一定的差别。故变可信度近似模型的保守程度反映的是设计人员对工程装备可靠程度的期望，在一定置信水平下，不同保守程度表示的是设计人员在设计可靠性与设计优越性之间所做的权衡。构建保守近似模型的目的就是使设计满足可靠性约束的条件，同时对最优解的影响最小。

变可信度近似模型的保守程度大小可通过百分比的形式表示。图 6.16 中变可信度近似模型与真实函数之间预测误差 e 的累积分布函数（cumulative distribution function，CDF）$f_{CDF}(e)$ 如图 6.17 所示。其中预估误差大于 0 部分所对应的概率为 0.501，即在整个设计空间内，变可信度近似模型的预测值在 50.1%的区域内大于真实约束条件值，这些区域为保守区域；在另外 49.9%的设计空间内，变可信度近似模型预测值小于真实约束条件值，为非保守区域，因此，整个变可信度近似模型的保守水平为 50.1%。变可信度近似模型的保守水平可直接通过式(6.19)计算：

$$C = (1 - f_{\text{CDF}}(0)) \times 100\% \tag{6.19}$$

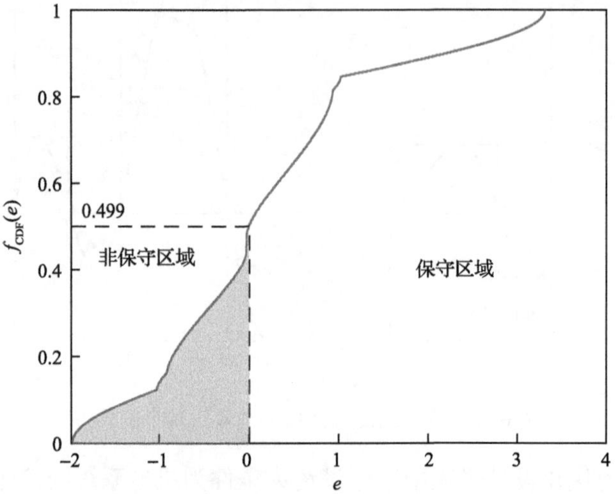

图 6.17 预测误差 e 的 CDF 曲线 $f_{\text{CDF}}(e)$

若要提高变可信度近似模型的保守程度，则需要在一定置信水平下，对变可信度近似模型的预测响应添加保守水平。目前常用的保守水平的添加方式可分为加法修正因子和乘法修正因子两种[24]，分别如式(6.20)和式(6.21)所示：

$$\hat{y}_{\text{csm}}(x) = \hat{y}(x) + S_{\text{l}} \tag{6.20}$$

$$\hat{y}_{\text{csm}}(x) = \hat{y}(x) \times S_{\text{f}} \tag{6.21}$$

其中，$\hat{y}_{\text{csm}}(x)$ 为保守变可信度近似模型的预测响应；$\hat{y}(x)$ 为原变可信度近似模型的预测响应；S_{l} 和 S_{f} 分别为加法修正因子和乘法修正因子。

其中加法修正因子的添加与预测响应的均值无关，乘法修正因子的添加依据预测响应的不同而变化，而 Kriging 模型中预测点处均值与方差是相互独立的，因此本章采用加法修正因子构建保守变可信度近似模型。传统加法修正因子的选取方式为根据经验由设计者主观确定，为防止失效，通常保守程度的选取相对较大，这种方式容易造成设计过分保守而导致对最优解影响较大。本节根据前面所提出的变可信度近似模型预测不确定性量化方法，提出一种保守变可信度近似建模方法。

由前面分析可以看出，构建保守变可信度近似模型的关键是如何计算给定置

信水平 C 下的修正因子 S_1。在给定置信水平下，修正因子数学公式计算为

$$S_1 = -f_{\mathrm{CDF}}^{-1}(1-C) \tag{6.22}$$

其中，f_{CDF}^{-1} 为误差的逆累积分布函数。

从图 6.17 中误差的累积分布函数可看出变可信度近似模型的保守程度为 49.9%，若设计者需要提高近似模型的保守程度至 90%，则通过式(6.22)可计算出修正因子为 1.309，依照式(6.21)所构建的保守变可信度近似模型与原变可信度近似模型的误差 CDF 变化如图 6.18 所示。可以看出，通过增加修正因子，误差的 CDF 整体向右平移了 1.309，保守变可信度近似模型的保守程度提升至 90%。

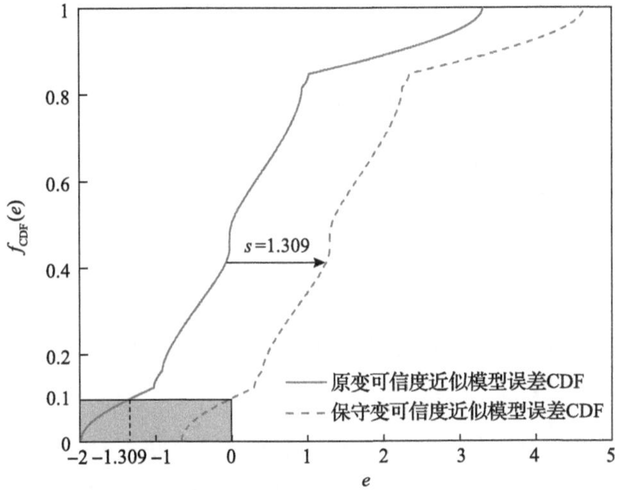

图 6.18　采用 CDF 获得置信水平 90%下修正因子示例

图 6.19(a)绘制了置信水平 90%下的保守变可信度近似模型，相当于将原变可信度近似模型整体上移 1.309。图 6.19(b)绘制了设计空间内保守变可信度近似模型的保守区域和非保守区域。由图可以看出，保守变可信度近似模型的保守区域面积相比于原变可信度近似模型大大增加，非保守区域只剩下区间[0.4665, 0.5661]，保守水平提升至 90%。

以上计算过程表明，保守水平正确选取的关键是能正确估计变可信度近似模型预测响应与真实响应误差的 CDF 曲线。然而实际设计过程中由于计算成本的限制，往往难以计算工程装备在大量样本点处的真实响应，也就无法获得真实误差的分布曲线。因此，可考虑利用不依赖于额外验证点的不确定性量化方法计算变可信度近似模型误差，然后利用计算得到的误差分布曲线代替真实误差分布进而估算保守水平。本节提出综合利用 Bootstrap 和 MSE 误差信息的保守变可信度

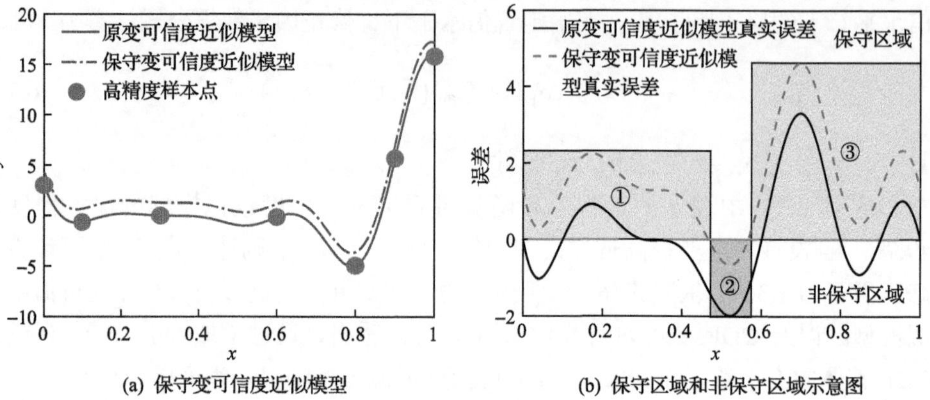

图 6.19　置信水平 90%下保守变可信度近似模型及其保守区域和非保守区域示意图

近似建模方法。该方法的基本思想为：在一定置信水平下，采用 Bootstrap 方法在不同样本点处的误差分布及变可信度近似模型在不同点处预测 MSE 分别计算变可信度近似模型的保守水平大小，利用 6.3.1 节中权重系数求解方法对 Bootstrap 和 MSE 方法求得的保守水平进行组合加权构建保守变可信度近似模型。

下面分别说明采用 Bootstrap 和 MSE 方法求解变可信度近似模型保守水平的方法。

1. 采用 Bootstrap 方法求解变可信度近似模型保守水平

在对变可信度近似模型进行预测不确定性量化时，将会使用留一法或 k 折叠交叉验证方法把样本点划分为训练点和预测点，然后使用 Bootstrap 方法对训练点进行采样，构建变可信度近似模型，并计算预测点处响应大小，最终计算预测误差。此过程与不确定性量化过程类似，但不确定性量化过程中使用的为绝对误差，即正负误差均属于模型的不确定性，计算过程中采用相同的处理方式。而保守变可信度近似建模过程中，主要考虑变可信度近似模型预测值小于真实值的情况，即误差为负的部分，故采用 Bootstrap 方法求解保守水平时，需要利用各点处预测响应与真实响应的误差而非绝对误差。对图 6.15(c) 中模型采用留一法及 Bootstrap 方法在各样本点处预测误差的 CDF 如图 6.20 所示。

由于高精度样本点只有 7 个，因此只能得到 7 个误差值，故误差的 CDF 呈阶梯形。在此情况下，同样可利用类似式(6.22)的方式求保守水平，只需用阶梯形的误差 CDF 替换变可信度近似模型的真实误差 CDF，Bootstrap 方法求解变可信度近似模型保守水平数学公式为

$$S_{\text{boot}} = -f_{\text{boot}}^{-1}(1-C) \tag{6.23}$$

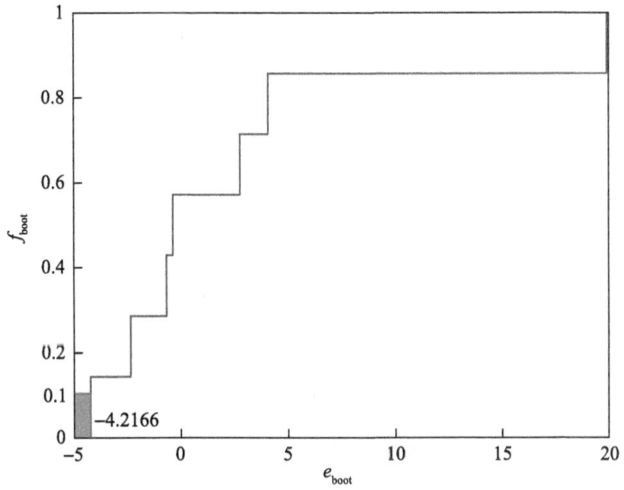

图 6.20　采用留一法及 Bootstrap 方法计算得到预测误差 e_{boot} 的 CDF $f_{\mathrm{boot}}(e_{\mathrm{boot}})$

根据式(6.23)可求得当置信水平为 90%时，保守水平 S_{boot} 为 56.2751。只采用 Bootstrap 方法计算的保守水平构建保守变可信度近似模型可以描述为

$$\hat{y}_{\mathrm{csm}}(x)=\hat{y}_{\mathrm{vf}}(x)+S_{\mathrm{boot}} \tag{6.24}$$

图 6.21 绘制了置信水平 90%时，所构建保守变可信度近似模型及其真实误差 CDF 变化。可以看出，保守变可信度近似模型的预测值远大于原变可信度近似模型的预测值，并且保守变可信度近似模型在整个设计空间内均为保守区域。但此处所计算的保守水平 S_{boot} 远大于真实保守水平 s，导致最终保守变可信度近似模型的保守水平与置信水平(期望保守水平)之间有较大的差别，因此会造成模型过分保守，对设计问题最优解位置产生较大影响。

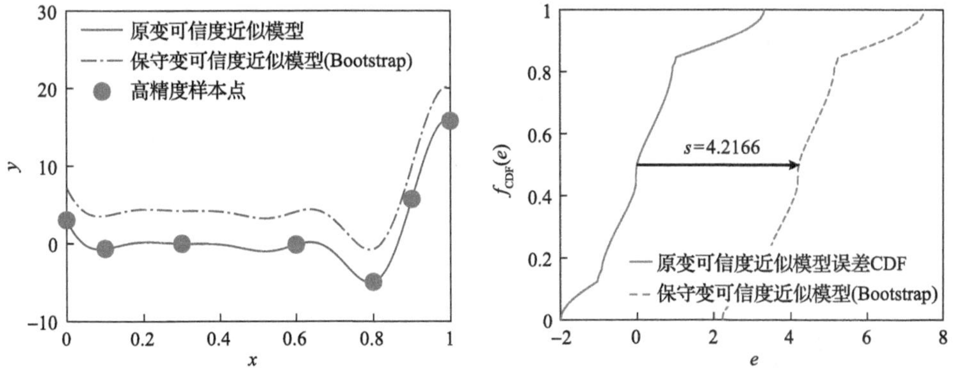

图 6.21　置信水平 90%时保守变可信度近似模型及其真实误差 CDF 变化(Bootstrap 方法)

2. 采用 MSE 方法求解变可信度近似模型保守水平

本节使用的改进的层次 Kriging 模型属于高斯过程模型,因此可以提供未测试点处预测方差用以描述变可信度近似模型预测响应与真实响应之间的差异。改进的层次 Kriging 模型在未测试点处的预测响应服从均值为 $\hat{y}_{\text{vf}}$、方差为 $\sigma^2(x)$ 的正态分布，因此在一定置信水平下，变可信度近似模型预测响应的置信区间 n_m 可写为

$$n_m = [\hat{y}_{\text{vf}} - Z_{\alpha/2}\sigma(x), \hat{y}_{\text{vf}} + Z_{\alpha/2}\sigma(x)] \tag{6.25}$$

其中，$Z_{\alpha/2}$ 为标准正态分布的 α 分位数；$\sigma(x)$ 为未测试点处预测标准差。例如，当 α=0.05 时，$Z_{\alpha/2}=1.96$，即置信区间的上下界距离预测响应均值的距离为 1.96 倍的标准差 $\sigma(x)$。当用变可信度近似模型代替约束条件时，只需关注预测响应置信区间的上界 $\hat{y}_{\text{vf}} + Z_{\alpha/2}\sigma(x)$，因此在一定置信水平 C 下，采用 MSE 方法求得的保守水平大小可表示为

$$S_{\text{MSE}}(x) = \Phi^{-1}\left(\frac{C}{100}\right) \times \sigma(x) \tag{6.26}$$

其中，Φ^{-1} 为标准正态分布的逆 CDF。

可以看出,利用 MSE 方法求得的保守水平在设计空间内随预测点位置是不断变化的。由于改进的层次 Kriging 模型属于插值类的近似模型，因此在样本点处预测方差为 0，故在样本点处保守水平大小为 0。图 6.22 绘制了在置信水平 90%时，保守变可信度近似模型及预测响应的置信区间。此算例中，变可信度近似

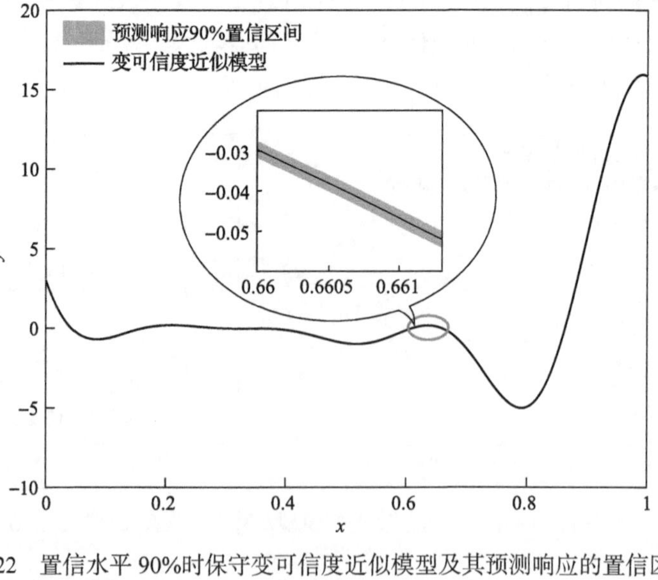

图 6.22　置信水平 90%时保守变可信度近似模型及其预测响应的置信区间

模型预测 MSE 非常小，因此所得到的置信区间相比于响应变化范围也非常小。只采用 MSE 方法计算的保守水平构建保守变近似模型可描述为

$$\hat{y}_{\mathrm{csm}}(x)=\hat{y}_{\mathrm{vf}}(x)+S_{\mathrm{MSE}}(x) \tag{6.27}$$

图 6.23 绘制了置信水平 90%时，所构建的保守变可信度近似模型及其真实误差的 CDF 变化。由图可以看出，由于采用 MSE 方法求得变可信度近似模型的保守水平较小，因此保守变可信度近似模型与原变可信度近似模型差别不大。因此，

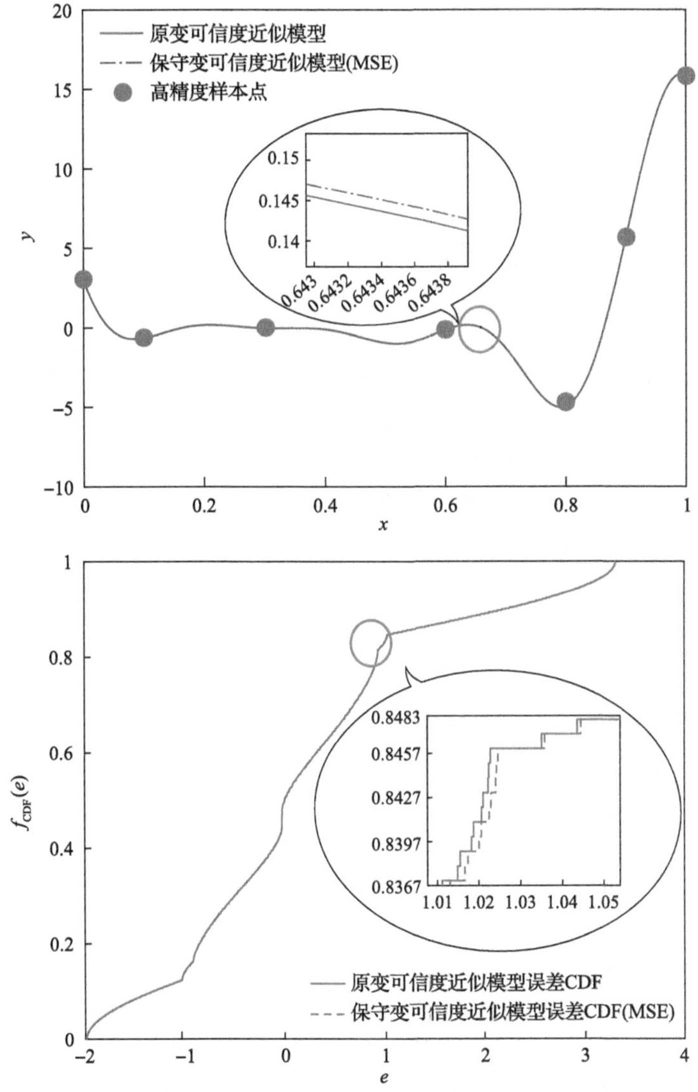

图 6.23　置信水平 90%时保守变可信度近似模型及其真实误差 CDF 变化(MSE 方法)

所构建保守变可信度近似模型的真实保守程度远低于置信水平，仍可能导致优化问题所求得的最优解不可行从而使设计失效。

由以上分析结果可以看出，只采用 Bootstrap 方法构建的保守变可信度近似模型的真实保守程度远高于置信水平，造成设计过分保守；只采用 MSE 方法构建的保守变可信度近似模型的真实保守程度远低于置信水平，容易造成设计失效，因此，本节采用组合加权方式构建保守变可信度近似模型。所提出的基于置信水平的保守变可信度近似模型的保守水平为 Bootstrap 和 MSE 两种方法所求得保守水平的加权组合，可用数学公式描述如下：

$$S_{\text{pro}}(x)=\omega_1 S_{\text{boot}}(x)+\omega_2 S_{\text{MSE}}(x) \tag{6.28}$$

其中，系数 ω_1 和 ω_2 的计算方法与 6.3.1 节中相同，此处不再赘述。

利用算法 6.2 求得 $\omega_1=0.1158$，$\omega_2=0.8842$。本节提出基于置信水平的保守变可信度近似模型的真实保守程度与不同置信水平(期望保守程度)关系如图 6.24 所示。图中黑色实线表明期望保守程度和真实保守程度相同。可以看出，Bootstrap 方法所构建保守变可信度近似模型的真实保守程度远高于期望保守程度，并且在期望保守程度大约高于 72%后，真实保守程度维持在 100%不变。而 MSE 方法结果相反，保守变可信度近似模型的真实保守程度变化很小，基本不随期望保守程度的变化而变化。本节提出的组合方法能对以上两种方法的结果进行一个较好的权衡，所构建变可信度近似模型的真实保守程度较另两种方法在不同置信水平下，与期望保守程度均更为接近，即本节提出的基于置信水平的保守变可信度近似建模方法能更好地满足设计要求。

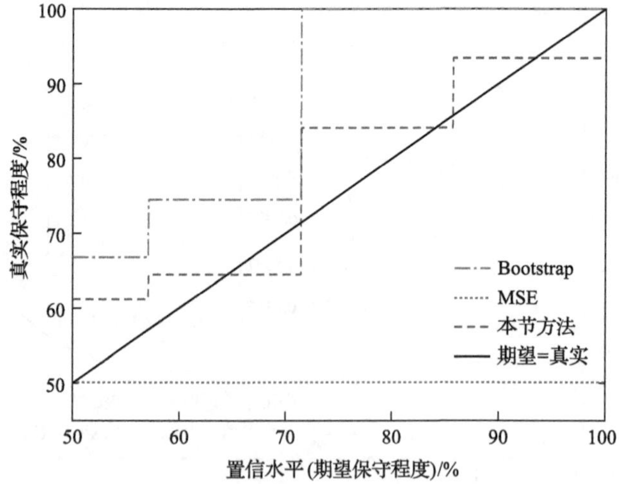

图 6.24　一维函数期望保守程度与真实保守程度关系

为了进一步测试本节所提方法的效果，采用 P2、P4、P5 和 P7 四个测试函数进行测试。高精度样本点数量分为高/中/低三个水平，低精度样本点数量分为高/低两个水平，每个测试算例均使用六种高/低精度样本点组合。每个算例高/低精度样本点数量设置如表 6.12 所示。

表 6.12　数值算例高/低精度样本点数量设置

测试算例	维度	低精度样本点数量	高精度样本点数量
P2	一维	$N_l = 10/20$	$N_h = 6/8/10$
P4	二维	$N_l = 20/40$	$N_h = 12/16/20$
P5	四维	$N_l = 40/80$	$N_h = 20/30/40$
P7	八维	$N_l = 80/160$	$N_h = 30/40/50$

每个算例每种样本点组合情况均重复 30 次，并取结果的中位数作为统计结果。在置信水平 90%下，分别采用 Bootstrap、MSE 和本节所提方法对四个测试函数构建保守变可信度近似模型，所得到的近似模型的期望保守程度与真实保守程度结果对比如图 6.25～图 6.28 所示。其中黑色直线表示真实保守程度与期望保守程度相同。本节以各方法构建保守变可信度近似模型的真实保守程度与期望保守程度之间的接近程度，即所构建保守变可信度近似模型的保守程度变化曲线与黑色直线之间的接近程度，判断各方法在保守近似建模方面的优越性。对图 6.25 和图 6.26 结果总结如下。

(1) 在图 6.25 和图 6.26 中相同低精度样本点(如(a)、(b)与(c))或相同高精度样本点(如(c)与(f))两种情况下，由本节所提方法的结果变化可以看出，随着高精度样本点或低精度样本点数量的增多，三种方法结果逐渐接近于黑色实线，即

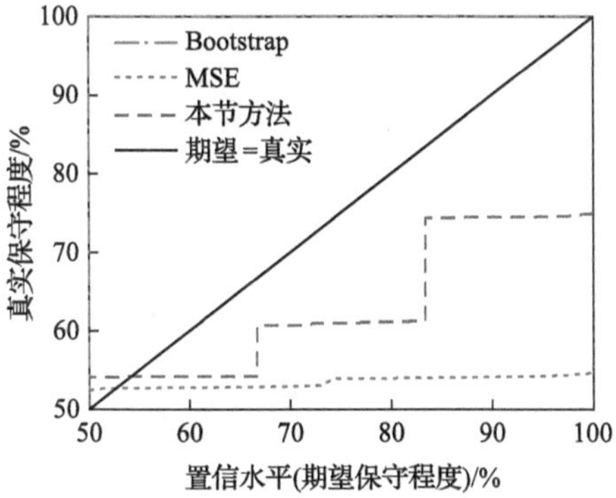

(a) P2(N_h=6, N_l=10)

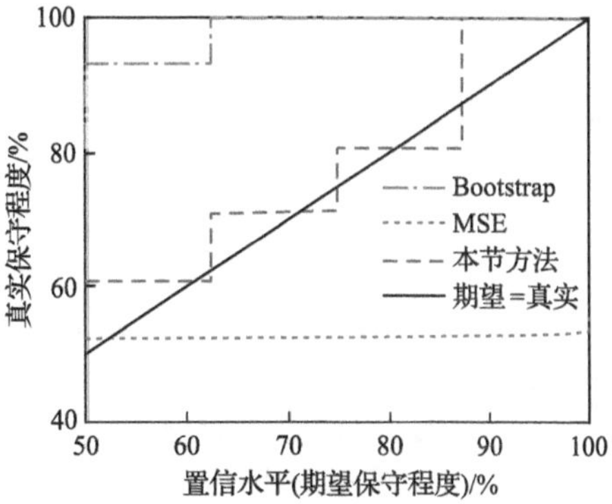

(b) P2(N_h=8, N_l=10)

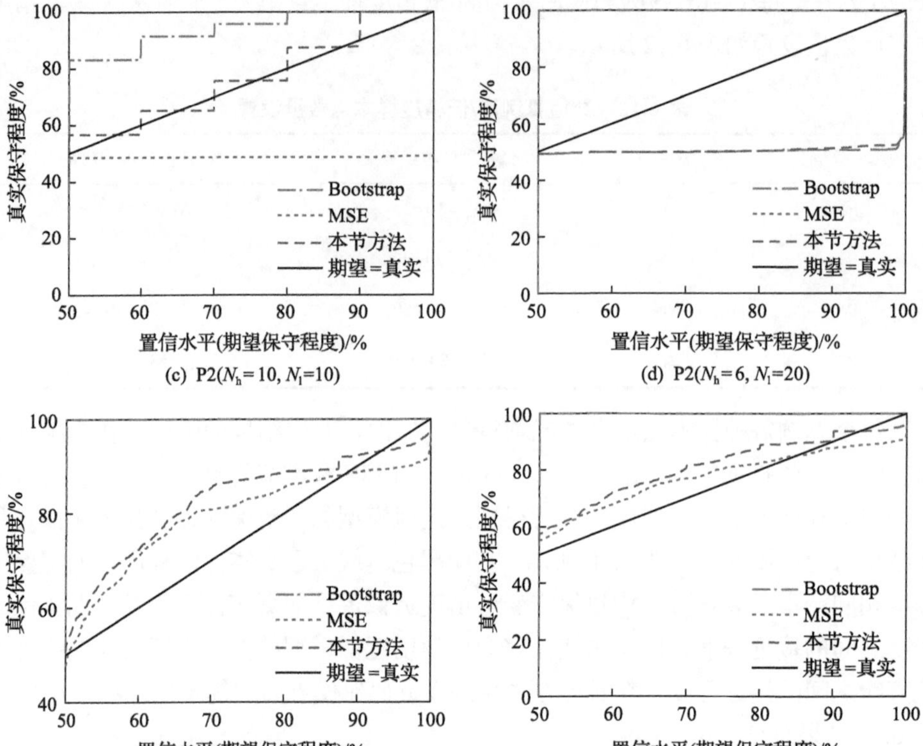

(c) P2(N_h=10, N_l=10)　　(d) P2(N_h=6, N_l=20)

(e) P2(N_h=8, N_l=20)　　(f) P2(N_h=10, N_l=20)

图 6.25　P2 期望保守程度与真实保守程度结果对比

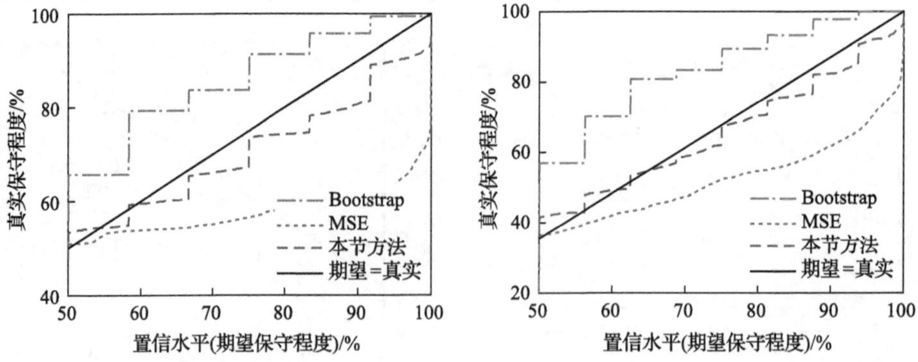

(a) P4(N_h=12, N_l=20)　　(b) P4(N_h=16, N_l=20)

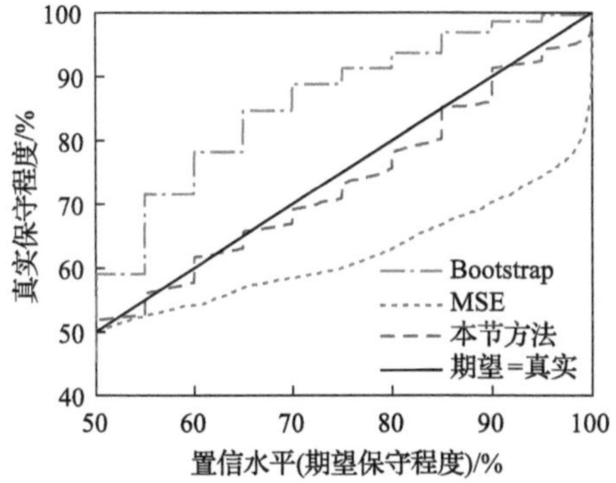

(c) P4(N_h=20, N_l=20)

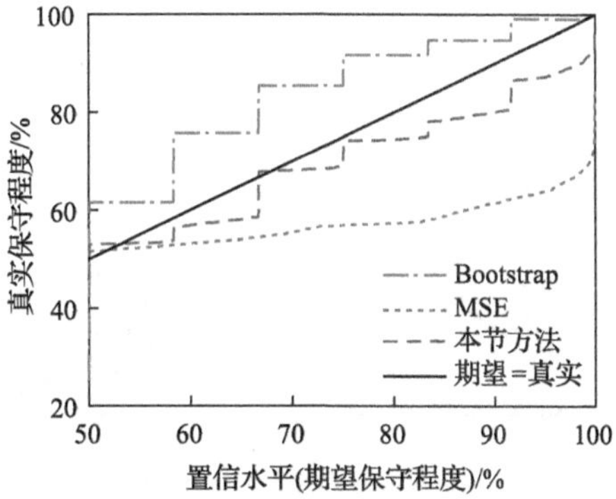

(d) P4(N_h=12, N_l=40)

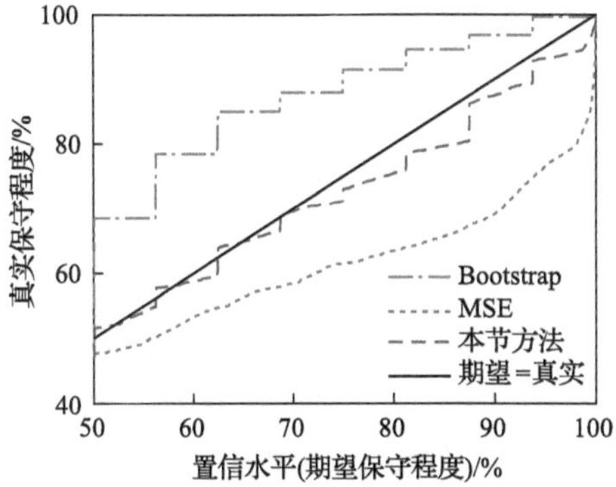

(e) P4(N_h=16, N_l=40)

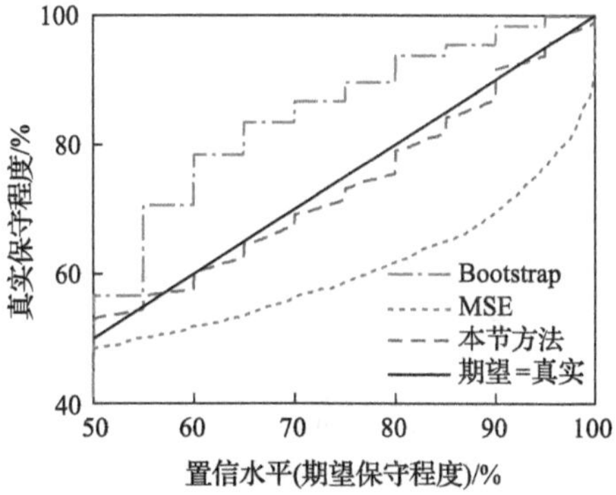

(f) P4(N_h=20, N_l=40)

图 6.26　P4 期望保守程度与真实保守程度结果对比

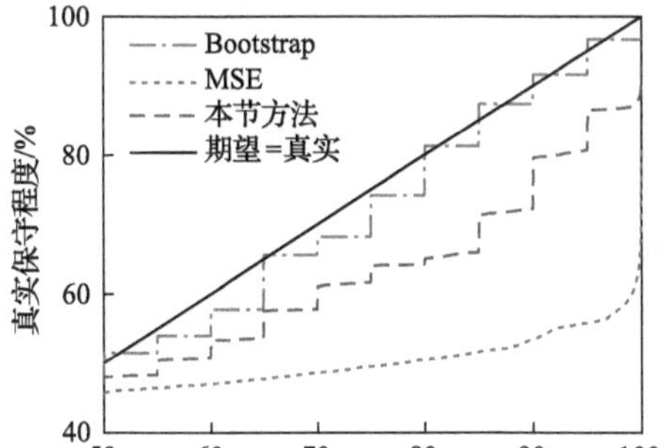

(a) P5(N_h=20, N_l=40)

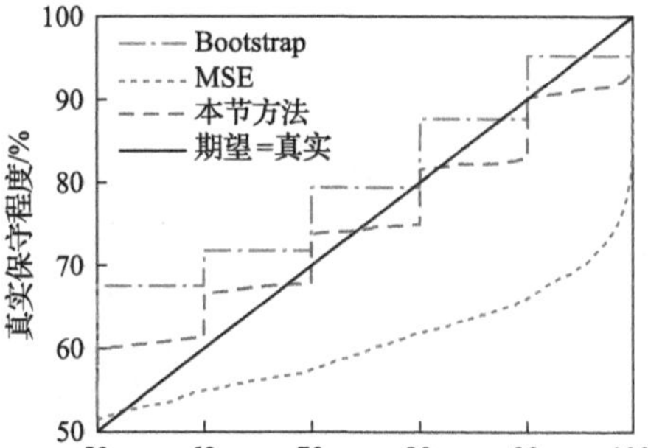

(b) P5(N_h=30, N_l=40)

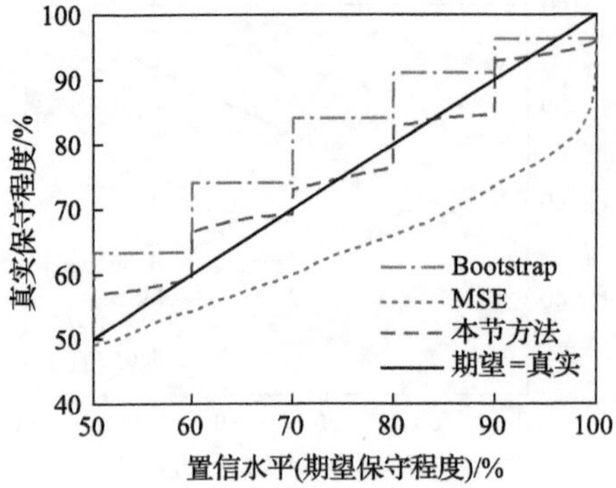

(c) P5(N_h=40, N_l=40)

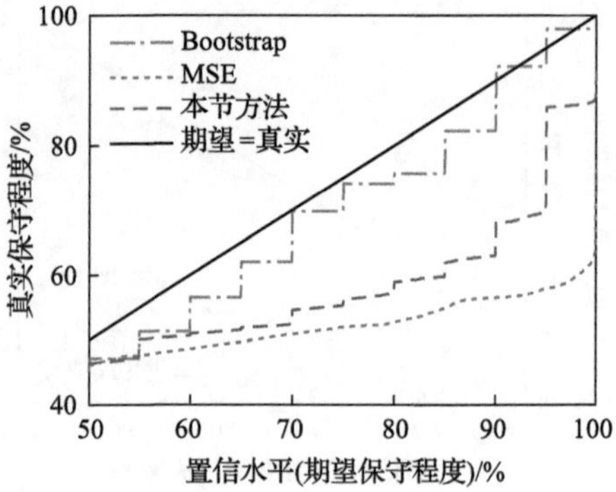

(d) P5(N_h=20, N_l=80)

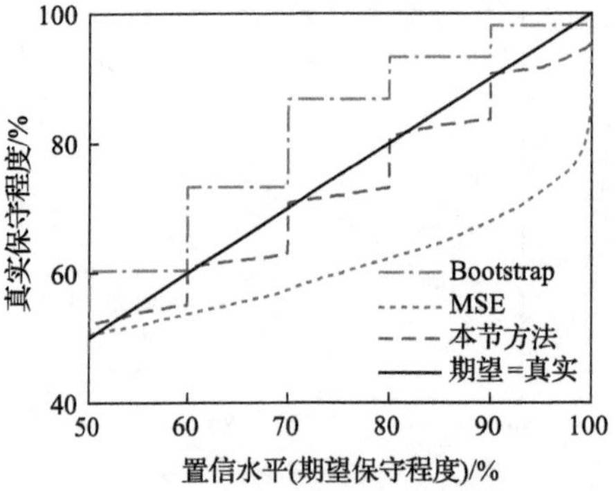

(e) P5(N_h=30, N_l=80)

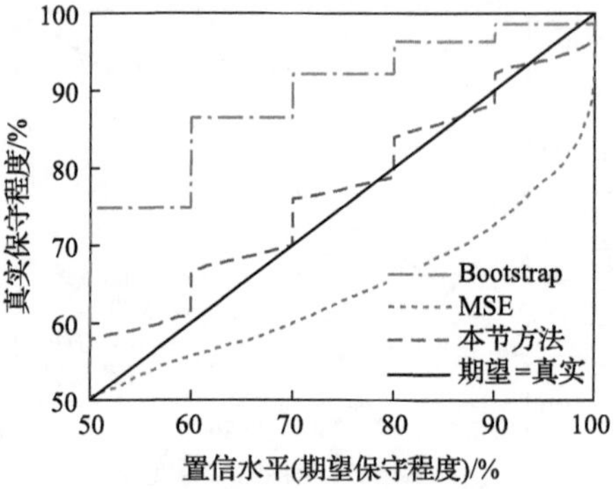

(f) P5(N_h=40, N_l=80)

图 6.27　P5 期望保守程度与真实保守程度结果对比

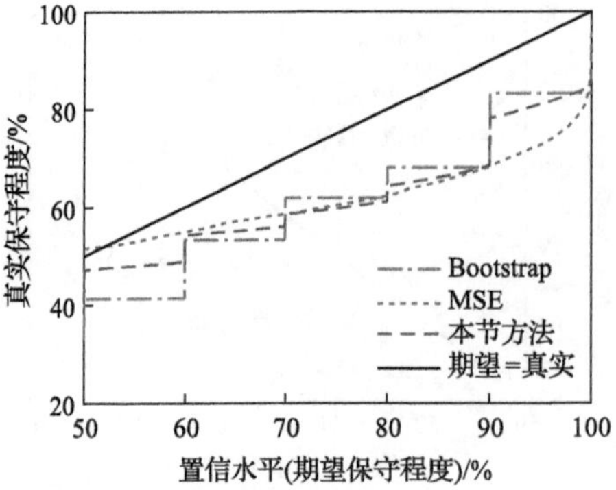

(a) P7(N_h=30, N_l=80)

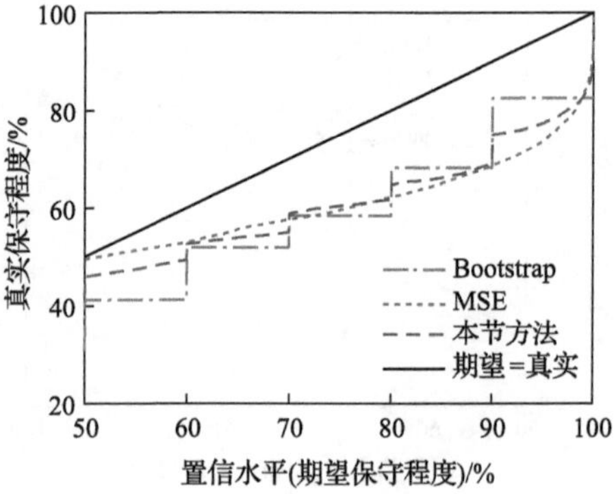

(b) P7(N_h=40, N_l=80)

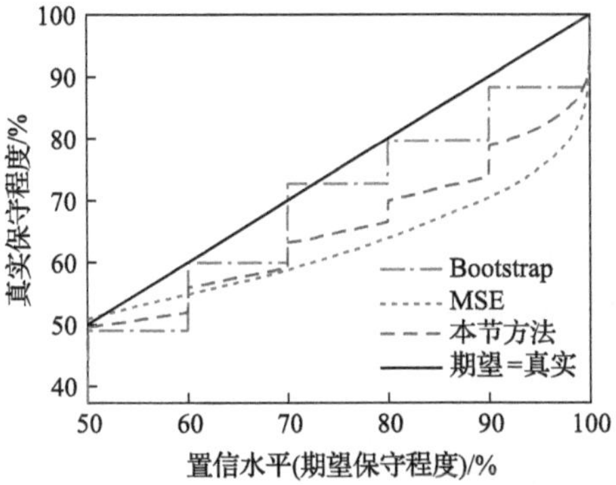

(c) P7(N_h=50, N_l=80)

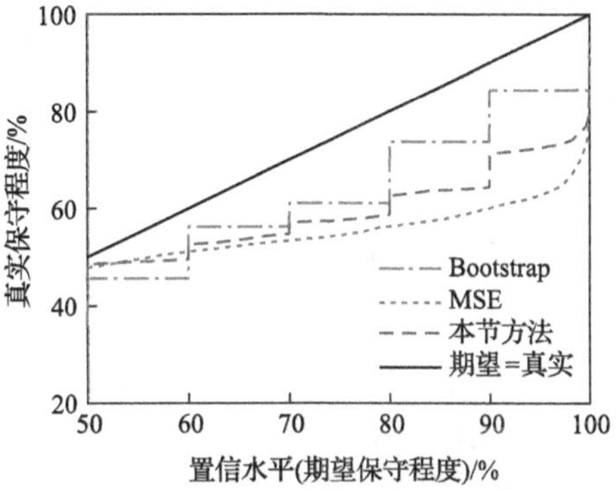

(d) P7(N_h=30, N_l=160)

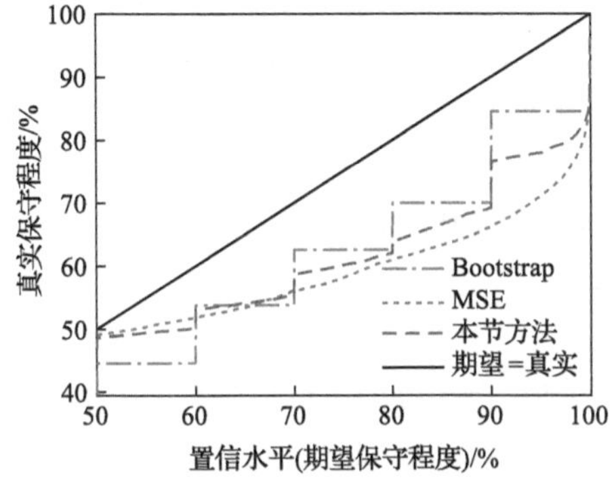

(e) P7(N_h=40, N_l=160)

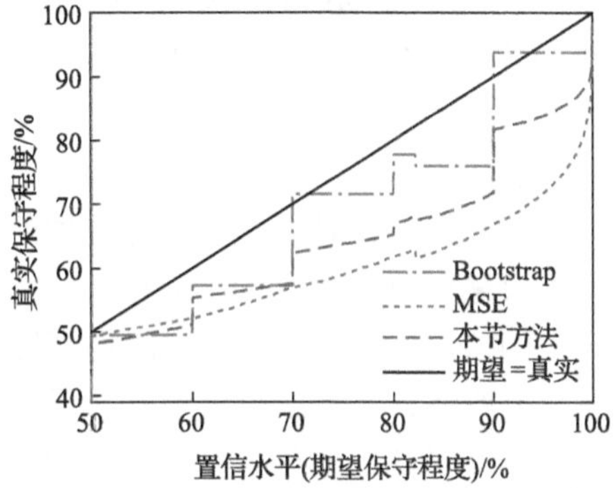

(f) P7(N_h=50, N_l=160)

图 6.28　P7 期望保守程度与真实保守程度结果对比

增加样本点数量能提高保守变可信度近似模型的真实保守程度与期望保守程度之间的贴近程度。

(2) 图 6.25(a)、(b)、(c) 中，所提方法构建保守变可信度近似模型的真实保守程度与期望保守程度最为接近；图 6.25(e) 和 (f) 中，在置信水平在 50%～90% 时，MSE 方法所构建的保守变可信度近似模型的保守程度与预期保守程度更为接近；而当置信水平在 90%～100%时，所提出的方法优于另外两种方法。在图 6.26 中，所有样本点组合下，本节所提出的方法均优于 Bootstrap 和 MSE 方法所构建的保守变可信度近似模型的结果。因此，在低维算例下，所提出的基于置信水平的保守变可信度近似建模方法能更准确地选取保守水平，合理控制所构建近似模型的保守程度，使模型响应的保守区域比例更加符合预期要求。

(3) 在低维算例中，Bootstrap 方法所构建的保守变可信度近似模型的真实保守程度通常高于预期保守程度，而 MSE 方法所构建的保守变可信度近似模型的真实保守程度通常低于预期保守程度(图 6.25(e) 和 (f) 两种情况除外)，即 Bootstrap 方法选取的保守程度通常较高，MSE 方法选取的保守程度通常较低，这与 6.2 节中 Bootstrap 方法和 MSE 方法对变可信度近似模型的不确定性量化结果是一致的。因此，合理构建保守变可信度近似模型的前提是对变可信度近似模型的预测不确定性进行准确量化。

在两个高维算例中，对图 6.27 和图 6.28 结果进行分析得出如下结论。

(1) 图 6.27 (b)、(c)、(e) 和 (f) 中，在期望保守程度较低时，MSE 方法的结果较 Bootstrap 方法更为准确；随着期望保守程度的提升，Bootstrap 方法结果更为准确。本节所提出的方法通过对两种方法结果进行合理加权，所构建的变可信度近似模型在置信水平从 50%变化至 100%，期望保守程度与真实保守程度均较为接近，能按照预期要求构建合理的保守变可信度近似模型。

(2) 当 Bootstrap 和 MSE 两种方法不确定性量化结果均低于或高于真实误差，而所构建变可信度近似模型的保守程度介于二者之间时，本节所提方法在部分置信水平下的性能将会比使用单一误差所构建保守变可信度近似模型的结果要差 (如图 6.27 (a)、(d) 和图 6.28 所示)。但通常在设计过程中，对未知系统输出特征信息获取较少，难以提前选择合理的不确定性量化指标类型，而本节所提方法可避免仅采用单一不确定性量化指标构建保守变可信度近似模型在部分问题中误差较大的情形，提高建模结果的鲁棒性。

综上所述，本节所提出的基于置信水平的保守变可信度近似建模方法通过对 Bootstrap 和 MSE 两种方法所得到的保守程度进行合理加权，使所构建的保守变可信度近似模型的真实保守程度与期望保守程度更为贴近，且能避免使用单一误差构建保守变可信度近似模型保守程度太高或者太低的问题。此外，在成本允许的条件下，构建保守变可信度近似模型时应尽量使用较多的样本点，使所得近似模型的保守程度更加符合设计要求。

参 考 文 献

[1] Efron B, Tibshirani R J. An Introduction to The Bootstrap[M]. Boca Raton: CRC Press, 1998.

[2] 叶光. 协整参数的自举推断[J]. 统计研究, 2011, 28 (3): 99-106.

[3] 赵亮. 面板数据非线性回归模型建模方法及其应用[D]. 天津: 天津财经大学, 2012.

[4] Efron B. Estimating the error rate of a prediction rule: Improvement on cross-validation[J]. Journal of the American Statistical Association, 1983, 78 (382): 316-331.

[5] Efron B, Tibshirani R. Improvements on cross-validation: The 632+ Bootstrap method[J]. Journal of the American Statistical Association, 1997, 92 (438): 548-560.

[6] Efron B. Bootstrap methods: Another look at the Jackknife[M]//Samuel K, Norman L J. Breakthroughs in Statistics. Berlin: Springer. 1992: 569-593.

[7] Larson S C. The shrinkage of the coefficient of multiple correlation[J]. Journal of Educational Psychology, 1931, 22 (1): 45-55.

[8] Stone M. Cross-validatory choice and assessment of statistical predictions[J]. Journal of the Royal Statistical Society: Series B, 1974, 36(2): 111-133.

[9] Kohavi R. A study of cross-validation and Bootstrap for accuracy estimation and model selection[C]. 14th International Joint Conference on Artificial Intelligence, San Francisco, 1995: 1137-1143.

[10] Meckesheimer M, Booker A J, Barton R, et al. Computationally inexpensive metamodel assessment strategies[J]. American Institute of Aeronautics and Astronautics Journal, 2002, 40(10): 2053-2060.

[11] Rodriguez J D, Perez A, Lozano J A. Sensitivity analysis of k-fold cross validation in prediction error estimation[J]. IEEE Transactions on Pattern Analysis and Machine Intelligence, 2010, 32(3): 569-575.

[12] Romero D A, Marin V E, Amon C H. Error metrics and the sequential refinement of Kriging metamodels[J]. Journal of Mechanical Design, 2015, 137(1): 011402.

[13] Goel T, Hafkta R T, Shyy W. Comparing error estimation measures for polynomial and Kriging approximation of noise-free functions[J]. Structural and Multidisciplinary Optimization, 2009, 38(5): 429-442.

[14] Mehmani A, Chowdhury S, Messac A. Predictive quantification of surrogate model fidelity based on modal variations with sample density[J]. Structural and Multidisciplinary Optimization, 2015, 52(2): 353-373.

[15] Cheng G H, Younis A, Hajikolaei K H, et al. Trust region based mode pursuing sampling method for global optimization of high dimensional design problems[J]. Journal of Mechanical Design, 2015, 137(2): 021407.

[16] Huang D, Allen T T, Notz W I, et al. Sequential Kriging optimization using multiple-fidelity evaluations[J]. Structural and Multidisciplinary Optimization, 2006, 32(5): 369-382.

[17] Zheng J, Shao X Y, Gao L, et al. A prior-knowledge input LSSVR metamodeling method with tuning based on cellular particle swarm optimization for engineering design[J]. Expert Systems with Applications, 2014, 41(5): 2111-2125.

[18] Zhou Q, Shao X Y, Jiang P, et al. An active learning metamodeling approach by sequentially exploiting difference information from variable-fidelity models[J]. Advanced Engineering Informatics, 2016, 30(3): 283-297.

[19] 张琳. 面向变可信度近似的嵌套实验设计方法研究[D]. 武汉：华中科技大学, 2015.

[20] Lophaven S N, Nielsen H B, Søndergaard J. DACE: A Matlab Kriging Toolbox[R]. Copenhagen: Technical University of Denmark, 2002.

[21] Lophaven S N, Nielsen H B, Søndergaard J. Aspects of the Matlab Toolbox DACE[R]. Copenhagen: Technical University of Denmark, 2002.

[22] Jiang P, Zhang Y H, Zhou Q, et al. An adaptive sampling strategy for Kriging metamodel based on delaunay triangulation and TOPSIS[J]. Applied Intelligence, 2018, 48(6): 1644-1656.

[23] Zhao D, Xue D Y. A comparative study of metamodeling methods considering sample quality merits[J]. Structural and Multidisciplinary Optimization, 2010, 42(6): 923-938.

[24] Picheny V, Kim N H, Haftka R, et al. Conservative predictions using surrogate modeling[C]. 49th AIAA/ASME/ASCE/AHS/ASC Structures, Structural Dynamics, and Materials Conference, Schaumburg, 2008: 1716.

第 7 章　典型头型结构空化流场特性预测

7.1　空化现象及其机理模型

7.1.1　空化现象及其危害

空化现象是液体独有的一种现象，本质上是一种水由液态转变为气态(空泡)的相变过程。与温度升高引起的液体相变不同，空化现象的液体汽化过程是由局部压力的降低而引起的。由伯努利定律可知，不可压流体的高速运动会导致局部压力的降低，当流体局部压力降低至局部温度下的饱和蒸气压时，该处液体将会自发地由液态转化为气态。因此，空化现象常发生于液体流速较快的工况下，如水力机械内部(水轮机、螺旋桨、水泵等)及高速运动的航行体表面(船舶的鳍、舵、鱼雷等)。

工程中，常使用 Thomas 于 1924 年提出的一个无量纲数 σ 来描述空化现象，称为空化数，其表达式为

$$\sigma = \frac{p_\infty - p_\text{v}}{\frac{1}{2}\rho u_\infty^2} \tag{7.1}$$

其中，p_∞ 和 u_∞ 分别为无扰动参考截面的静压和速度；p_v 和 ρ 分别为流动液体的饱和蒸气压和密度。

式(7.1)中的分子是空泡的内外压力差，分母则是水流的动压头，两者分别代表促使空泡溃灭的因素和促使空泡发生的因素。因此，空化数的物理意义便是液体中空化的抑制因素和反抑制因素之比。除式(7.1)外，水利工程和水力机械中分别使用式(7.2)和式(7.3)对空化数进行表示：

$$\sigma = \frac{H_p + H_\text{a} - H_\text{v}}{\frac{1}{2g} v_p^2} \tag{7.2}$$

$$\sigma = \frac{H_\text{nps}}{H} \tag{7.3}$$

其中，H_p、H_a 和 H_v 分别为参考点 P 处的压力水柱高、大气压力水柱高和水饱和蒸气压力水柱高；v_p 为参考点 P 处水的流速；H_nps 为水机设备的净正吸上水头，

即水机设备入口处液体的压头与液体饱和蒸气压头之差，俗称“气蚀余量”；H 为总静压水头。

空化现象的出现往往伴随着许多负面影响，其中常见的有表面的结构破坏与工作性能的降低。例如，在高速运转的水力机械叶片表面，由于液体流速较快，叶片附近将产生大量的空泡，如图 7.1(a)所示。大量空泡的出现将严重影响叶片表面的载荷分布，使其大幅度偏离正常设计工况，严重影响叶片的负载，从而导致螺旋桨产生失速现象。同时，随着空化现象的加剧，附体的空泡将转化为大量破碎的游离空泡，该过程伴随着大空泡的溃灭以及云状空泡的转移，如图 7.1(b)所示，从而造成水力机械内部的噪声显著增加，并造成机械结构的振动，加剧零件的磨损，影响零件的使用寿命。同时，空泡的溃灭将会产生局部高温高压的射流，该射流会对结构物局部表面产生破坏作用，这种由空化现象造成的结构物表面破坏称为空蚀现象，如图 7.1(c)所示。在水轮机叶片表面出现较大面积和较严重的表面破坏，正是空蚀现象导致的。

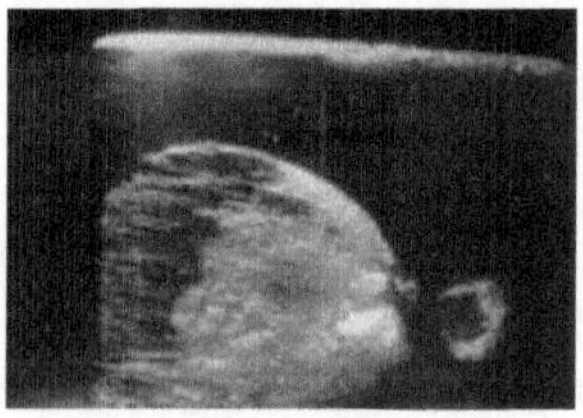

(a) 片状空化

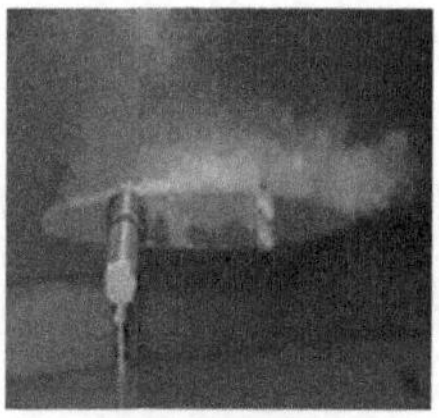

(b) 云状空化

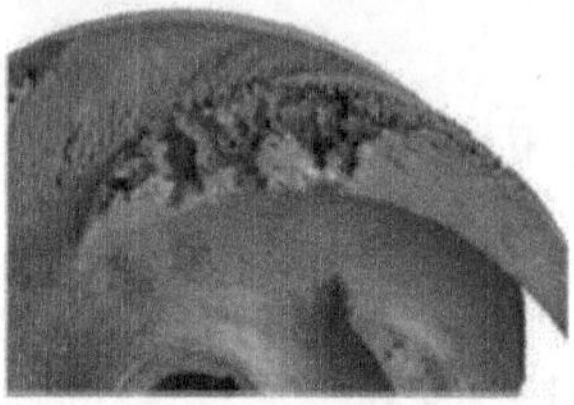

(c) 空蚀现象

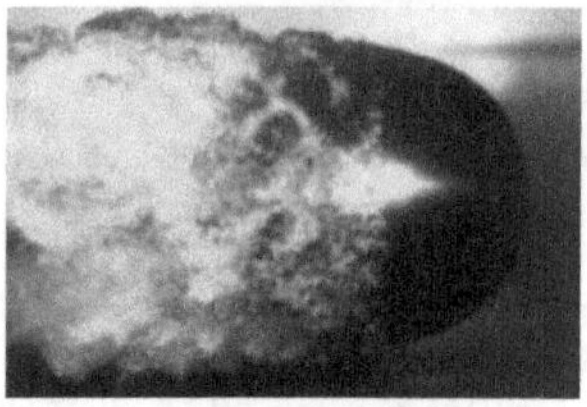

(d) 弹体表面空泡

图 7.1　空化的不同形态及危害

除去降低水力机械的性能及对结构物表面的破坏作用，空化现象对水下航行体的危害还表现在其他方面。如图 7.1(d)所示，在水下航行体行驶的过程中，空泡脱落产生的局部环境的压力脉动可能引起航行体内部零部件的振动，导致精密零部件的失调和损坏；另外，由于航行工况的多变性，在遭遇不对称流动时，航行体表面也将产生不对称的空化形态。这种不对称性将严重影响航行体的操控性，极大地改变航行体预定的轨迹，严重将造成航行体的失控。

近些年来，有关空化问题的研究不局限于控制空化现象带来的危害，对空化现象的利用逐渐成为研究的热点。例如，通过空泡溃灭产生的破坏作用，空化现象被应用于工业清洗上，去清除船舶表面产生的铁锈。空泡溃灭产生的局部细小射流，一定程度上会加速溶液中的物质反应速率。另外，航行体表面的附着空泡，会显著减小航行体行驶时的流动阻力，使航行体在水下的运动速度大幅度提高。在这一概念基础上，超空泡减阻技术得到了飞速的开发。苏联经过数十年的研究，在 20 世纪末研制出超空泡鱼雷——“暴风雪”，其在水下航行速度能达到 100m/s。另外，在航行体入水过程中，通过人工通气形成的超空泡气膜，也能显著地减小航行体入水所受到的冲击力。

7.1.2　空化机理及其模型

面对空化现象带来的危害和利用价值，理解空化现象的形成机理成为解决空化问题的必要条件。目前，对于空化现象的研究主要分为三个方面，分别是理论推导、试验研究及数值仿真方法。

一般认为，产生空化现象需要三个条件：活跃的空化核(气核)、低压环境及作用时间。活跃的空化核(如游离气泡)在低压环境中经历足够的作用时间，空泡将会迅速增大，最后发展为空化流动。空化核的存在形式具体如图 7.2 所示，空化的过程具体如图 7.3 所示。早期的研究表明，单个的游离气泡无法在静止液体中稳定存在，而空化现象的产生又依赖于游离气泡的存在，因此出现了“气核悖理”。潘森森等[1]在研究中描述了游离气泡在运动中的动态平衡，解决了上述矛盾。为了揭示该游离气泡发展成空化流动的机理，国内外学者做了许多尝试，其中 R-P(Rayleigh-Plesset)方程被认为是对该过程中泡动力学的基本描述。

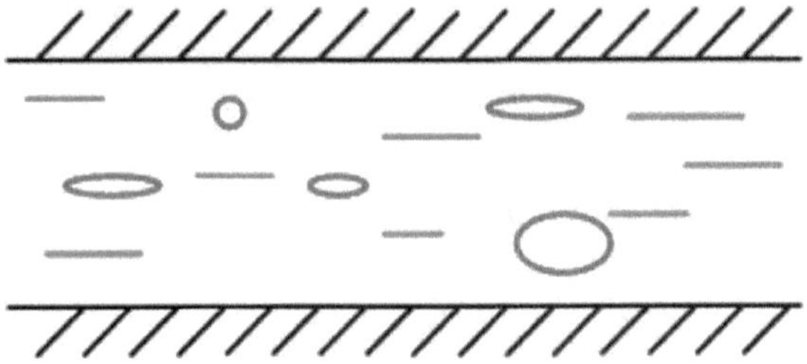

(a) 单独存在的微气泡或微气团

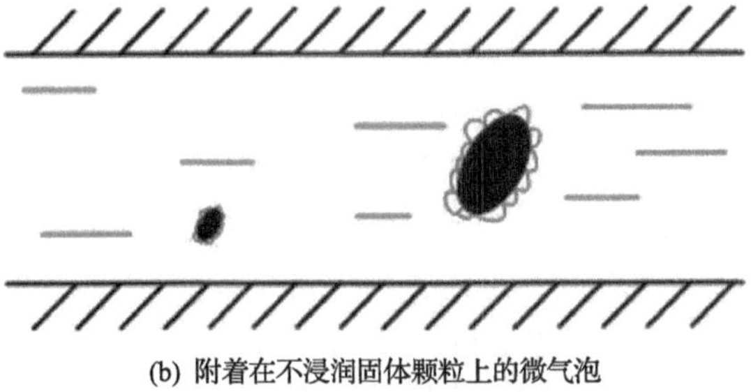

(b) 附着在不浸润固体颗粒上的微气泡

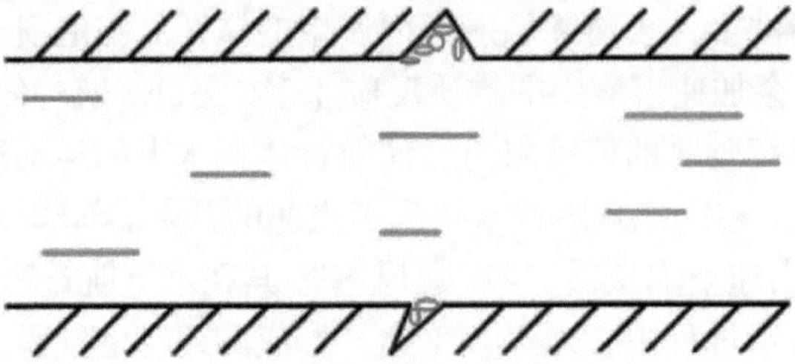

(c) 固体边壁表面微裂隙中的微气泡

图 7.2 空化核存在形式

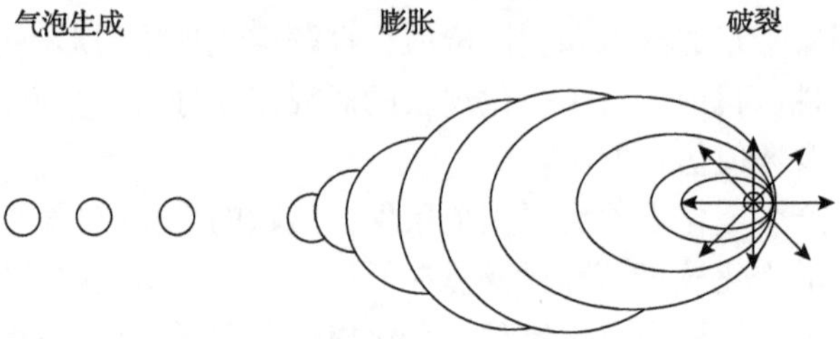

图 7.3 空化的过程

R-P 方程考虑无界液体中的一个球泡，泡内为均匀分布的气汽混合物，泡外是密度为ρ的匀质液体。在忽略液体的黏性、可压缩性、热传导及气体扩散的情况下，只考虑惯性作用，则其连续性方程和动力学方程分别为

$$\nabla \cdot v = 0 \tag{7.4}$$

$$\frac{\partial v}{\partial t} + (v \cdot \nabla)v = F - \frac{1}{\rho}\nabla p \tag{7.5}$$

其中，v为流体质点的速度矢量；F为质量力。

球对称运动中只有径向流动，因此其速度势φ存在，且满足$v_r = \dfrac{\partial \varphi}{\partial r}$。因此，式(7.4)可进一步写为

$$\frac{\partial v_r}{\partial r} + 2\frac{v_r}{r} = 0 \tag{7.6}$$

其中，r为空泡半径；v_r为空泡在半径r处的速率。

对式(7.5)积分后得

$$\frac{\partial \varphi}{\partial t} + \frac{1}{2}\left(\frac{\partial \varphi}{\partial r}\right)^2 + \frac{p}{\rho} = f(t) \tag{7.7}$$

其中，$f(t)$ 为与时间相关的积分项。

将泡壁边界条件代入式(7.6)可得

$$v_r = \frac{R^2 \dot{R}}{r^2} \tag{7.8}$$

其中，R 为泡壁半径；$\dot{R}$ 为空泡半径的变化速率。

将 $\varphi = \int v_r \mathrm{d}r = -\frac{R^2 \dot{R}}{r}$ 和 $\frac{\partial \varphi}{\partial t} = -\frac{R^2 \ddot{R} + 2R\dot{R}^2}{r}$ 代入式(7.7)，同时取边界条件 $v\big|_{r\to\infty} = 0$ 和 $p\big|_{r\to\infty} = p_\infty$，$r = R$，可得泡壁的径向运动方程为

$$R\ddot{R} + \frac{3}{2}\dot{R}^2 = \frac{1}{\rho}(p_R - p_\infty) \tag{7.9}$$

其中，$\ddot{R}$ 为空泡半径变化的加速度。

R 处流体的静压强为

$$p_R = p_\mathrm{g} + p_\mathrm{v} - \frac{2\tau}{R} \tag{7.10}$$

其中，p_R 为气泡壁处的静压；p_g 为气泡内部的压强；p_v 为液体中的蒸汽压强；τ 为液体的表面张力。

考虑液体的黏性，应取 $p_R + 2\mu\left(\frac{\partial v_r}{\partial r}\right)\bigg|_{r=R}$ 代替式(7.9)中的 p_R，得到式(7.11)：

$$R\ddot{R} + \frac{3}{2}\dot{R}^2 = \frac{1}{\rho}\left(p_\mathrm{g} + p_\mathrm{v} - \frac{2\tau}{R} - p_\infty - \frac{4\mu\dot{R}}{R}\right) \tag{7.11}$$

其中，μ 表示液体的动力黏度系数。

若等式右边 $R = \ddot{R} = 0$，这就是静平衡情况。由 R-P 方程可解得气核失稳生长的临界半径 R^* 为

$$R^* = R_0\sqrt{\frac{3R_0}{2\tau}\left(p_0 - p_\mathrm{v} + \frac{2\tau}{R_0}\right)} \tag{7.12}$$

其中，p_0 为气核初始半径 R_0 时的液体压强。

一般认为，对于单个气核来说，当 $R \geqslant R^*$ 时该气核就空化了。

R-P 方程式(7.10)中的气泡内部压强 p_g 实际上由两部分组成 $p_\mathrm{g} = p_{\mathrm{g}1} + p_{\mathrm{g}2}$，

其中，p_{g1}是泡内含有的气体的分压强，它随泡生长的变化服从理想气体定律，即

$$p_{g1} = p_{g0} + (R_0 / R)^{3\gamma} \tag{7.13}$$

γ 为多方指数；p_{g2} 为在生长过程中通过泡壁扩散入泡内的那部分气体的分压强，可由扩散方程和质量守恒方程联立得到。扩散方程为

$$\frac{\partial C_1}{\partial t} + v \cdot \nabla C_1 = D\nabla^2 C_1 \tag{7.14}$$

其中，$C_1 = C_1(r,t)$ 为泡外液体中溶解气体的浓度，区别于泡内气体浓度 C_g；v 为泡壁与流体质点之间的相对运动速度；D 为扩散系数。

泡内气体质量的变化率等于通过泡壁向泡内扩散的气体输运率，即

$$\frac{\mathrm{d}m_g}{\mathrm{d}t} = 4\pi R^2 D\left(\frac{\partial C_1}{\partial r}\right)_{r=R} \tag{7.15}$$

而泡内气体的质量 m_g 可表达为

$$m_g = \frac{4}{3}\pi R^3 \frac{M}{kT} p_{g2} \tag{7.16}$$

其中，M 为气体的摩尔质量；k 为气体普适常数；T 为气体温度。

泡内气体压强 p_{g2} 和周围液体运动参数之间的关系可由 R-P 方程给出（忽略黏性和泡内原有气体），即

$$p_{g2} = \rho\left(R\ddot{R} + \frac{3}{2}\dot{R}^2\right) + \frac{2\tau}{R} - p_v + p(t) \tag{7.17}$$

将式(7.16)和式(7.17)代入到式(7.15)中，考虑到完全由扩散过程所致的气泡生长是缓慢的，可整理得到

$$D\left(\frac{\partial C_1}{\partial r}\right)_{r=R} = \frac{M}{kT}\left(\frac{4}{3}\frac{\tau}{R} - p_v + p(t)\right)R + \frac{1}{3}\frac{M}{kT}\frac{\mathrm{d}p(t)}{\mathrm{d}t}R \tag{7.18}$$

通过式(7.14)与式(7.18)和连续性方程，原则上可以解出任何时刻由气泡扩散而引起的气泡生长半径 $R(t)$ 及生长率 $\dot{R}(t)$。

在该基础上，后续的研究者对该方程进行了各种各样的修正，以便更好地描述整个发展过程。但是该方程及其后续的修正局限于将空化流动视为单个空泡的发展过程，而忽视了空泡的群体作用，因此在描述机理上存在缺陷。

空化的概念涵盖了从空化产生到溃灭、消失的整个过程，一般需要经历三个

过程，即空化初生、空化发展和空化溃灭三个阶段。空化的初生和溃灭阶段都较为难观测。相对地，在这两个阶段中间的发展则可通过肉眼观测。空化的类型一般也以其发展阶段的形态来区分，如片状空化、云状空化、泡状空化、超空化、涡空化等。与初生和溃灭阶段相比，发展阶段持续时间长，同时对流场有较大的影响。正是发展空化的不稳定性和大尺度，显著地改变了流场的压力分布，导致设备运行出现异常，如效率降低、振动和噪声加剧等。

影响空化发展的因素一般有三类：①物体因素，包括几何形状、粗糙度等；②流场参数，包括来流压力、流速等；③水质条件，包括水温、黏性等物理特性，以及气核分布和溶解气体含量。这些因素的组合形成来流空化数、物面压力分布、来流气核谱、边界层特性、热效应等，它们不仅决定空化的类型，同时也对空化的发展演化至关重要。

(1)来流空化数是表征来流条件的主要参数，是影响空化发展和形态的关键因素。在水翼攻角和来流速度一定的情况下，空化初生之后，会随着空化数的降低，依次出现片状空化、云状空化和超空化的现象。

(2)物面压力分布对空化的发生和发展有重要意义，一是影响物面边界层的状况、分离点的位置，从而影响空化的位置和类型；二是影响气核的生长。物面压力分布与物面形状和来流攻角有关。来流空化数和来流攻角的共同作用基本上决定了空化发生和类型。

(3)介质因素主要指来流气核和溶解气体含量，其对空化起始有重要影响。对发展空化而言，介质因素对不同类型空化发展的影响最大，对片空化、云状空化不同的发展阶段有不同的影响。在小攻角条件下，涡对空化的影响主要表现为：高来流气核密度和超空泡的发展对空化类型的影响较小，难以形成泡状空化。在导边下游，高气核密度更容易诱发泡状空化现象；相反，低气核密度则不易产生泡状空化。

(4)边界层转捩点随攻角增大迅速向导边移动。在小攻角时，水翼大部分区域为层流边界层，空化出现在层流分离点附近；随着攻角增大，在导边附近产生层流分离泡，此时容易出现附着片状空化；大攻角时，转捩点出现在导边附近，水翼表面基本上由湍流边界层控制，空化出现在导边附近的转捩区内。

(5)热效应，尽管空化的本质是相变过程，对于大多数液体温度不是很高的实际应用情况，由于蒸汽密度与其液体密度相比非常微小，如 20℃的水蒸气密度为 0.01719kg/m^3，大约为水密度的 1/58000，进入空泡的蒸汽质量流几乎可以忽略。但当液体温度达到或接近其沸点时，其密度与蒸汽密度相近，热效应对空化的影响就成为必须考虑的因素，如使用液氢作为燃料的火箭发动机中的空化现象。由于热效应的存在，空泡内的温度低于周围液体的温度，引起空泡内蒸汽压力降低，空化数提高，最终导致空化发展延迟。对于片空泡，发生在其尾部复杂湍流脉动中的热传导中对回射流的形成和非定常特性有重要影响。

由于空化现象的复杂性，单纯的理论推导和单一的数学表达式无法清楚地解析空泡形成的机理。因此，试验观测成为空泡研究的重要手段。通过试验手段，研究者能清楚地观测空泡发展的各个形态，以此验证理论的正确与否。Arakeri 等[2,3]采用了全息摄影技术，对回转体附近的空化流动进行了观测，观测结果表明，空泡首先出现在回转体表面的层流分离前缘之后，由此可推断，当流体发生分离时，局部区域会产生较大幅度的压力降低，而这为空泡的形成提供了环境。随后，Arakeri 等通过对特殊回转体的空泡观测试验，进一步确定了空泡的产生位置与自然转捩区的重合关系。Huang 等[4]的研究结果也证实了这一推断。在随后的研究中，潘森森等[1]总结了前人的研究成果，分析了层流分离区、自然转捩区和充分发展紊流区的压力脉动情况，发现自然转捩区的压力脉动远大于其余两个区域，而这种巨大的压力脉动产生局部区域压力的瞬间大幅度降低，从而为空泡的产生提供了充足的条件。这也是目前对空泡初生机理较为广泛的认识。

而在空泡的强非定常性和不稳定性的早期研究当中，试验研究也起到了至关重要的作用。空泡在结构物表面形成之后，经过持续低压的作用，迅速发展为肉眼可见的附体空泡。随着空泡的继续发展，附体空泡将逐步完成体积增加、破裂、溃灭、回缩等过程。Stutz 等[5,6]采用文丘里结构，通过渐扩段的低压特性，实现了对空泡发展完整周期的分析。通过摄像和布置在壁面的压力传感器，Stutz 等对空泡流动的整个周期进行了观测。试验结果表明，随着空泡长度的增加，由于逆压梯度的存在，空泡的尾部出现了较明显的回射流结构。该结构的出现伴随着空泡的脱落过程。Le 等[7]对水翼表面的空泡流动进行了观察，并比较了附着空泡不同厚度的脱落特性，指出较厚的空泡更容易引发回射现象，也更容易产生空泡脱落。为了证实空泡脱落与回射流之间的关系，Kawanami 等[8]在水翼表面布置障碍物，研究了障碍物不同布置方式下的空泡脱落特性，最终确定回射流是引起空泡脱落的主要原因，而布置障碍物可以有效地减小回射流的影响，从而提高空泡的稳定性。

随着计算机技术的深入发展，求解复杂的偏微分方程成为可能，由此带来了对空化问题新的研究手段——数值模拟。数值模拟对流场进行划分，并以各网格单元的中心对复杂的纳维-斯托克斯(Navier-Stokes, N-S)方程组进行离散，通过迭代的方法，将整个流场解析出来。这种方法一定程度上避免了试验研究对试验器材的依赖，使得研究的门槛大幅度降低。同时，数值模拟在一定程度上可以代替试验，对一些试验无法还原的工况进行模拟。另外，数值模拟能对流场信息进行完全提取，能观测到一些通过试验手段无法观测的现象。例如，王国玉等[9]通过数值模拟对云空化过程进行了详细的研究。其研究结果表明，在空泡脱落阶段，除去回射流的影响，空泡溃灭产生的激波对空泡的进一步脱落存在诱导作用。目前，数值模拟已成为研究空化问题不可或缺的重要研究手段之一。

7.2　典型头型结构类型及变工况空化流场特性分析

在对空化现象研究中，水下航行体一直是主要的对象之一。水下航行体的结构与形状较多，通常会经过特殊的设计，其头型多采用截卵型。随着新概念的提出，水下航行体的头型也在不断变化。对于空化问题的研究，常用的回转体头型有半球形、平头形及圆锥形。为了便于研究，Rouse 等[10]在其 1948 年的研究报告中，将常用的头型划分为圆系列(rounded series)、锥系列(conical series)和椭圆系列(ellipsoidal series)，如图 7.4 所示。每个系列均有自己的特征尺寸，该尺寸能唯一标识该头型的形状特性。其中，圆系列的特征尺寸为相切圆半径与柱体直径的比值，锥系列为锥角的大小，而椭圆系列为长短轴的比值。这三个系列涵盖了大部分的基础头型，并为之后的参数化研究提供了帮助。

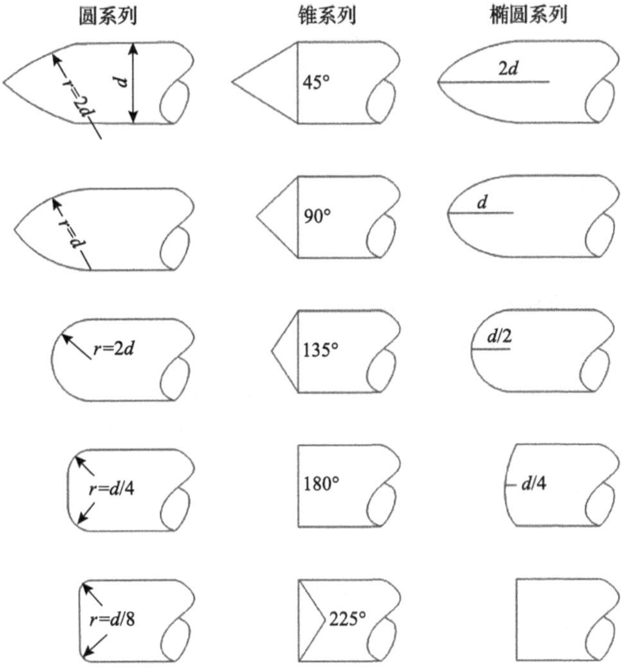

图 7.4　三种系列的头型

本节将对绕水下航行体的空泡流动特性进行讨论，并就不同头型和不同来流条件对航行体附近空泡流场的影响进行分析。本节将选取 Rouse 报告中所提及的椭圆系列头型为研究对象。早期的研究表明，该系列头型下，附着在航行体表面的空泡较为稳定，计算结果容易收敛，适合进行多工况的批量计算。

水下航行体结构如图 7.5 所示，其头型为一椭球体，可通过长短轴 a、b 的变化进行控制，航行体直径为 25.4mm。计算域及边界条件如图 7.6 所示。该计算域全长 900mm，高 300mm。为便于数值模拟，试验中控制水下航行体不动，水流迎向速度为 10m/s，通过调节参考压力大小调节空泡数。整个数值模拟试验可视为一个 2.5D 模型，因此采用对称平面的一半进行模拟以减少网格数并缩短计算时间。网格划分方面，外场网格采用以四边形为主的非结构化网格，而在航行体表面采用密集的结构化网格。这样既能节省网格数量，节约计算资源，又能在一定程度上保证计算的精度。总网格数约为 60000。

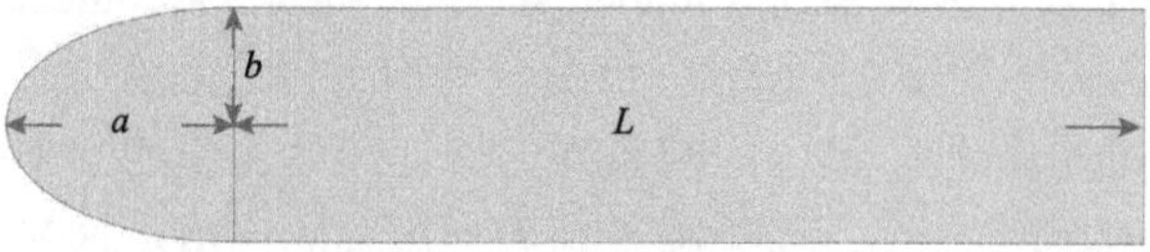

图 7.5 水下航行体结构

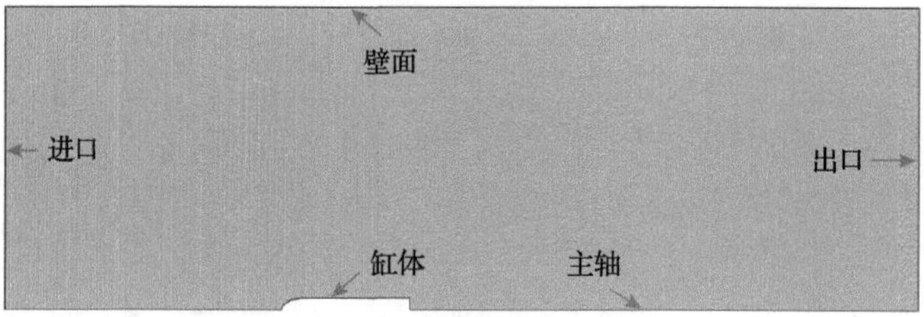

图 7.6 计算域及边界条件

本节模拟采用 Mixture 多相流模型，以便捕捉空泡形态的变化过程。湍流模型采用 Realizable k-ε 模型，近壁面采用加强壁面处理。采用压力耦合方程组的半隐式方法(semi-implicit method for pressure linked equation，SIMPLE)，压力速度耦合采用 Presto 格式。同时为保证收敛性，其余方程均采用一阶格式进行离散。

7.2.1 不同头型下的空化流场特性

选取的三种头型，其长短轴比分别为 1.22、1.737 及 2，空化数为 0.3。图 7.7 为三种头型的气相分布云图。从图中可以看出，当长短轴比为 1.22 时，航行体附近出现较明显的稳定附着空泡，空泡的表面处为汽水混合物，而空泡内部大部分区域均为较纯净的蒸汽。空泡全长约为 27.8mm。随着长短轴比增加至 1.737，空泡的长度和厚度均出现大幅度的减小，空泡长度由 27.8mm 显著减小至 11.5mm，且空泡内部不再是纯净的蒸汽，而是处于蒸汽和水的混合状态。另外，空泡的起始位置也有小幅度的推迟。当长短轴比进一步增加至 2 时，可以发现，航行体附近已很难观测到明显的空泡结构，仅在航行体肩部存在微小的空泡区域，其空泡起始位置也随之进一步推迟。由此可知，长短轴比的增加，将会显著地抑制空化现象。

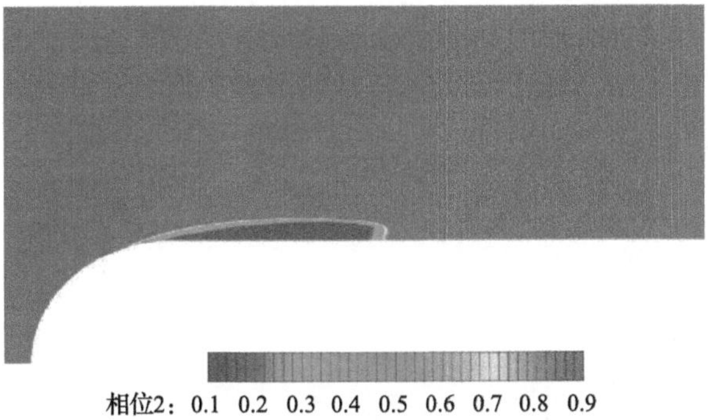

(a) $a/b=1.22$

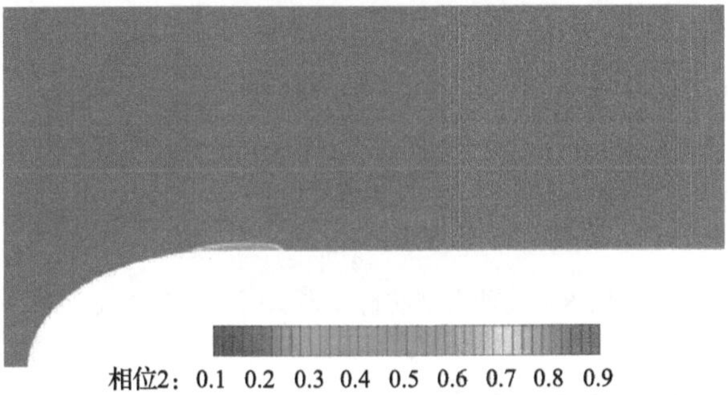

(b) $a/b=1.737$

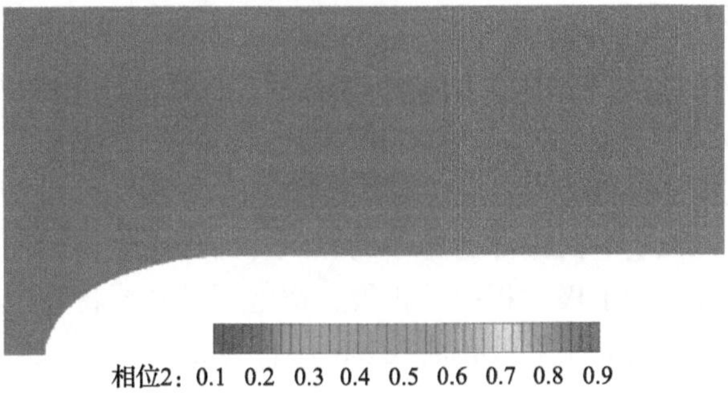

(c) $a/b=2$

图 7.7　三种头型条件下气相分布云图

为进一步分析头型对空泡形成发展的影响，图 7.8 给出了上述三种头型航行体表面压力分布曲线。由图 7.8 可知，航行体头部受到的压力最大，随后压力沿流动方向快速下降，直至达到当地饱和蒸气压。之后表面压力将保持该数值，并持续一段距离。这段距离的长短与附着空泡的长短相关。在空泡区之外，航行体表面压力又将快速上升，并出现一个较小的峰值，这表示空泡尾部回射压力的大小。之后表面压力分布曲线将趋于平缓。随着航行体头型长短轴比值的减小，曲线的空泡段将显著增加，同时伴随着尾部回射压力的增大。另外，长短轴比值的减小也会造成整个头型“更陡峭”，这将加速头部压力下降的速度，即更快地使当地压力到达空化区。

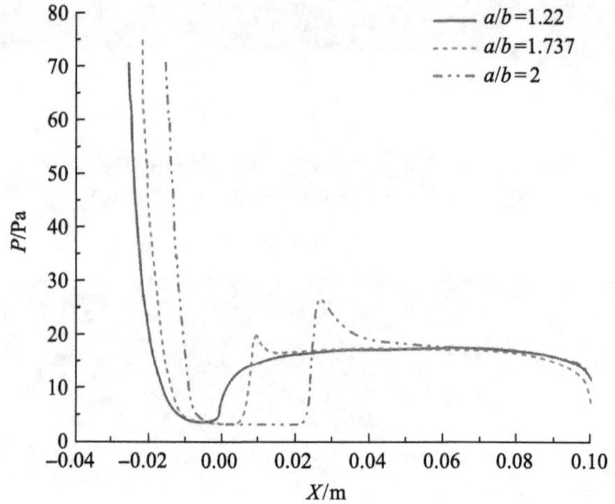

图 7.8　三种头型航行体表面压力分布曲线

7.2.2　不同来流条件下的空化流场特性

1. 不同空化数

鉴于 7.2.1 节的结论，选用头型长短轴比为 2 的情况对空化数进行讨论，选取空化数为 0.3、0.167 及 0.132。三种气相分布云图如图 7.9 所示。当空化数为 0.3 时，航行体表面未出现明显的空泡区域。随着空化数减小至 0.167，航行体表面出现明显的空泡区，且空泡区内部为纯净的蒸汽。而当空化数进一步减小时，航行体表面的空泡区域得到了极大程度的扩展，空泡区域甚至将整个尾部完全覆盖。三种空化数下航行体表面压力分布曲线(图 7.10)也证实了这一点。

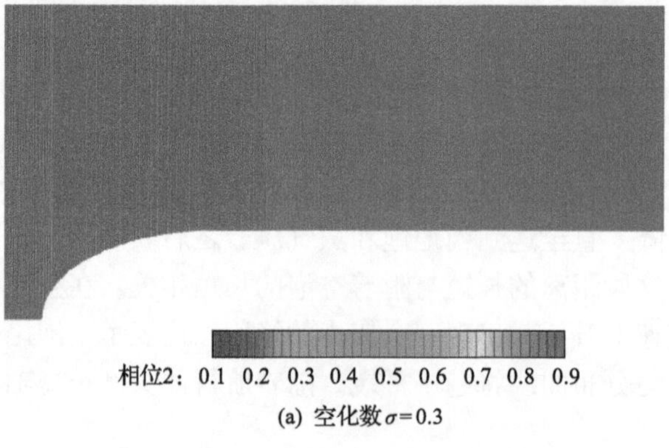

(a) 空化数$\sigma=0.3$

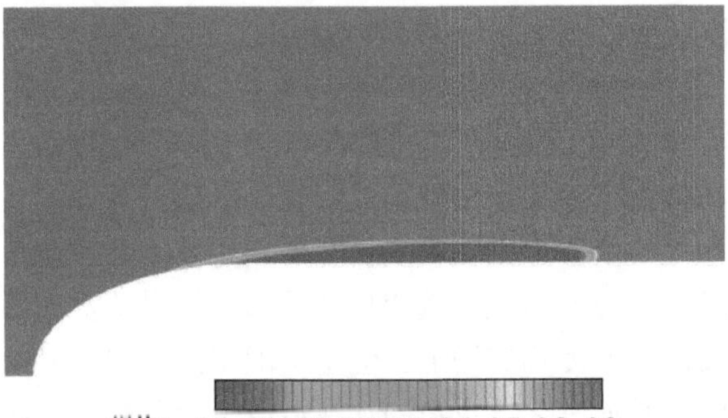

(b) 空化数 $\sigma=0.167$

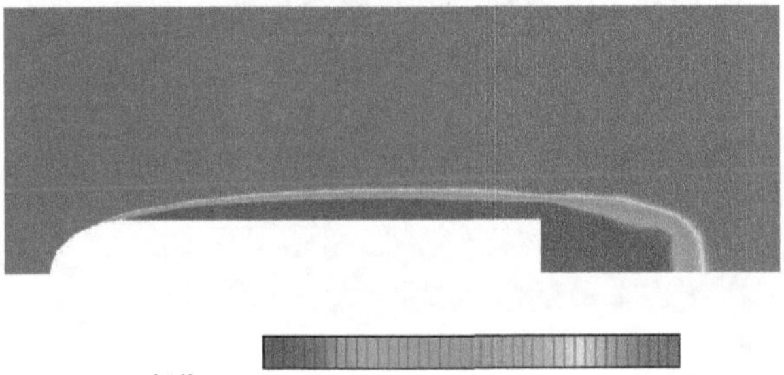

(c) 空化数 $\sigma=0.132$

图 7.9　三种空化数下气相分布云图

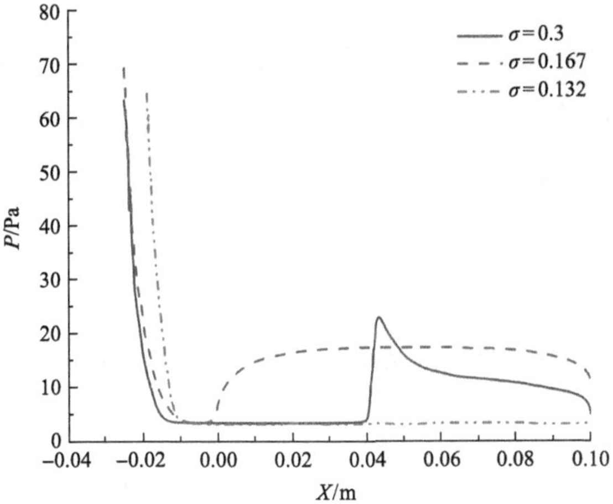

图 7.10　三种空化数下航行体表面压力分布曲线

2. 不同攻角

当攻角不为 0°时，计算模型不满足对称性要求，无法将三维模型简化为二维模型，因此计算模型换成三维模型，计算域也随之增大。取半模计算，攻角为 4°，空化数仍为 0.3，其网格数大致为 750 万。

图 7.11 给出了 4°攻角下航行体表面气相分布云图。可以看出，当攻角不为 0°时，航行体上下两侧的空泡大小出现了较明显的区别。下方的空泡长度和厚度均有明显的减小，而上方的空泡则明显变长变厚。另外，由于攻角的存在，上方空泡的起始位置相较于下方空泡也有较明显的前移。如果从空泡形态的角度来看，上方的空泡虽然长度和厚度均有增加，但是空泡尾部出现明显的汽水混合区域，空泡的稳定性下降。总而言之，攻角的存在造成了附着在航行体表面的空泡出现不对称现象，并对空泡的稳定性产生了一定程度的影响。可以预见的是，随着攻角的增加，这种不对称性也将增加，并且将会导致空泡由稳定的附着片状空泡向不稳定的脱落型空泡转变。

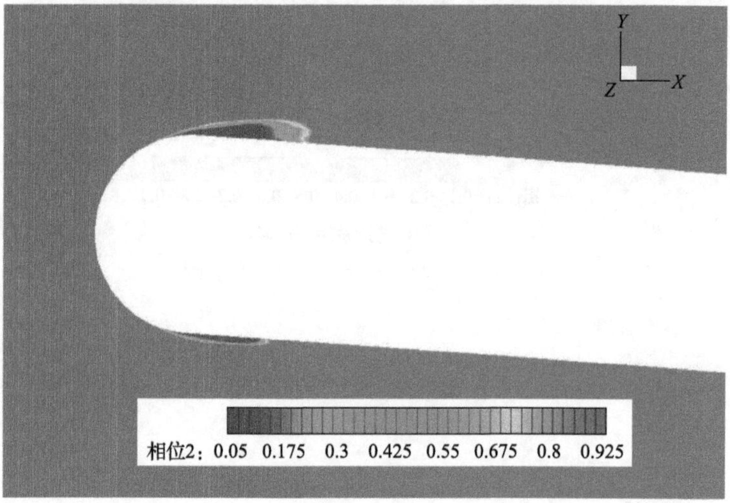

图 7.11　4°攻角下航行体表面气相分布云图

7.3　空化特性参数的变可信度近似模型预测

以水下航行体高速行驶过程为对象，对其进行空泡数值模拟试验。水下航行体结构和计算域及边界条件与 7.2 节中描述的一致。本节中，选定水下航行体头型的长短轴之比 a/b(变化范围为 1～2)以及空化数 σ (变化范围为 0.1～0.3)为输入变量。两个变量分别代表水下航行体结构因素，以及压力变化因素对空泡的影响。输出选取空泡试验中较为关心的空泡长度。

采用 Gambit 对流域网格进行划分，通过网格数量建立不同精度的模型。其中，高精度模型网格数量约为 60000，低精度模型网格数量约为 15000，如图 7.12 所示。为保证计算精度，流域网格在水下航行体附近采用结构化网格进行局部加密，远场网格则采用四边形主导的非结构化网格。从水下航行体表面往外，网格密度逐渐减小，以保证对圆柱附近流场模拟的精度要求。本节使用 Fluent 在 Intel(R) Xeon(R) CPU E5-2678V3 @2.50GHz，64GB 内存的计算服务器上进行求解计算，高精度模型求解所需时间为 180min，低精度模型求解所需时间为 30min。

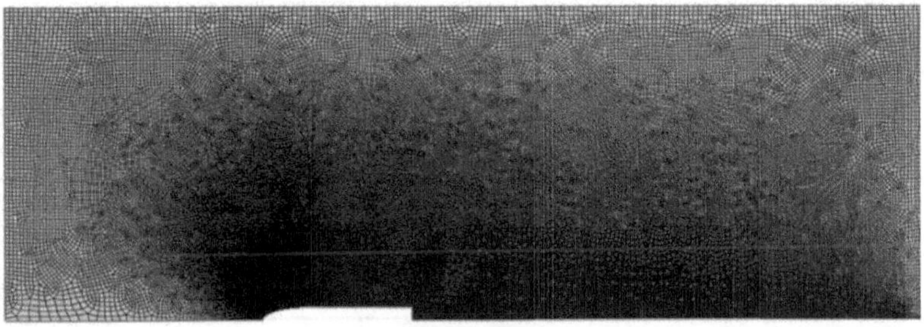

(a) 高精度模型

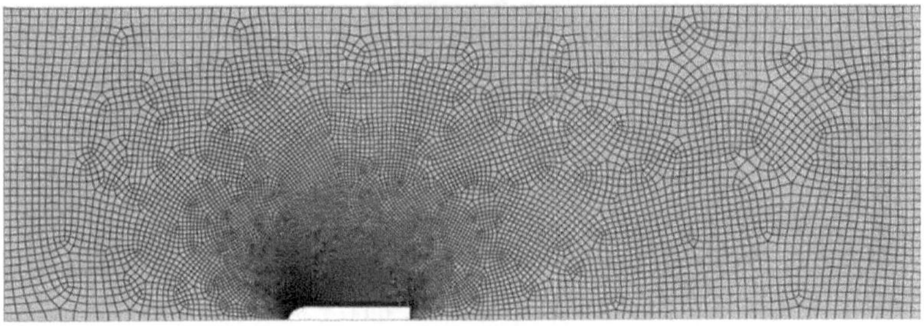

(b) 低精度模型

图 7.12　数值仿真模型

该算例中，采用优化拉丁超立方采样分别获取 10 个高精度样本点和 20 个低精度样本点，分别如表 7.1 和表 7.2 所示。对高精度样本点集进行划分，取序号 1～7 的样本点构成训练集，序号 8～10 的样本点构成测试集。其中，点 9 和点 10 为样本空间边缘上的点，即外插点，点 8 为样本空间内部点，即内插点。使用 7 个高精度样本点和 20 个低精度样本点构建变可信度近似模型。同时，为体现不同方法对于该问题的性能表现，选取本书提到的层次 Kriging(HK)模型、非嵌套样本点层次 Kriging(GCK)模型、基于加法标度的变可信度近似模型以及当前较为先进的基于崎岖度降低的变可信度近似模型。

通过计算，得到表 7.3 的结果。一般来说，近似模型对于内插点的预测性能优于外插点的预测性能，如 GCK、基于加法标度的变可信度近似模型及基于崎岖度降低的变可信度近似模型。然而，HK 与 IHK 模型则出现了外插点精度高于内插点精度的情况，这可能是因为外插点与已有样本点距离相对较近，仍有较多样

表 7.1　高精度样本点

类别	序号	长短轴比	空泡数	空泡长度/m
训练集	1	1.33	0.211	0.050054274
	2	1.22	0.30	0.027761567
	3	1.67	0.189	0.048746550
	4	1.11	0.144	0.116605871
	5	1.44	0.122	0.129776431
	6	2.00	0.167	0.048519963
	7	1.89	0.256	0.017913143
测试集	8	1.56	0.278	0.022657527
	9	1.00	0.233	0.050770791
	10	1.78	0.100	0.151990739

表 7.2　低精度样本点

序号	长短轴比	空泡数	空泡长度/m
1	1.211	0.100	0.171318125
2	1.526	0.111	0.140300179
3	1.105	0.289	0.032004768
4	1.053	0.153	0.113017447
5	2.000	0.132	0.076216998
6	1.316	0.142	0.111840504
7	1.368	0.184	0.060749093
8	1.842	0.174	0.048103881
9	1.158	0.195	0.063229049
10	1.947	0.216	0.026170997
11	1.579	0.163	0.066118614
12	1.474	0.226	0.037584045
13	1.263	0.247	0.037362506
14	1.789	0.121	0.116788851
15	1.421	0.279	0.025352864
16	1.684	0.205	0.039803729
17	1.632	0.258	0.023914567
18	1.895	0.268	0.013117128
19	1.737	0.300	0.011508175
20	1.000	0.237	0.049838367

表 7.3　七个高精度样本点下的变可信度近似模型预测表现

方法	HK 模型	GCK 模型	基于加法标度的变可信度近似模型	基于崎岖度降低的变可信度近似模型	IHK 模型
预测点 1 绝对误差	0.0034	0.0011	0.0006	0.0005	0.0063
预测点 2 绝对误差	0.0023	0.0045	0.0018	0.0018	0.0054
预测点 3 绝对误差	0.0026	0.0058	0.0016	0.0013	0.0082
MAE	0.0034	0.0058	0.0018	0.0018	0.0082
RMSE	0.0028	0.0043	0.0014	0.0013	0.0067

本点信息辐射至该处。综合来看，基于加法标度的变可信度近似模型和基于崎岖度降低的变可信度近似模型表现性能相近，基于崎岖度降低的变可信度近似模型性能稍优。HK、IHK 和 GCK 三种模型表现相对较差，这是因为该算例高精度样本点较少，而这三种模型相对于另两种方法有更多的超参数，如比例系数 ρ，所以需要更多的样本点对模型进行训练，以避免出现欠拟合的现象。因此，从该算例来看，建议样本点多的情况应用 HK、IHK 和 GCK 模型，反之则优先选用基于加法标度的变可信度近似模型和基于崎岖度降低的变可信度近似模型。从工程应用角度来看，三种模型均满足精度要求，因此变可信度近似模型可起到预测的作用，能大幅度节省计算资源。

参 考 文 献

[1] 潘森森, 彭晓星. 空化机理[M]. 北京: 国防工业出版社, 2013.

[2] Arakeri V H. Viscous effects on the position of cavitation separation from smooth bodies[J]. Journal of Fluid Mechanics, 1975, 68(4): 779-799.

[3] Arakeri V H, Acosta A. Viscous effects in the inception of cavitation [J]. Journal of Fluids Engineering, 1981, 103(2): 280-287.

[4] Huang T T, Hannan D E. Pressure fluctuation in the regions of flow transition[R]. Bethesda: David Taylor Model Basin, 1976.

[5] Stutz B, Reboud J L. Experiments on unsteady cavitation[J]. Experiments in Fluids, 1997, 22: 191-198.

[6] Stutz B, Reboud J L. Two-phase flow structure of sheet cavitation[J]. Physics of Fluids, 1997, 9(12): 3678-3686.

[7] Le Q, France J P, Michel J M. Partial cavities: Global behavior and mean pressure distribution[J]. Journal of Fluids Engineering, 1993, 115(2): 243-248.

[8] Kawanami Y, Kato H, Yamaguchi H, et al. Mechanism and control of cloud cavitation[J]. Journal of Fluids Engineering. 1997, 119(4): 788-794.

[9] 王国玉, 张淑丽, 张博, 等. FBM 模型在栅中翼型云状空化流动数值计算中的应用[J]. 北京理工大学学报, 2009, 29(8): 672-675, 680.

[10] Rouse H, Mcnown J S. Cavitation and pressure distribution: head forms at zero angle of yaw[R]. Iowa City: State University of Iowa, 1948.

第 8 章　典型基座结构阻抗特性预测

船舶运行过程中，其上各类机械设备运转时的振动会产生噪声。船舶噪声会影响船舶的舒适性，更严重地，会对长期生活在船上的船员身心健康造成危害，如听力受损、神经衰弱等。同时，船舶噪声也会威胁到船舶航行时的安全性，设备的振动可能会影响自身及其他设备的正常运行，例如，当设备的共振频率与基座的固有频率重合时，设备零件的磨损会加速，导致使用寿命缩短。船舶噪声也会干扰自身水声设备的正常工作。一些军用舰船由于其特殊性，对声隐身性能的要求格外高，过大的噪声容易使它们暴露自己，影响作战。因此，船舶噪声是其声学性能一项很重要的指标[1]。

船舶噪声的来源主要有三种：机械设备、螺旋桨及涡流。其中，船舶机械设备的振动通过船体向外辐射产生的噪声称为机械噪声，它与螺旋桨噪声是船舶最大的噪声源。当船舶航行速度不高时，机械噪声是船舶噪声的主要成分，它决定了船舶的噪声级。控制噪声的方法一般分为三种。第一种是抑制声源，需要减少激励力的幅值，控制其他部分对激励的响应；第二种是在传播途径中使声波的能量衰减，可以采用吸声材料、隔声屏、消声器等；第三种是从接收者处入手，让他们佩戴耳塞等防护工具。在结构设计中，通常采用第二种方法来控制噪声的传播。

复杂的机械系统通常包括机械设备、隔振装置、安装基座和系统管路。设备产生的振动通过隔振装置和系统管路两个途径传递给安装基座，再进一步传递给船体并向外辐射。隔振装置能够降低动力设备和船体之间的动态耦合，使振动波衰减，达到隔振的效果。除隔振装置外，基座结构对振动波的传递也会产生较大的影响。一般而言，各种主动力设备和辅助机械设备需要通过基座与船体连接，机械振动借助基座向船体传递，进而向周围环境辐射[2]。基座结构阻抗特性直接体现了其对机械设备振动的阻绝能力，阻抗值越大，设备传递的振动能量越小。因此，在设计水下结构物时，基座阻抗是一个重要的性能指标，对水下结构物的声隐身性能具有重要影响。

8.1　典型基座结构类型及阻抗计算方法

8.1.1　典型基座结构类型

根据基座周围支撑结构和自身结构形式的不同，通常可以将基座结构分为四种类型：局部基座、长基座、平台基座及悬臂基座[3]，如图 8.1 所示。

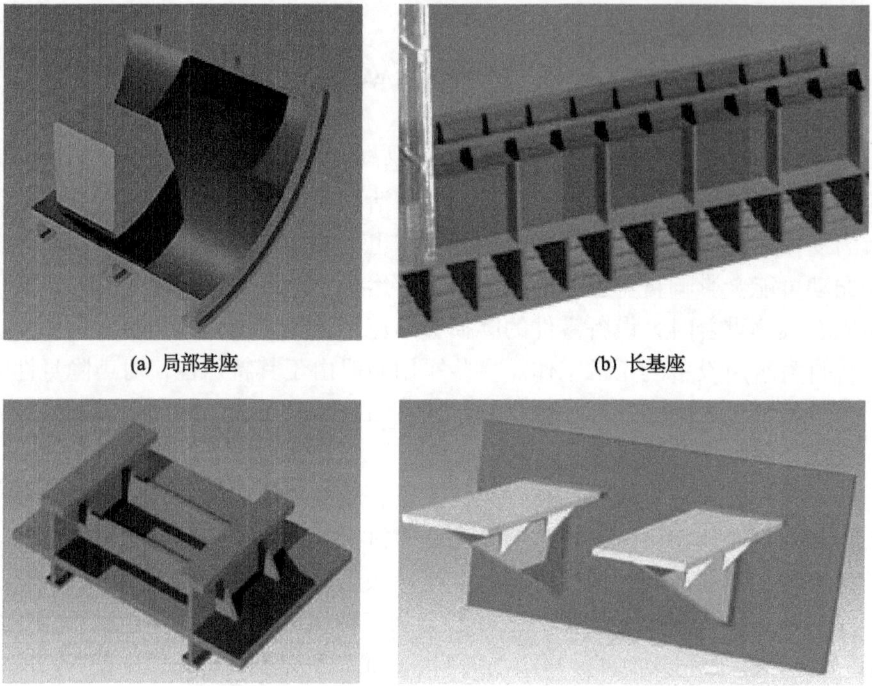

(a) 局部基座　(b) 长基座

(c) 平台基座　(d) 悬臂基座

图 8.1　四种形式的基座结构简图[3]

水下结构物局部基座通常布置在壳体之上，沿结构长度方向跨度在一个肋距左右。局部基座在低频段时随船体结构一起振动，此时基座振动特性取决于横截面的横向振动。随着频段的升高，舱段出现周向振动，此时局部基座的振动特征为壳体周向振动连带产生振动。

长基座一般布置在壳体之上，沿结构长度方向分布，横跨多个肋距或者整个舱段的长度。与局部基座相似，长基座在低频段时也随外壳一起振动。在频率较低时，长基座阻抗主要从刚度特性方面呈现。随着频率的增加，长基座自身会出现局部振动，此时远离基座的船体结构对基座阻抗特性的影响较小[4]。

平台基座通常布置在平台或者液舱顶盖板上面，一般用于支撑轻型设备，以避免设备的振动对于壳体的直接激励。平台基座除了方便结构安装外，还能够大大增加振动在船体结构内部的损耗，进而有效地降低水下结构物的声辐射水平。平台基座在低频段仍然随船体结构振动而振动。随着首阶谐振的出现，平台基座结构出现相应框架或蒙皮板格横向振动，然后形成横向振动和周向振动的耦合。在高频阶段，平台基座的振动特性一般只与自身结构相关，与水下结构物外壳和支撑结构关系不大。

悬臂基座通常布置在舱壁上面，一般用于放置横舱壁附近质量较轻的机械设备。悬臂基座也能够较好地避免机械设备的声辐射直接向船体传递。对于悬臂基座而言，基座的阻抗特性与平台基座类似，在低频段主要与壳体振动相关，而随着频率的升高，其阻抗特性主要与悬臂基座的自身特性关系较大。

8.1.2　基座阻抗计算原理

稳定的、定常的(指系统的自身性质不随时间变化)线性振动系统的机械阻抗，等于简谐激励及其引起的稳态响应幅值之比[5]。根据系统振动响应量的不同，机械阻抗分为位移阻抗、速度阻抗及加速度阻抗三种阻抗形式。根据响应点和激励点的位置关系，机械阻抗可以分为跨点阻抗和原点阻抗[6]。本章中的机械阻抗指的是原点速度阻抗。在计算水下结构物基座阻抗时，假设基座直接连接壳体，且基座面板受到机械设备的激振力作用。因此，水下结构物壳体和基座的力学模型可以简化成图 8.2 所示。

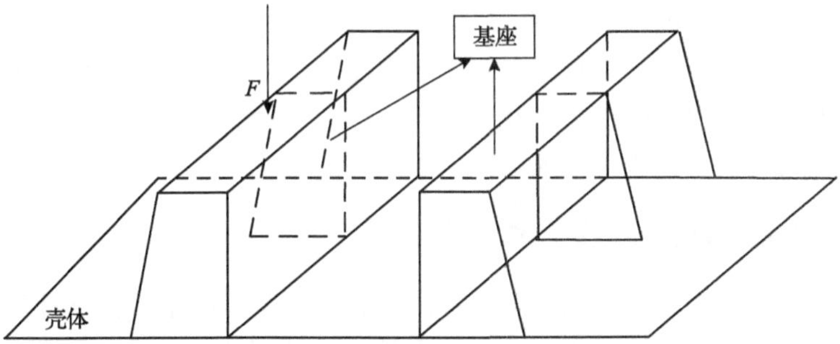

图 8.2　水下结构物壳体和基座力学模型

从图 8.2 可以看出，在对基座阻抗进行求解的时候可以把水下结构物壳体和基座构成的系统简化为多自由度带阻尼的振动系统，其中系统阻尼简化为比例阻尼。多自由度强迫振动的微分方程为

$$M\ddot{X} + C\dot{X} + KX = F \tag{8.1}$$

其中，M 为质量矩阵，主要与水下结构物壳体和基座组成振动系统的质量分布相关；C 为阻尼矩阵，主要与水下结构物壳体和基座组成的振动系统的材料和其他附加因素产生的阻尼相关；K 为刚度矩阵，与振动系统的构型、材料等因素都相关；F 为基座上机械设备振动产生的激励力；X 为振动系统中各点的位移。

在实际对水下结构物和基座的阻抗值进行求解时，假设系统的激励力 f 为

$$f = F_0 e^{j(\omega t + \varphi_1)} \tag{8.2}$$

其中，F_0 为激励力的幅值；ω 为激励力频率；t 为时间；φ_1 为激励力相位。

在该激励力作用下的振动变形位移可以表示为

$$x = X_0 \mathrm{e}^{\mathrm{j}(\omega t + \varphi_2)} \tag{8.3}$$

其中，X_0 为振动变形的位移幅值；φ_2 为位移相位，一般而言对于复杂结构的位移相位获取需要借助有限元软件如 Ansys 谐响应分析获得。结构在激励频率 ω 下稳态谐响应速度的复振幅 $v = \mathrm{j}\omega x$，则该系统的速度阻抗 z 可以表示为

$$z = \frac{f}{v} = \frac{f}{\mathrm{j}\omega x} = \frac{F_0}{\omega X_0} \mathrm{e}^{\mathrm{j}\left(\varphi_1 - \varphi_2 - \frac{\pi}{2}\right)} \tag{8.4}$$

其中，幅值 $Z_0 = F_0/\omega X_0$；相位 $\varphi = \varphi_1 - \varphi_2 - \dfrac{\pi}{2}$。

传统的工程结构设计通常借助工程估算方法或者试验测试方法获得目标响应。然而，工程估算方法的计算精度较差，而试验测试方法的成本高，设计周期长。随着计算机技术的快速发展，在结构设计领域，数值分析方法显示出非常明显的优势[7]。数值分析方法通过对实际结构建立仿真模型，利用计算机强大的数学计算能力，得到目标响应值。相比传统方法，数值分析方法更好地平衡了计算精度和设计效率，为工程设计人员提供了极大的方便。

8.1.3　典型基座有限元模型及其仿真计算

本章研究的是水下结构物典型长基座，典型长基座的阻抗特性计算模型由长基座及与之相连的耐压圆柱壳构成。水下结构物基座结构分析有限元模型及基座结构几何模型如图 8.3 所示。

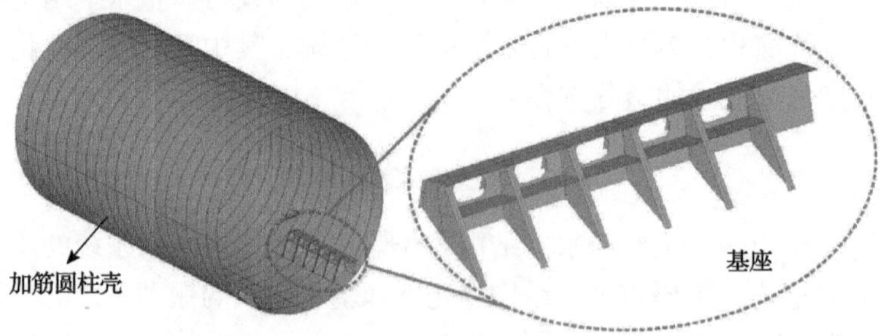

图 8.3　水下结构物基座结构分析有限元整体模型及基座结构几何模型

基座的设计变量如图 8.4 所示。基座整体可以分成前后两个部分，在基座的每个肋位之间的腹板上设有腰圆孔，开孔形状和尺寸如图 8.5 所示。

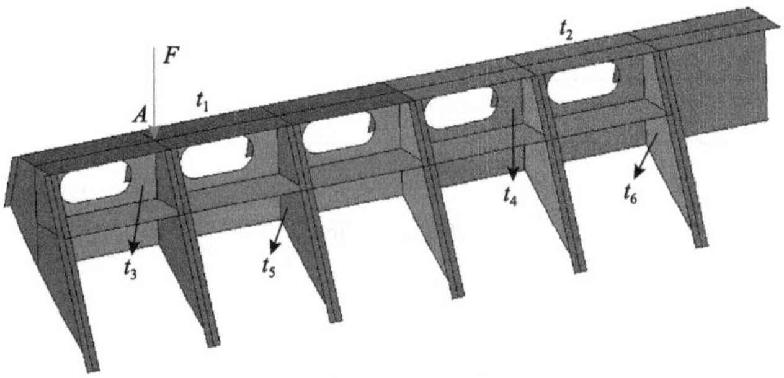

图 8.4　基座的设计变量(在 A 处施加垂直单位力 F)

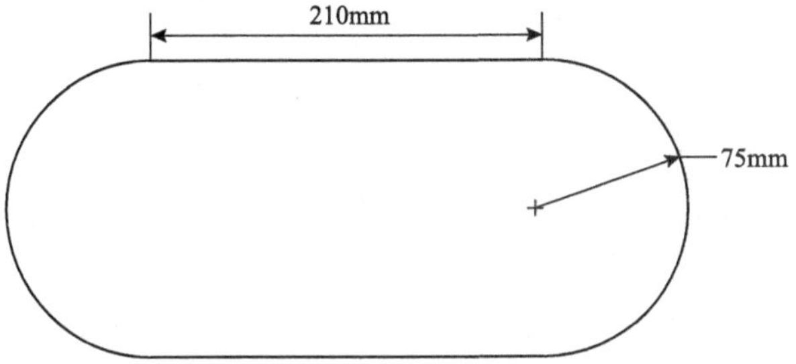

图 8.5　典型长基座腹板开孔形状和尺寸示意图

利用变可信度近似模型对典型基座的阻抗性能进行分析时，基座各部分板厚取值范围如表 8.1 所示，其他材料参数、几何参数和载荷取值如表 8.2 所示。

表 8.1　设计变量物理含义及取值空间

部分	设计变量	取值范围/mm
前半部分	基座面板厚度 t_1	40～90
	基座腹板厚度 t_3	10～60
	基座肘板厚度 t_5	12～40
后半部分	基座面板厚度 t_2	40～90
	基座腹板厚度 t_4	10～60
	基座肘板厚度 t_6	12～40

表 8.2　固定参数物理含义及其取值

参数类别	参数物理含义	取值
材料参数	杨氏模量 E / MPa	2.09×10^5
	密度 ρ / (kg / m^3)	7850
	泊松比 μ	0.3

续表

参数类别	参数物理含义	取值
几何参数	壳体长 L / mm	12000
	壳体半径 R / mm	3300
	肋骨间距 l_1 / mm	600
	肋骨尺寸 l_2 / mm	$\frac{14\times 224}{26\times 80}$
	腹板开孔半径 r / mm	75
	腹板开孔宽度 d / mm	210
载荷	垂直力 F / kN	单位力

对于该典型基座，工程上关心其阻抗取值，因此本章利用变可信度近似模型对阻抗进行预测。不失一般性，本章进行空气中基座阻抗计算。复杂结构的阻抗计算极其耗时，且阻抗的精度和有限元模型的网格及计算频率点的间隔密切相关。针对基座阻抗计算进行网格收敛性检查，保证所建立的基座有限元分析模型的计算结果具有收敛性。选定一组初始设计方案。

(1) 前半部分：基座面板厚度 $t_1 = 60\text{mm}$，基座腹板厚度 $t_3 = 40\text{mm}$，基座肘板厚度 $t_5 = 12\text{mm}$；

(2) 后半部分：基座面板厚度 $t_2 = 60\text{mm}$，基座腹板厚度 $t_4 = 40\text{mm}$，基座肘板厚度 $t_6 = 30\text{mm}$。

采用 Ansys 18.2 软件对基座结构阻抗进行有限元仿真分析。采用直角坐标系进行建模，船长方向为 Z 方向，船宽方向为 X 方向，型深方向为 Y 方向，在圆柱壳两端设置固支边界条件，在点 A 处施加垂直单位力，设置计算步长为 2.5Hz，计算频率范围为 0～350Hz。加筋圆柱壳(耐压壳)的壳板用 Shell 181 单元进行模拟，圆柱壳肋骨采用 Beam 188 单元进行模拟。基座部分是重点分析对象，整个基座都采用 Shell 181 单元进行仿真模拟。由于水下结构物基座阻抗有限元分析模型相对比较复杂，所以不能采用映射网格直接对几何模型划分有限元网格。本节采用控制单元线长的方式来控制有限元结构网格的大小，其中，基座部分对应网格相对大小小于剩余部分的网格相对大小。

在对有限元模型进行网格收敛性分析时，从两个方面来验证有限元计算的有效性：①观察基座阻抗最小值随网格大小的变化情况，以及其对应的频率是否改变；②验证整体阻抗曲线的趋势和取值是否随着网格相对大小的变化有较大改变。通过设置不同的网格相对大小，计算基座阻抗最小值，如图 8.6 所示。

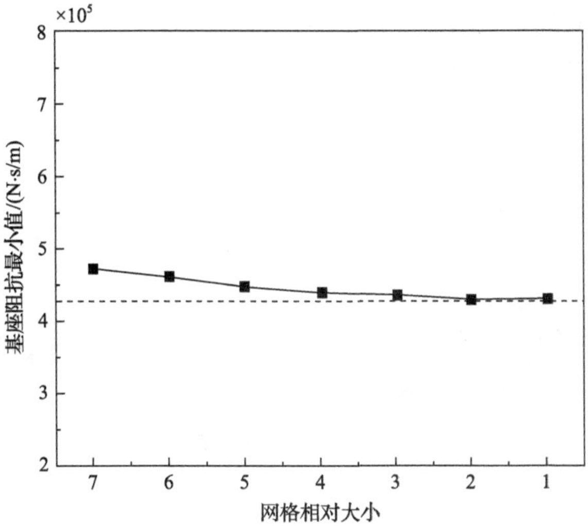

图 8.6　不同网格相对大小下基座阻抗最小值

图 8.6 中，当横坐标取值为 7 时，表示网格相对较粗，此时对应的具体网格划分方案为：基座部分网格大小为 300mm，剩余部分网格划分为 500mm，其有限元网格划分图如图 8.7 所示。

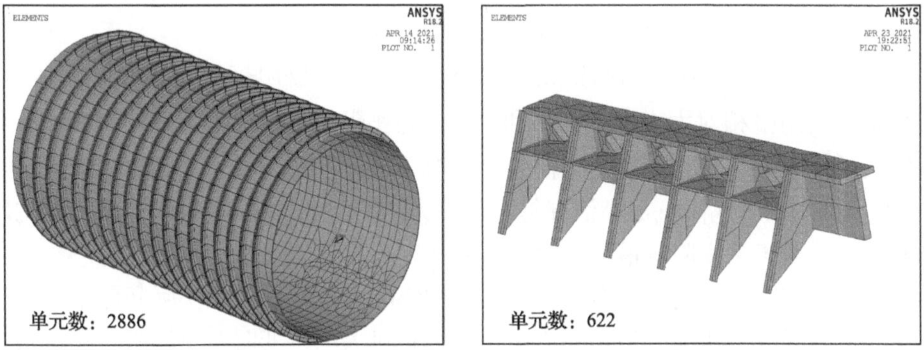

(a) 耐压壳　　(b) 基座

图 8.7　低精度网格划分图

从图 8.7 中可以看出，在低精度网格划分方案下，耐压壳共有 2886 个壳单元和梁单元，基座有 622 个壳单元。对于耐压壳而言，由于尺寸较大，在低精度网格的配置下，耐压壳大部分区域的网格较为规整，但是与基座连接处的网格质量较差。从图 8.7(b) 中可以发现，在该网格划分方案下，基座基本由三角形网格组成，网格质量较差。

图 8.6 中，当横坐标取值为 1 时，表示网格相对较细，此时对应的具体网格

划分方案为：基座部分网格划分为 60mm，剩余部分网格划分为 100mm。此时，对应的有限元网格划分如图 8.8 所示。

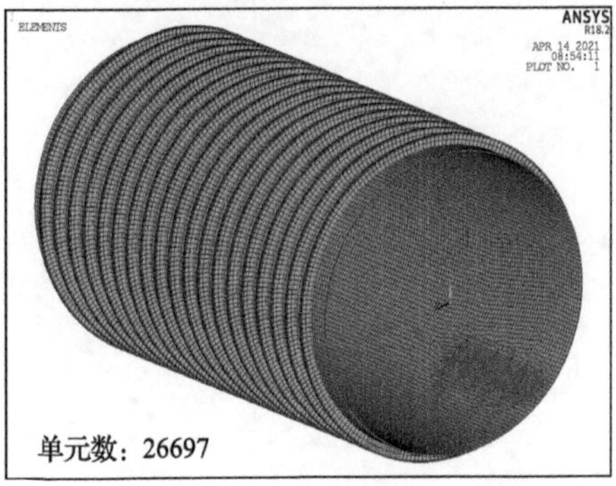

(a) 耐压壳

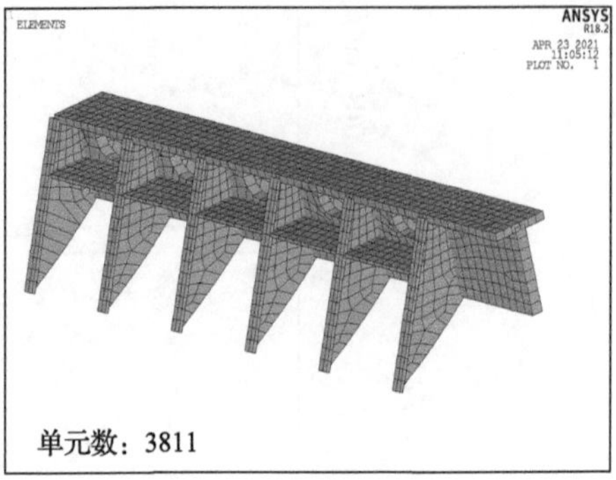

(b) 基座

图 8.8　高精度网格划分图

从图 8.8 中可以看出，在高精度网格划分方案下，耐压壳共有 26697 个壳单元和梁单元，基座有 3811 个壳单元。在高精度网格划分下，耐压壳基本由映射网格组成，且在与基座的连接区域，网格较密。此时，基座部分的网格质量相对于低精度有限元的网格划分明显提升。具体来说，基座部分在高精度网格划分方案下，基本由映射网格组成，仅有少量的三角形网格。

由图 8.6 可以发现，当网格相对大小改变时，基座阻抗的最小值变化不大。特别地，当网格相对大小取值为 2 和 1 时，基座阻抗最小值为 $4.29\times10^5\,\mathrm{N\cdot s/m}$ 和 $4.31\times10^5\,\mathrm{N\cdot s/m}$，其相对变化率仅为 0.04%。值得一提的是，当网格相对大小从 7 变化到 1 时，基座阻抗最小值都是在频率为 75Hz 时出现的，表明有限元结构网格相对大小对于基座阻抗最小值对应的频率影响不大。

现分析有限元结构网格对于基座阻抗的影响。虽然在工程实际问题中，一般只关心基座阻抗最小值，但如果当结构网格相对大小改变时，整体阻抗发生较大改变，这也表明基座阻抗受网格大小的影响大，对于最后优化结果的稳定性就会产生较大影响。计算给出当网格相对大小分别为 2 和 1 时，基座阻抗曲线如图 8.9 所示。

从图 8.9 中可以看出两条曲线几乎重合，这表明当网格相对大小由 2 变为 1 时，基座阻抗已经变化很小甚至可以说不再变化，表明计算结果已经收敛。由上述分析可知，当网格相对大小取 1 时，有限元结果已经收敛。此时可以认为基座结构阻抗有限元计算结果是准确的，用于后续的优化分析时不会产生其他的随机噪声影响。因此，基座结构阻抗有限元分析模型选择网格相对大小为 1，具体为：基座部分网格划分为 60mm，剩余部分网格划分为 100mm。

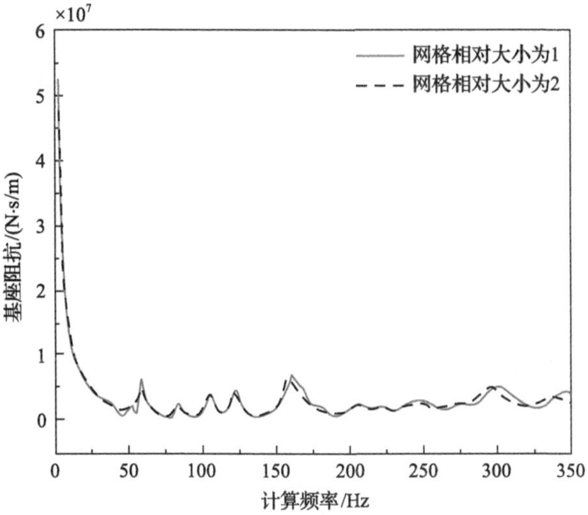

图 8.9　不同网格相对大小下基座阻抗

8.2　基于凸多边形技术的基座阻抗处理方法

在实际中如果直接对阻抗曲线建立近似模型进行预测可能难以得到较为精确的结果，因为基座阻抗曲线是一条振荡曲线，如图 8.9 所示。阻抗曲线存在密集的峰值和谷值，并且伴随着剧烈的振荡，具有明显的非线性特征。直接将样本点的阻抗计算数据用于构建近似模型，会导致模型精度不够理想，预测误差偏大。

下面通过一个简单的示例来说明上述问题，即任意选取一个船舶典型基座，通过采样、计算阻抗响应值、构建近似模型和对检验点进行预测。选取一个典型的检验点来说明没有对阻抗曲线进行前处理，直接建立变可信度近似模型对阻抗进行预测的情况，变可信度近似模型预测阻抗和真实阻抗如图 8.10 所示。

从图 8.10 中可以看出，该典型基座阻抗是一条极多峰且非线性程度极高的曲线。从变可信度近似模型预测阻抗曲线和真实阻抗曲线相比较来看，两者总体趋势基本一致，只是在局部有一定的误差。但是正是因为局部误差导致预测阻抗最小值出现的频率在 380Hz 左右，但是真实阻抗最小值出现在 140Hz 左右。最小值频率预测出现较大的偏差将会直接影响设计师对于基座设计的判断。倘若在这种情况下进一步地提升阻抗的预测精度，则需要消耗更多的计算资源。

结合上述分析，考虑到工程中一般更加关注在计算频率区间内阻抗最小值，而对于阻抗远离最小值频段的振荡区域的精度不那么重视。因此，结合实际工程要求，可以对样本点的阻抗计算数据进行一定的前处理，然后对处理之后的“阻抗曲线”建立变可信度近似模型，以提高变可信度近似模型的预测精度。

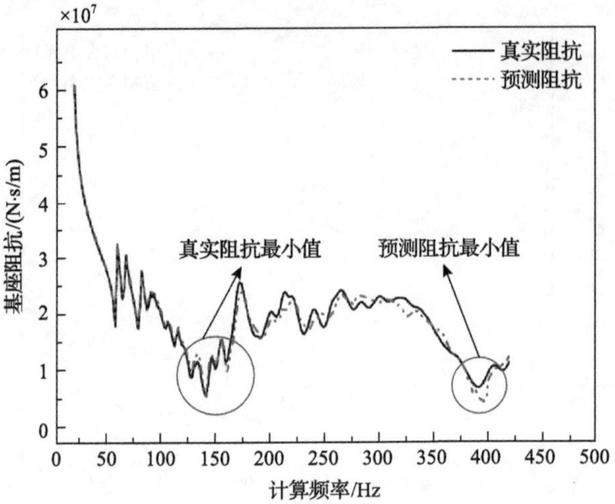

图 8.10 变可信度近似模型预测阻抗(未前处理)与真实阻抗对比

样本点阻抗曲线前处理的主要目的是过滤掉样本点阻抗曲线中的部分非线性特征，同时保留阻抗谷值点特征。在实际工程设计中，阻抗计算值需要满足设计要求值，即阻抗计算曲线应处于阻抗要求曲线上方。由于阻抗限界值是一条下凸的曲线，因此考虑寻找阻抗计算曲线的包络线，即包含所有数据点的最小下凸边界。下面介绍最小凸多边形原理。

包含集合 S 中的所有对象的最小凸集称为 S 的凸包[8]。作为计算几何的基本单元之一，凸包在模式识别、图像处理、材料切割分配等方面都有重要的应用价值。按照维度划分，可以将凸包问题分为二维凸包问题、三维凸包问题及高维凸包问题。其中二维凸包问题的求解方法发展最为迅速，已经得到广泛应用。给定一个平面点集，其凸包是包含所有已知点的最小凸多边形，如图 8.11 所示[9]。

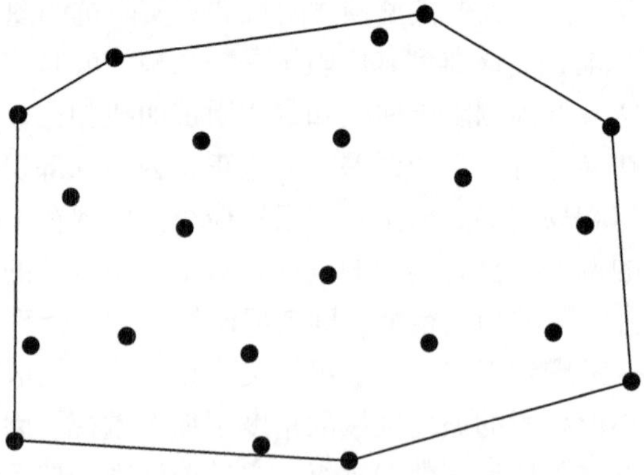

图 8.11 二维凸包示意图

发展至今，相关学者提出了大量计算平面点集凸包的算法。常用的算法主要有 Graham 法、增量法、卷包裹法和分治法。Graham 法首先找到纵坐标最小的点，以该点为原点建立极坐标系，其他点按照极角进行排序，根据连续三个点的空间位置关系，找到凸包顶点。增量法首先选取几个点构成初始凸包，然后不断地从未检查的点中一个一个地取出点，检查是否应该将其加入到凸包中，直到所有的点都在凸包内。卷包裹法将某极值点作为起始点，然后判断其他点是否位于相邻顶点的连线同侧，以此为依据，找到凸包的顶点。分治法首先根据坐标对点集进行分类，得到两个子集 L 和 R，使得子集 R 在子集 L 的右侧，然后递归地找到 L 和 R 的凸包，根据子凸包的公切线进行合并，找到最终凸包。

对于平面二维空间，在求解最小凸包的算法中，Graham 法是应用较广、效率较高的算法之一，Graham 法流程图如图 8.12 所示(图中以 7 个点的集合为例)，其求解步骤如下[10,11]。

(1) 找出点集 S 中纵坐标最小的点 P_1(若纵坐标相同，则取横坐标较小的点)。

(2) 以点 P_1 为原点建立极坐标系，根据其他点的极角进行排序(若极角相等，则比较极径)，得到一个序列 $P_2,P_3,\cdots,P_n$。

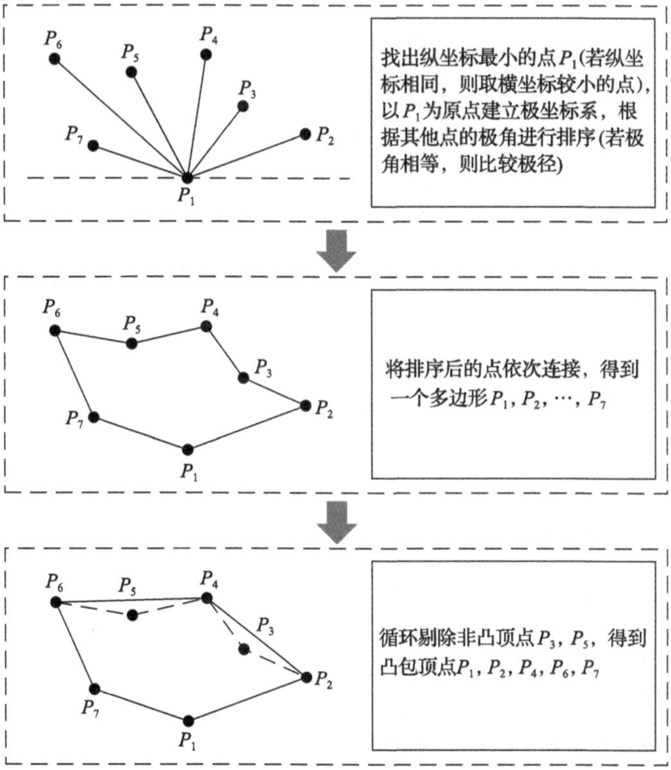

图 8.12　Graham 法原理流程图

(3)按照次序连接所有点，得到一个多边形，根据定理：凸多边形的顶点一定在该多边形任意一条边的同一侧，找到所有凸包顶点。

本节借助 Graham 法完成阻抗计算数据的前处理，获得阻抗曲线的包络线。随机选取一组设计参数的阻抗计算曲线进行前处理，如图 8.13 所示。从图中可以看出，相比真实的阻抗曲线，包络线舍弃了部分局部特征，主要保留整体特征，使得阻抗曲线更为平缓。前处理环节的增加，改变了拟模拟曲线的形式，相当于对真实阻抗曲线进行等价映射，保留核心信息，去掉部分不关心的信息。

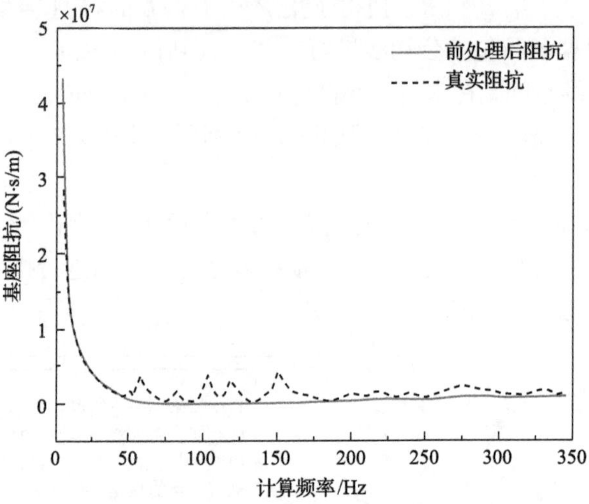

图 8.13　阻抗曲线的前处理过程示意图

8.3　基座阻抗的变可信度近似模型预测

本节介绍三种低精度模型的简化方案：方案一为设置粗扫频步长，但保证有限元网格和高精度仿真模型一致，形成低精度模型；方案二为设置有限元粗网格，但保证扫频步长和高精度仿真模型一致，形成低精度模型；方案三为同时设置粗扫频步长和有限元粗网格，形成低精度模型。本节比较变可信度近似模型在不同低精度模型下的阻抗预测精度。

8.3.1　基于粗扫频步长的低精度模型

本节介绍一种基于粗扫频步长的低精度模型。高精度模型为了保证计算精度，设置频率的计算步长为 2.5Hz；对于低精度模型，设置频率的计算步长为 12.5Hz。在方案一下，高/低精度模型经过前处理后的基座阻抗变化如图 8.14 所示。

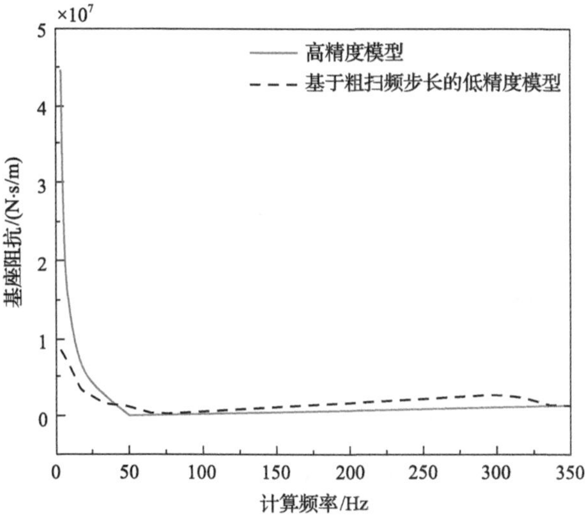

图 8.14　方案一下高/低精度模型经过前处理后的基座阻抗变化

如图 8.14 所示，两条阻抗曲线在趋势上一致。虽然在低频处低精度模型的最大值较高精度模型小，但是在趋势上是一致的。经计算在该方案下，两条阻抗曲线的相关系数为 0.8139，因此，该方案的低精度模型较为理想。在计算时间方面，单次高精度模型计算时间为 855.41s，而单次基于粗扫频步长的低精度模型计算时间为 164.22s。也就是说，计算一个高精度样本点的计算时间能够计算约 5.2 个基于粗扫频步长的低精度模型样本点。

8.3.2　基于有限元粗网格的低精度模型

本节介绍一种基于有限元粗网格的低精度模型。高精度模型的网格划分方案为：基座部分网格划分为 60mm，剩余部分网格划分为 100mm。对于基于有限元粗网格的低精度模型，设置网格划分方案为：基座部分网格划分为 300mm，剩余部分网格划分为 500mm。在方案二下，高/低精度模型经过前处理后的基座阻抗变化如图 8.15 所示。

如图 8.15 所示，两条阻抗曲线在趋势上一致。需要指出的是，相比于基于粗扫频步长的低精度模型，本节介绍的基于有限元粗网格的低精度模型能够更好地还原低频率区域的基座阻抗特性，并且高精度模型得到的阻抗曲线和基于有限元粗网格的低精度模型得到的阻抗曲线基本吻合。经计算在该方案下，两条阻抗曲线的相关系数为 0.9986，因此，该方案的低精度计算模型是一种更为理想的简化方式。在计算时间方面，单次高精度模型计算时间为 855.41s，而单次基于有限元粗网格的低精度模型计算时间为 68.83s。也就是说计算一个高精度样本点的计算时间能够计算约 12.4 个基于有限元粗网格的低精度模型样本点。

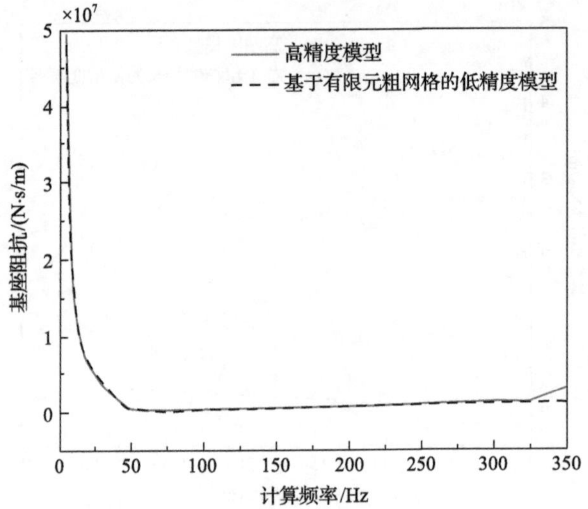

图 8.15　方案二下高/低精度模型经过前处理后的基座阻抗变化

8.3.3　基于粗扫频步长和有限元粗网格的低精度模型

本节尝试同时设置粗扫频步长和有限元粗网格当作低精度模型，其中粗扫频步长和有限元粗网格方案分别同 8.3.1 节和 8.3.2 节。在方案三下，高/低精度模型经过前处理后的阻抗变化如图 8.16 所示。

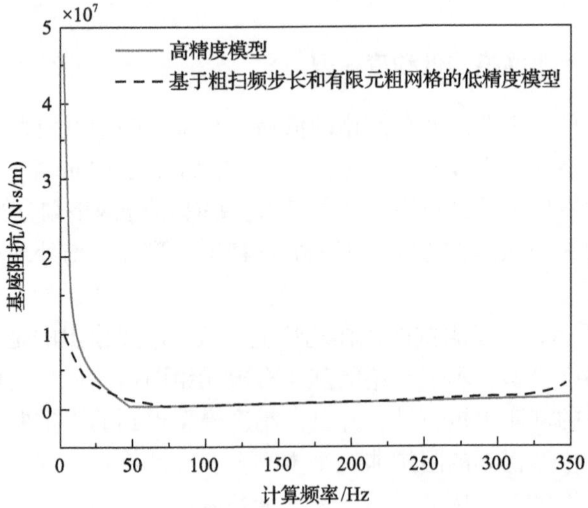

图 8.16　方案三下高/低精度模型经过前处理后的基座阻抗变化

如图 8.16 所示，基于粗扫频步长和有限元粗网格的低精度模型在低频区域的阻抗大小取值和高精度模型仍然存在一些差异。总体来说，两条曲线的总体趋势还是一致的。经计算在该方案下，两条阻抗曲线的相关系数为 0.7794，因此，该方案的低精度模型相比于上述两种方案相关性稍低。但是在计算时间方面，单次基于粗扫频步长和有限元粗网格的低精度模型计算时间为 18.07s。也就是说计算一个高精度样本点的计算时间能够计算约 47.34 个基于粗扫频步长和有限元粗网格的低精度模型样本点。

8.3.4　预测结果及讨论

本节选择四种变可信度近似模型[DFM-Kriging 模型、KOH 模型、HK 模型、输出空间映射变可信度近似模型(output space mapping variable-fidelity modeling, OSM-VFM)]建立典型基座阻抗的预测模型。为了对比不同低精度模型对于变可信度近似模型精度的影响，本节讨论在等计算资源下，基于不同低精度模型及不同变可信度近似模型对于阻抗的预测精度。需要指出的是，对于典型基座的阻抗预测需要同时在 140 个分析频率建立变可信度近似模型，因此在对比不同变可信度近似模型预测精度时，分别对每个频率点给出误差检验指标的取值在分析时不够直观。因此，结合工程实践，在阻抗预测精度检验时从两个角度进行评估，首先计算在检验点处变可信度近似模型预测阻抗和实际阻抗的相关系数(R^2)以检验全局精度；其次，由于实际问题更关心阻抗最小值，因此记录检验点变可信度近似模型预测阻抗最小值和实际阻抗最小值的 MAE 和 RMSE。

计算基于粗扫频步长和有限元粗网格的低精度样本点 1000 个，然后由此换算计算基于有限元粗网格低精度样本点约 260 个，计算基于粗扫频步长低精度样本点约 110 个。考虑高/低精度样本的搭配比，计算 50 个高精度样本点来建立变可信度近似模型对典型基座的阻抗进行预测。在设计空间中额外抽取 200 个样本点当作检验点，并且通过高精度模型计算阻抗值，计算结果如图 8.17 和表 8.3 所示。

从图 8.17 中可以看出，从全局精度来看，在等计算资源下四种变可信度近似模型在三种低精度模型下都能够得到对于典型基座阻抗全局精度较好的预测。具体来说，即使是预测精度较差的方案(基于粗扫频步长和有限元粗网格下)在最差情况下仍然能够得到 $R^2 \approx 0.98$ 的预测精度。对比不同变可信度近似模型在等计算资源下阻抗的预测精度，可以发现 DFM-Kriging 模型的预测精度明显劣于 KOH 模型、HK 模型和 OSM-VFM 模型。因为在三种低精度模型下，DFM-Kriging 模型得到的箱线图的箱体最长，异常点数量较多且取值和中位数的差异较大。KOH 模型、HK 模型和 OSM-VFM 模型得到阻抗的全局预测精度基本相当，但是 HK 模型的预测精度略优于 KOH 模型和 OSM-VFM 模型。对比不同低精度模型在等计算资源下阻抗的全局预测精度，可以发现基于粗扫频步长和有限元粗网格的低精度模型的预测精度要劣于其他两种低精度模型。基于粗扫频步长的低精度模型

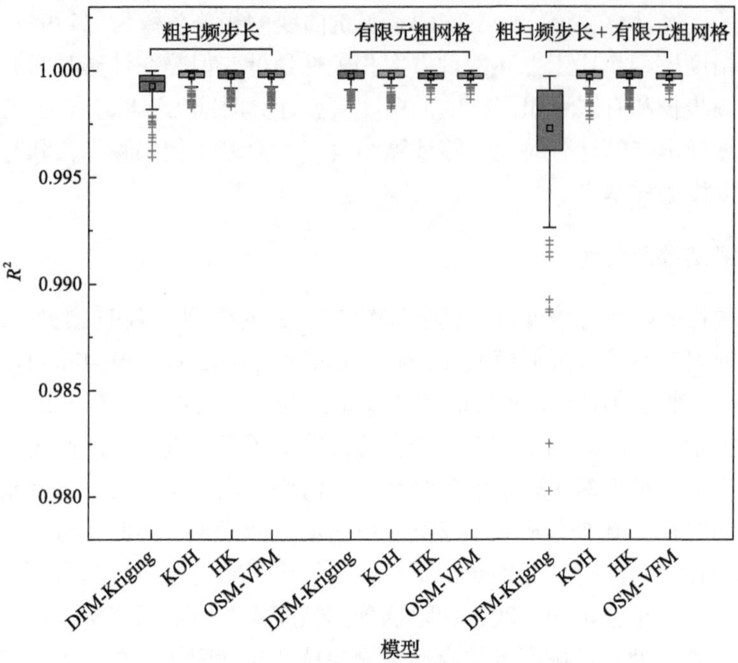

图 8.17　不同模型得到阻抗全局精度箱线图

表 8.3　等计算资源下不同方案结果对比

变可信度近似模型	低精度模型	MAE/(N·s/m)	RMSE/(N·s/m)
DFM-Kriging	粗扫频步长	8.7637×10^5	1.5529×10^5
	有限元粗网格	$\mathbf{5.2518\times10^4}$	$\mathbf{2.2683\times10^4}$
	粗扫频步长+有限元粗网格	2.2335×10^6	6.2836×10^5
KOH	粗扫频步长	1.1681×10^5	2.7688×10^4
	有限元粗网格	$\mathbf{5.3296\times10^4}$	2.4760×10^4
	粗扫频步长+有限元粗网格	6.7086×10^4	$\mathbf{2.4090\times10^4}$
HK	粗扫频步长	5.9884×10^4	3.1707×10^4
	有限元粗网格	$\mathbf{4.5220\times10^4}$	$\mathbf{2.9065\times10^4}$
	粗扫频步长+有限元粗网格	5.1411×10^5	2.9107×10^5
OSM-VFM	粗扫频步长	6.6861×10^4	2.5480×10^4
	有限元粗网格	$\mathbf{4.7224\times10^4}$	$\mathbf{1.7608\times10^4}$
	粗扫频步长+有限元粗网格	5.4492×10^4	1.8593×10^4

最终预测精度略差于基于有限元粗网格的低精度模型，因为其中位数略大于基于粗扫频步长的低精度模型的中位数。

从表 8.3 中可以看出，对于关心的局部性性能指标(每个检验点处基座阻抗最小值)不同方案下的预测精度存在较大差异。表 8.3 中每个变可信度近似模型中预测精度最好的结果用加粗表示。首先，可以直观地看出四种变可信度近似模型都是结合有限元粗网格模型能够得到对于基座阻抗最小值精度最好的预测，DFM-Kriging 模型、KOH 模型、HK 模型和 OSM-VFM 模型得到的 MAE 最好取值分别是 5.2518×10^4、5.3296×10^4、4.5220×10^4 和 4.7224×10^4。需要指出的是，虽然 MAE 取值较大，但是因为阻抗值本身取值较大，由 8.1.3 节可知阻抗最小值取值在 $4.31\times10^5\,\mathrm{N\cdot s/m}$ 左右。因此，在现有样本点下四种变可信度近似模型的相对误差在 10%左右。而四种变可信度近似模型结合有限元粗网格低精度模型的 RMSE 分别是 2.2683×10^4、2.4760×10^4、2.9065×10^4 和 1.7608×10^4。综合来看，HK 模型对于阻抗最小值的局部精度优于其他三种模型，但是从全局精度来看，OSM-VFM 模型的表现最好。仔细分析各变可信度近似模型下，结合不同低精度模型的预测情况可以发现，不同模型结合粗扫频步长低精度模型与基于粗扫频步长和有限元粗网格的低精度模型的预测精度各有优劣，不呈现规律性。

除此之外，统计不同变可信度近似模型的总建模和预测时间，其中 DFM-Kriging 模型消耗了 762.44s；KOH 模型消耗了 35562.99s；HK 模型消耗了 691.26s；OSM-VFM 模型消耗了 103.21s。综合上述计算时间数据，认为 KOH 模型此时适用性不强，因为其建模和预测时间远远超出其他变可信度近似模型。综合来看，OSM-VFM 模型是对于基座阻抗预测效率最高的变可信度近似模型，基于有限元粗网格的低精度模型是在等计算资源下对基座阻抗预测精度最佳的方案。

参 考 文 献

[1] 施引，朱石坚，何琳. 船舶动力机械噪声及其控制[M]. 北京：国防工业出版社, 1990.

[2] Lu L, Zhang X, Qiao B, et al. Multi-objective active vibration optimization of dynamic frequency responses for shell structures[C]. 2015 IEEE Advanced Information Technology, Electronic and Automation Control Conference, Chongqing, 2015: 131-136.

[3] 谭星星. 潜水装备内部基座阻抗分析及优化设计研究[D]. 成都：电子科技大学, 2022.

[4] 孙建刚，邹明松，刘艳敏. 船舶基座机械阻抗特性及简化数值建模方法[C]. 第十四届船舶水下噪声学术讨论会, 重庆, 2013: 172-178.

[5] 张思. 振动测试与分析技术[M]. 北京：清华大学出版社, 1992.

[6] Dnv G L. Environment Conditions and Environmental Loads: DNV-RP-C205[S]. Oslo: DetNorskeVeritas, 2010.

[7] 庞福振. 船舶结构噪声截断模型数值预测方法研究[D]. 哈尔滨：哈尔滨工程大学, 2012.

[8] Yang C, Zhang L H, Lu H C. Graph-regularized saliency detection with convex-hull-based center prior[J]. IEEE Signal Processing Letters, 2013, 20(7): 637-640.

[9] 魏长青, 张伟军, 杨汝清, 等. 平面点集凸包图改进算法[J]. 机械科学与技术, 2002, 21(3): 358-359.

[10] 吴文周, 李利番, 王结臣. 平面点集凸包 Graham 算法的改进[J]. 测绘科学, 2010, 35(6): 123-125.

[11] 夏志. 水下结构物基座阻抗预测的代理模型技术研究[D]. 武汉: 华中科技大学, 2019.

第 9 章　变刚度加筋圆柱壳强度和总体稳定性预测

加筋圆柱壳是水下结构物中主要耐压结构之一，是保证船体正常工作的基础。如何保证加筋圆柱壳在静水压力下的强度和稳定性是船舶工程师设计的重点。等刚度加筋圆柱壳，可以通过解析公式对其强度和总体稳定性进行快速预测，许辑平等[1]在其专著中通过理论推导给出了等刚度加筋圆柱壳强度和稳定性的理论解。随着舱长的加长，等刚度加筋圆柱壳并不一定是重量最轻的首选方案，纵横加筋、变刚度环肋的设计开始逐渐被采用。许多学者从确定性分析的角度验证了相比于等刚度加筋圆柱壳，变刚度加筋圆柱壳具有更加优异的性能。程妍雪[2]发现变刚度加筋圆柱壳能够使材料利用得更充分，从而提升加筋圆柱壳的稳定性；陈美霞等[3]研究证明变刚度加筋圆柱壳具有更加优秀的声学性能；艾海峰等[4]验证了变刚度加筋圆柱壳在阻抗特性上的性能。设计变刚度加筋圆柱壳一般有两种方式：①所有肋骨间距相同，对特定的肋骨进行加强(即含特大肋骨)；②所有肋骨尺寸相同，改变肋骨间距。

但是，变刚度加筋圆柱壳的强度和总体稳定性不能够通过等刚度加筋圆柱壳的理论公式进行准确预测，一般采用有限元方法获取变刚度加筋圆柱壳的强度和总体稳定性的计算值。由于变刚度加筋圆柱壳结构复杂，直接应用有限元等数值仿真的方法需要耗费较大的计算资源，计算精度也因操作人员的经验而存在一定的差别。因此，采用高效方法对变刚度加筋圆柱壳的强度和稳定性指标进行快速预测是一个亟待解决的问题。

9.1　等刚度加筋圆柱壳强度与稳定性理论分析

9.1.1　强度理论分析

一般而言，定义壳体厚度与中面曲率比值小于 1/20 的圆柱壳为薄壳。薄壳的理论研究与薄板理论一致，都是以基尔霍夫直线假设为基础，核心内容如下[1]。

(1) 变形前垂直于中面的直线，壳体变形后仍然保持为直线并垂直于挠曲之后的中面。

(2) 平行于中面面积上的正应力与其他应力相比为微量，可以忽略不计。

在研究薄壳时采用柱坐标系较为适宜，在柱坐标系中，只需要两个坐标就能够确定壳中面上任意点的位置，如图 9.1 所示。

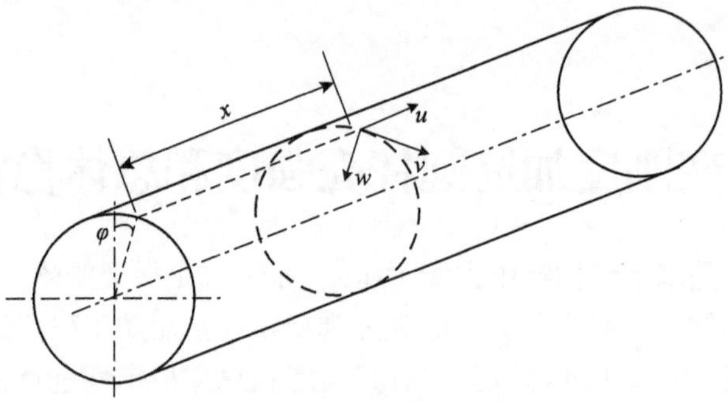

图 9.1　柱坐标系示意图

由图 9.1 可知，在圆柱壳中面上任意一点的位置可以通过坐标 (x,φ) 确定。规定 u、v 和 w 为圆柱壳沿轴向、周向和径向的位移。加筋圆柱壳在水中受到均匀的静水压力的作用，沿轴向切出一块梁带微元进行分析，其受力图如图 9.2 所示。

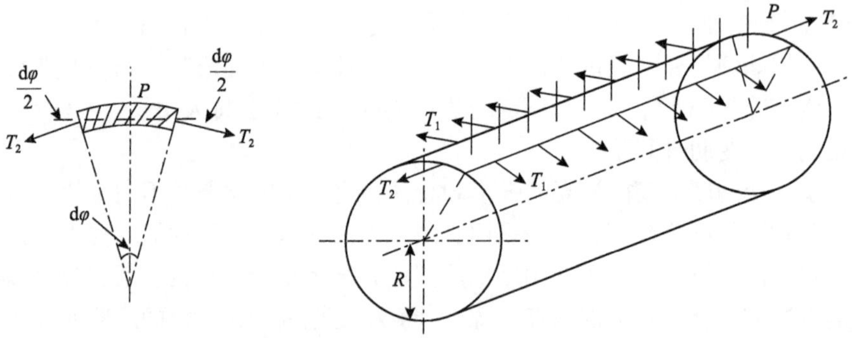

图 9.2　梁带微元受力示意图

梁带微元由于周向和轴向静水压力 P 的作用，沿轴向受到压力 $T_1 = -PR/2$；沿径向受到静水压力 P 及由壳体变形产生的周向压力 T_2 的作用。实际中，T_2 是壳体在外压作用下，相邻梁带挤压产生，也就是说在不同横剖面上由于压缩变形不同，T_2 大小也会随之变化。通过几何关系和胡克定律，可以求得 T_2 为

$$T_2 = -Et\frac{w}{R} - \frac{\mu}{2}PR \tag{9.1}$$

其中，t 为圆柱壳的厚度；w 为轴向压力 T_1 的周向分量；E 为材料的弹性模量；μ 为材料的泊松比。

建立梁带的弯曲微分方程为

$$Dw'' - T_1 w' = P + \frac{T_2}{R} \tag{9.2}$$

其中，D 为抗弯刚度，取值为 $Et^3/(12(1-\mu^2))$。

由此，将 D、T_1、T_2 取值代入式(9.2)中，可以得到

$$Dw'' + \frac{PR}{2}w' + \frac{Et}{R^2}w = P\left(1-\frac{\mu}{2}\right) \tag{9.3}$$

通过一系列数学运算，可以得到梁带的弯曲微分方程的全解为

$$\begin{aligned} w = &\frac{PR^2}{Et}\left(1-\frac{\mu}{2}\right) + C_1\text{ch}(\alpha_1 x)\cos(\alpha_2 x) + C_2\text{sh}(\alpha_1 x)\cos(\alpha_2 x) \\ &+ C_3\text{ch}(\alpha_1 x)\sin(\alpha_2 x) + C_4\text{sh}(\alpha_1 x)\sin(\alpha_2 x) \end{aligned} \tag{9.4}$$

其中，

$$\alpha_1 = \frac{1.285}{\sqrt{Rt}}\sqrt{1-\left(\frac{0.205R}{100t}\right)^2 P}, \quad \alpha_2 = \frac{1.285}{\sqrt{Rt}}\sqrt{1+\left(\frac{0.205R}{100t}\right)^2 P} \tag{9.5}$$

式(9.4)中的积分常数 C_1～C_4 由圆柱壳实际边界条件确定。下面重点介绍如何对等间距等刚度的环向加筋圆柱壳的应力进行计算。在梁带静水压力作用下，弯曲变形模式如图 9.3 所示。

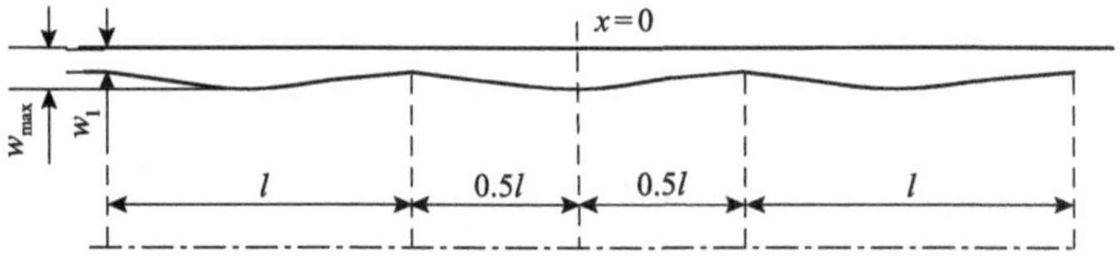

图 9.3　在梁带静水压力下，弯曲变形模式示意图

由图 9.3 可知，梁带在相邻肋骨中点处具有最大挠度 w_{max}，由于肋骨对壳体有支撑作用，所以在肋骨处具有最小挠度 w_1。在分析时，将坐标轴原点设置在相邻肋骨中点，此时式(9.4)中的常数 C_2、C_3 等于 0。式(9.4)可以简化为

$$w = \frac{PR^2}{Et}\left(1-\frac{\mu}{2}\right) + C_1\text{ch}(\alpha_1 x)\cos(\alpha_2 x) + C_4\text{sh}(\alpha_1 x)\sin(\alpha_2 x) \tag{9.6}$$

根据上述分析，边界条件为

$$x = \pm 0.5l, \quad w = w_1, \quad w' = 0 \tag{9.7}$$

根据分析，易得

$$w_1 = \frac{2DR^2}{EA}w''' \tag{9.8}$$

将式(9.6)分别代入式(9.7)和式(9.8)可以得到 C_1、C_4 的取值，进而得到整个挠曲线方程的表达式。在工程中，更加关心在特殊位置的应力取值(即挠度最大处和边界处的应力取值)，即跨中中面周向应力 σ_1、跨端内表面纵向应力 σ_2 和肋骨应力 σ_f。通过挠曲线方程，可以得到相应理论求解公式为

$$\sigma_1 = -\frac{PR}{t}(0.5 \pm \varepsilon_3) \tag{9.9}$$

$$\sigma_2 = -\frac{PR}{t}(1-\varepsilon_1)(1-0.5\mu) + \mu\sigma_1 \tag{9.10}$$

$$\sigma_f = -\frac{PR}{t}(1-\varepsilon_1)(1-0.5\mu) \tag{9.11}$$

其中，ε_1 和 ε_3 是复杂弯曲下，梁带沿轴向和径向的应变值，其求解需通过辅助函数计算得到。经过大量的数据计算，可制成辅助函数图谱，以便能够快速得到在不同设计参数下等刚度加筋圆柱壳特征应力值，详细可参见文献[1]。

9.1.2 稳定性理论分析

9.1.1 节的强度分析是基于弹性前提的，即假定当前外压 P 不足以使得壳体失稳。当外压 P 不断增大达到临界值 P_{cr} 后，壳体将会进入总体失稳，产生塑性形变从而导致壳体破坏。水下结构物的设计除了要求强度指标中特征应力小于许用应力值外，也需要保证壳体的总体失稳临界应力值 P_{cr} 大于要求值。由于壳体总体失稳不再属于线弹性范围，不能再利用线弹性理论进行分析，一般采用能量法确定临界应力值 P_{cr}。

在研究等刚度加筋圆柱壳舱段总体稳定性时仍然采用柱坐标系。假设等刚度加筋圆柱壳为封闭圆柱壳，在均匀外压下总体失稳模式如图 9.4 所示。

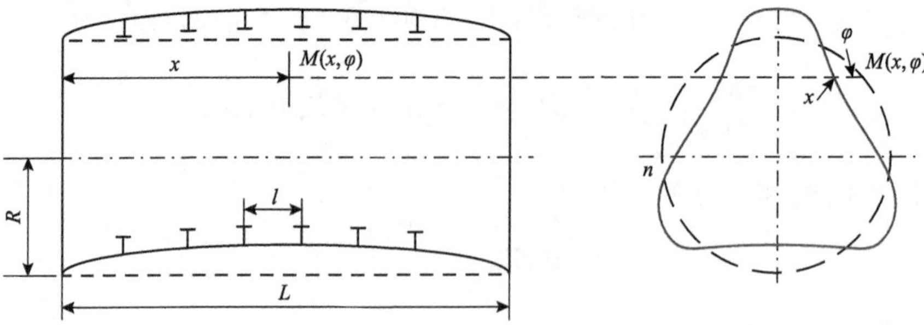

图 9.4　等刚度加筋圆柱壳整体失稳变形模式示意图

根据图 9.4，在舱段失稳时可以认为两端处在简支的边界条件，即 v、w 在两

端为 0。此时，可假设等刚度加筋圆柱壳位移函数为

$$
\begin{aligned}
u &= A\sin(n\varphi)\cos\frac{m\pi x}{L} \\
v &= B\cos(n\varphi)\sin\frac{m\pi x}{L} \\
w &= C\sin(n\varphi)\sin\frac{m\pi x}{L}
\end{aligned}
\tag{9.12}
$$

其中，L 为舱段总长度；m、n 分别为壳体失稳时轴向半波数和周向整波数；A、B、C 为待定参数。

结合式(9.12)和壳体的复杂弯曲状态，可以得到壳体的六个应变分量，即轴向应变 ε_1^0、周向应变 ε_2^0、剪应变 γ^0、中面沿轴向曲率变化 χ_1、中面沿周向曲率变化 χ_2 和中面扭率 χ_{12}，其相应表达式为

$$
\begin{aligned}
\varepsilon_1^0 &= \frac{\partial u}{\partial x} = -A\frac{m\pi}{L}\sin(n\varphi)\sin\frac{m\pi x}{L} \\
\varepsilon_2^0 &= \frac{1}{R}\left(\frac{\partial v}{\partial \varphi} - w\right) = -(nB+c)\frac{1}{R}\sin(n\varphi)\sin\frac{m\pi x}{L} \\
\gamma^0 &= \frac{1}{R}\frac{\partial u}{\partial \varphi} + \frac{\partial v}{\partial x} = \left(\frac{n}{R}A + \frac{m\pi}{L}B\right)\cos(n\varphi)\cos\frac{m\pi x}{L} \\
\chi_1 &= \frac{\partial^2 w}{\partial x^2} = -C\frac{m^2\pi^2}{L^2}\sin(n\varphi)\sin\frac{m\pi x}{L} \\
\chi_2 &= \frac{1}{R^2}\left(\frac{\partial^2 w}{\partial \varphi^2} + w\right) = -\frac{(n^2-1)}{R^2}C\cos(n\varphi)\sin\frac{m\pi x}{L} \\
\chi_{12} &= \frac{1}{12}\left(\frac{\partial^2 w}{\partial \varphi \partial x} + \frac{\partial v}{\partial x}\right) = (nc+B)\frac{m\pi}{RL}\cos(n\varphi)\cos\frac{m\pi x}{L}
\end{aligned}
\tag{9.13}
$$

通过式(9.13)可以得到壳体上距离中面距离为 z 的任意一点的应变与中面应变的关系为

$$
\begin{aligned}
\varepsilon_1 &= \varepsilon_1^0 - z\chi_1 \\
\varepsilon_2 &= \varepsilon_2^0 - z\chi_2 \\
\gamma &= \gamma^0 - 2z\chi_{12}
\end{aligned}
\tag{9.14}
$$

当知道任意点应变之后，根据弹性力学知识，可以求得舱段应变能。舱段应变能由壳板应变能和肋骨应变能两部分组成。

（1）壳板应变能：

$$V_1 = \frac{1}{2}\iiint(\sigma_x\varepsilon_x + \sigma_y\varepsilon_y + \sigma_z\varepsilon_z + \tau_{xy}\gamma_{xy} + \tau_{yz}\gamma_{yz} + \tau_{zx}\gamma_{zx})\mathrm{d}x\mathrm{d}y\mathrm{d}z$$
$$= \frac{\pi LD}{4R^3}\left\{2(1-\mu)m^2\alpha^2B^2 + 4(1-\mu)m^2\alpha^2 nBC + \left[(m^2\alpha^2+n^2-1)^2 + 2(1-\mu)m^2\alpha^2\right]C^2\right\}$$
$$+ \frac{\pi LEt}{4R^2(1-\mu^2)}\left\{\left[m^2\alpha^2 + \frac{1}{2}(1-\mu)n^2\right]A^2 + 2(1+\mu)mn\alpha + AB\left[n^2 + \frac{1}{2}(1-\mu)m^2\alpha^2\right]B^2 + 2nBC + 2\mu m\alpha AC + C^2\right\} \tag{9.15}$$

其中，$\alpha = \pi R/L$。

（2）肋骨应变能：

$$V_2 = \frac{\pi L}{4R}\frac{EI}{R^2L}(n^2-1)^2C^2 \tag{9.16}$$

其中，I 为肋骨惯性矩。

除此之外，还可以求得外力对于壳体做的功，外力功由轴向压力 T_1 做功和周向压力 T_2 做功两部分组成。外力功也可以首先通过分析壳体某微元，然后在舱段范围积分得到。

轴向压力 T_1 做功为

$$U_1 = \frac{T_1}{2}\int_0^L\int_0^{2\pi}\left(\frac{\partial w}{\partial x}\right)^2 R\mathrm{d}\varphi\mathrm{d}x = \frac{\pi L}{4R}T_1\alpha^2m^2C^2 \tag{9.17}$$

周向压力 T_2 做功为

$$U_2 = -\frac{T_2}{2}\int_0^L\int_0^{2\pi}\chi_2 w\mathrm{d}\varphi\mathrm{d}x = \frac{\pi L}{4R}T_2(n^2-1)C^2 \tag{9.18}$$

结合式(9.15)～式(9.18)可知，壳体总位能为

$$\Pi = V_1 + V_2 - U_1 - U_2 \tag{9.19}$$

结合壳体总位能和里兹(Ritz)法可以求得等刚度加筋圆柱壳总体失稳的欧拉应力表达式为

$$P_{\mathrm{cr}} = \frac{E}{n^2 - 1 + 0.5\alpha^2}\left[\frac{t}{R}\frac{\alpha^4}{(\alpha^2+n^2)^2} + \frac{I(n^2-1)^2}{R^3 l}\right] \tag{9.20}$$

取 $n=1,2,3,\cdots$，计算相应 P_{cr} 取值，其中 P_{cr} 最小值为刚度加筋圆柱壳总体失稳临界欧拉应力。

9.2　变刚度加筋圆柱壳强度与稳定性有限元分析

本章所采用的变刚度加筋圆柱壳的结构简图如图 9.5 所示[5,6]。

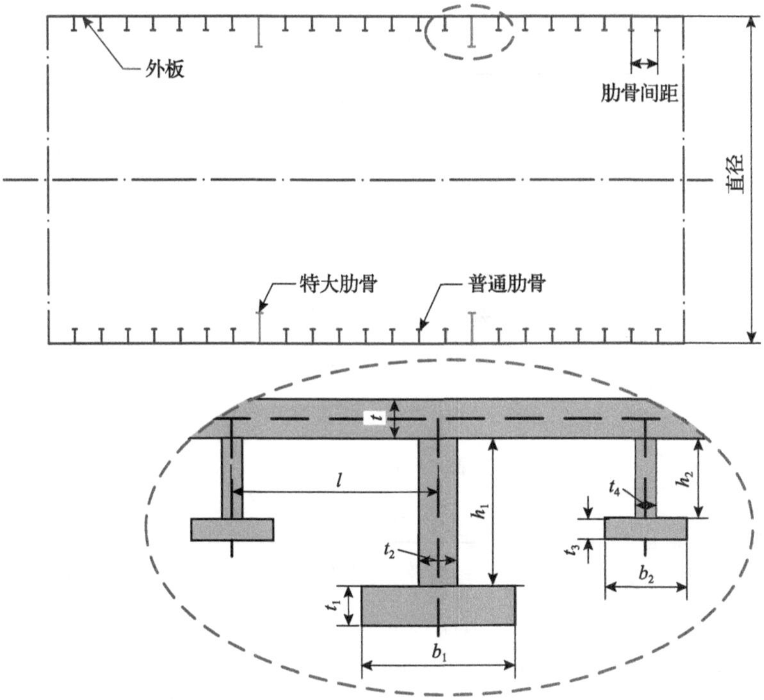

图 9.5　变刚度加筋圆柱壳结构简图

加筋圆柱壳有两根特大肋骨，分布在圆柱壳长度三分之一等分点处。圆柱壳长度由肋骨间距进行控制，整个圆柱壳结构有 24 个肋骨间距。如上所述，特大肋骨在第 8、16 号肋骨处，其他肋位布置普通肋骨，特大肋骨和普通肋骨都是由 T 型材构成。特大肋骨的存在使加筋圆柱壳的受力情况改变，进而改变整个加筋圆柱壳的屈曲模态。本章将建立四个性能指标的快速预测变可信度近似模型，分别是跨中中面周向应力、跨端内表面纵向应力、肋骨应力和总体失稳临界欧拉应力。壳板板厚和特大肋骨、普通肋骨的结构参数取值空间如表 9.1 所示，其他结构参数保持不变，固定参数取值如表 9.2 所示。

表 9.1　壳板板厚和特大肋骨、普通肋骨结构参数取值空间

结构	设计变量	取值范围
外板	圆柱壳壳板板厚 t/mm	18～28
普通肋骨	面板厚度 t_3/mm	14～26
	面板宽度 b_2/mm	80～120
	腹板厚度 t_4/mm	12～22
	腹板高度 h_2/mm	250～300
特大肋骨	面板厚度 t_1/mm	22～35
	面板宽度 b_1/mm	130～170
	腹板厚度 t_2/mm	20～30
	腹板高度 h_1/mm	450～500

表 9.2　固定参数取值

结构参数	肋骨间距 l/mm	500
	圆柱壳总长 L/mm	12000
	圆柱壳半径 R/mm	3500
	计算深度 h/mm	300
材料参数	弹性模量 E/MPa	2.1×10^5
	材料密度 ρ/(kg/mm^3)	7.85×10^{-9}
	泊松比 μ	0.3

采用 Ansys 18.2 软件对变刚度加筋圆柱壳进行有限元仿真建模和计算，壳板用 Shell 181 单元进行模拟。考虑到肋骨的腹板尺寸相对较大，肋骨腹板也采用 Shell 181 进行模拟，而肋骨面板宽度尺寸相对较小，故采用 Beam 188 单元进行模拟。建立柱坐标系，圆柱壳的轴向是 Ansys 18.2 软件中的 Z 方向。根据圆柱壳实际受力情况，在圆柱壳一端约束所有的平动位移，另一端释放轴向平动位移，约束剩下两个方向的位移。具体表达为当 Z=0 时，约束 X、Y 方向的平动位移。当 Z=L 时，L 为圆柱壳总长度，约束 X、Y 方向的平动位移，释放 Z 方向的平动位移。这样处理的原因是圆柱壳全部浸没在水中的时候，不仅仅受到四周的水压力，其两端也会受到水压力。周向静水压力施加在柱壳表面，压强为 3MPa；轴向静水压力转化为端部轴向节点力施加在 Z=L 的节点上，转化的节点力为

$$F_z = \frac{P_c \pi R^2}{n'} \tag{9.21}$$

其中，F_z 为施加在端部每个节点上集中力的大小，$P_c \pi R^2$ 为作用在轴端截面上压力的合力；n' 为轴端的总节点数。

载荷施加的情况如图 9.6 所示。

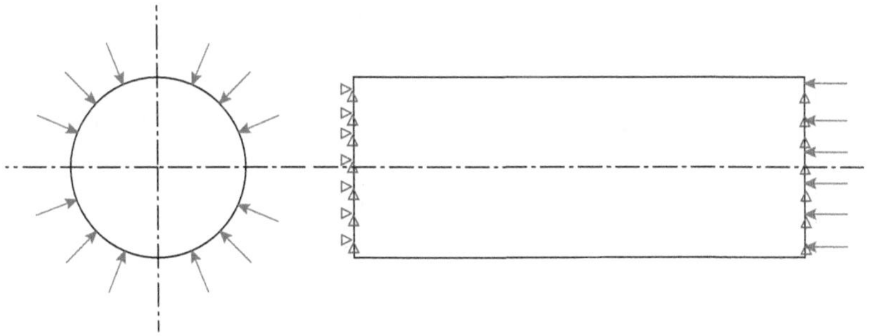

(a) 施加周向载荷　(b) 施加轴向载荷

图 9.6　圆柱壳载荷施加情况

为了保证有限元结果的可靠性，需要对有限元网格进行收敛性分析。由于变刚度加筋圆柱壳形状较为规整，故采用映射网格对其进行网格划分。其中，可以通过控制壳体周向划分份数、肋骨间距划分份数和肋骨腹板高度划分份数来控制变刚度加筋圆柱壳网格划分方案。通过改变网格划分份数，可以得到各应力计算值随着网格相对大小的收敛过程，如图 9.7 所示。其中，横坐标表示网格相对大小，当横坐标取值为 10 时表示有限元网格为粗糙网格。从图 9.7 中可以看出：

(1)第一阶总体失稳临界欧拉应力对于网格相对大小变化较敏感，但是随着网格变细，其值逐渐收敛，最后两点的绝对变化量小于 0.1MPa，相对变化量为 0.74%。

(2)跨中中面周向应力收敛过程较为明显，最后两点的相对变化量为 0.09%。

(3)跨端内表面纵向应力对于网格相对大小变化影响最为敏感，网格相对大小从 10 加密到 1 时，其应力从 157.55MPa 变化到了 188.95MPa，最后两点的应力计算值相对变化量为 0.64%。

(4)肋骨应力值对网格相对大小变化不敏感，最后两点的相对变化量只有 0.03%。所以，在进行有限元计算时，可以认为当跨端内表面纵向应力有限元计算结果收敛时，总体稳定性和三项应力指标有限元计算值都已经收敛。

综上分析，当网格相对大小为 1 时所有特征量已经趋于收敛，可以用作高精度近似模型的样本点数据计算。需要指出的是，在对加筋圆柱壳进行强度和稳定

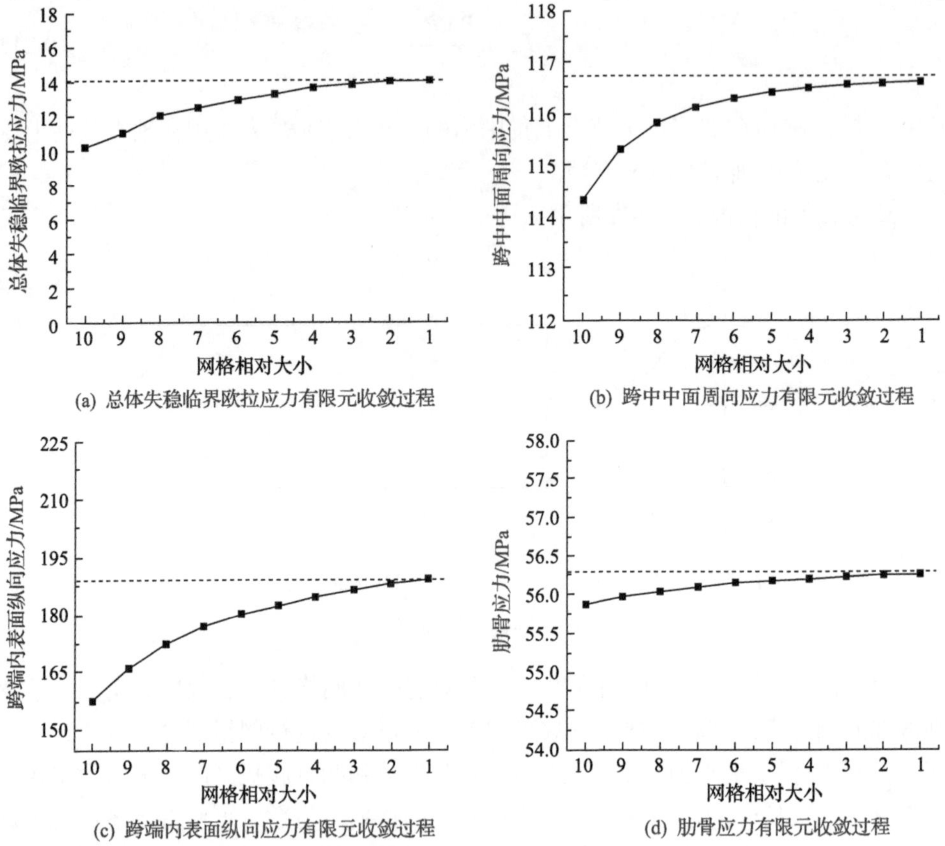

(a) 总体失稳临界欧拉应力有限元收敛过程

(b) 跨中中面周向应力有限元收敛过程

(c) 跨端内表面纵向应力有限元收敛过程

(d) 肋骨应力有限元收敛过程

图 9.7　不同网格相对大小下的应力响应

性分析时，采用的是不同的网格。对于强度分析而言，高精度仿真模型周向划分 500 份网格、肋骨间距划分 20 份网格，沿特大肋骨和普通肋骨高度方向划分 8 份网格。对于稳定性分析而言，一个技术难点是需要使第一阶模态为总体失稳模态，因此高精度仿真模型周向划分 300 份网格、肋骨间距划分 2 份网格，沿特大肋骨和普通肋骨高度方向划分 2 份网格。

在设计空间中随机选取一组设计参数，对其进行有限元仿真可以得到如图 9.8 所示的总体失稳临界欧拉应力、跨中中面周向应力、跨端内表面纵向应力和肋骨应力的仿真云图。为了更好地说明变刚度加筋圆柱壳和等刚度加筋圆柱壳在相同设计参数下的性能差异，表 9.3 给出了四个关键性能指标值。

结合图 9.8 和表 9.3 可知，特大肋骨的存在改变了原本加筋圆柱壳的应力分布状态。从图 9.8 可以看出，特大肋骨的存在使得跨中中面周向应力分布发生了改变。与特大肋骨相近的肋骨间距之间的跨中中面周向应力相对于远离特大肋骨的值要小。同时，远离特大肋骨的跨中中面周向应力值相对于等刚度加筋圆柱壳的 120.116MPa 减小到 106.329MPa。对于跨端内表面纵向应力，特大肋骨跨端本身的内表面纵向应力值为 173.485MPa，相对于等刚度的 169.302MPa，其值略大。除特大肋骨本身之外，其他肋骨跨端的内表面纵向应力值在 140MPa 附近，这表明特大肋骨的加入能够减小其他肋骨处内表面的纵向应力值。肋骨应力从 74.102MPa 下降到 50.777MPa。除此之外，特大肋骨的加入能够极大地提升加筋圆柱壳总体失稳临界欧拉应力，由原来的 10.130MPa 提升到 13.918MPa，这说明大肋骨对加筋圆柱壳的总体稳定性有较大提升。

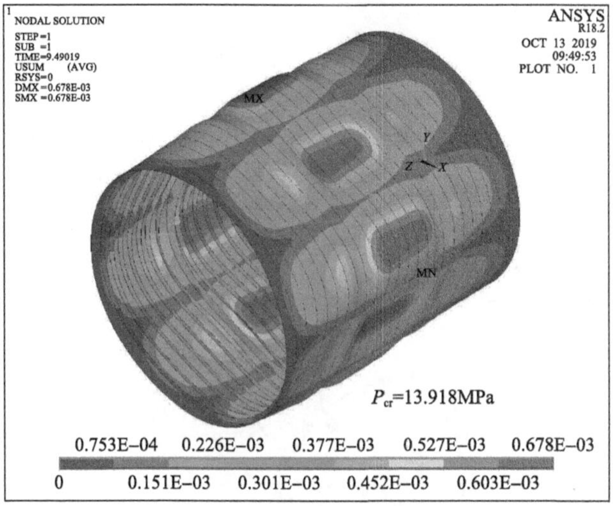

(a) 总体失稳临界欧拉应力

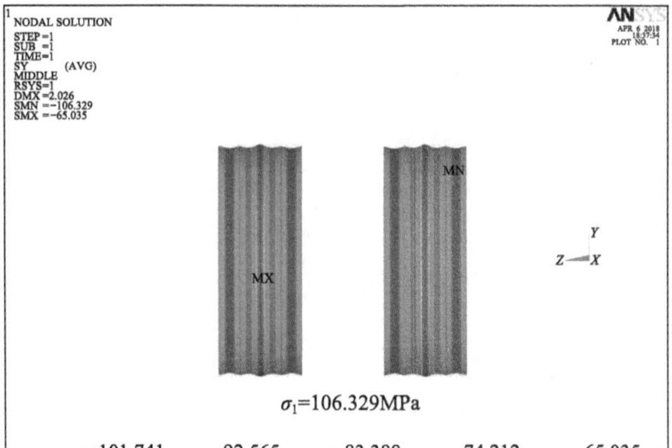

(b) 跨中中面周向应力

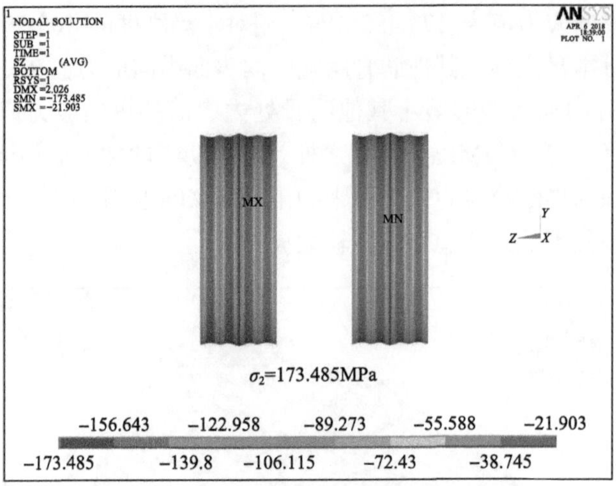

(c) 跨端内表面纵向应力

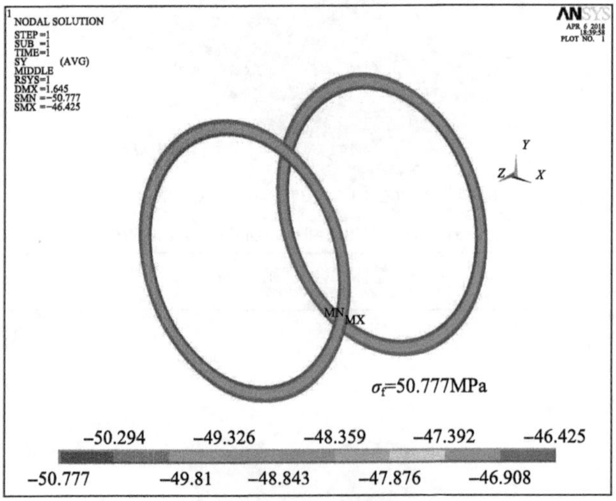

(d) 肋骨应力

图 9.8　变刚度加筋圆柱壳强度和稳定性响应

表 9.3　等/变刚度加筋圆柱壳强度和稳定性指标值　　(单位：MPa)

强度/稳定性指标	跨中中面周向应力	跨端内表面纵向应力	肋骨应力	总体失稳临界欧拉应力
变刚度有限元计算值	106.329	173.485	50.777	13.918
等刚度理论公式估计值	120.116	169.302	74.102	10.130

9.3　强度与稳定性的变可信度近似模型预测

9.3.1　基于等刚度理论分析低精度样本的变可信度近似模型

9.1 节介绍了等刚度加筋圆柱壳理论分析，其能够快速地得到等刚度加筋圆柱壳的各项关键指标。结合图 9.5 可知，本节研究的变刚度加筋圆柱壳是在等刚度加筋圆柱壳的基础上将其中两个普通肋骨改成特大肋骨。在这种情况下，假设等刚度理论模型仍然可以作为变刚度加筋圆柱壳关键性能指标的低精度模型。为了验证变刚度加筋圆柱壳和等刚度加筋圆柱壳理论分析结果在关键性能指标的相关性情况，在设计空间中随机产生 20 个样本点计算对应高/低精度模型性能取值，并将其绘制在图 9.9 中。可以看出，等刚度理论模型在三个关键指标上和变刚度

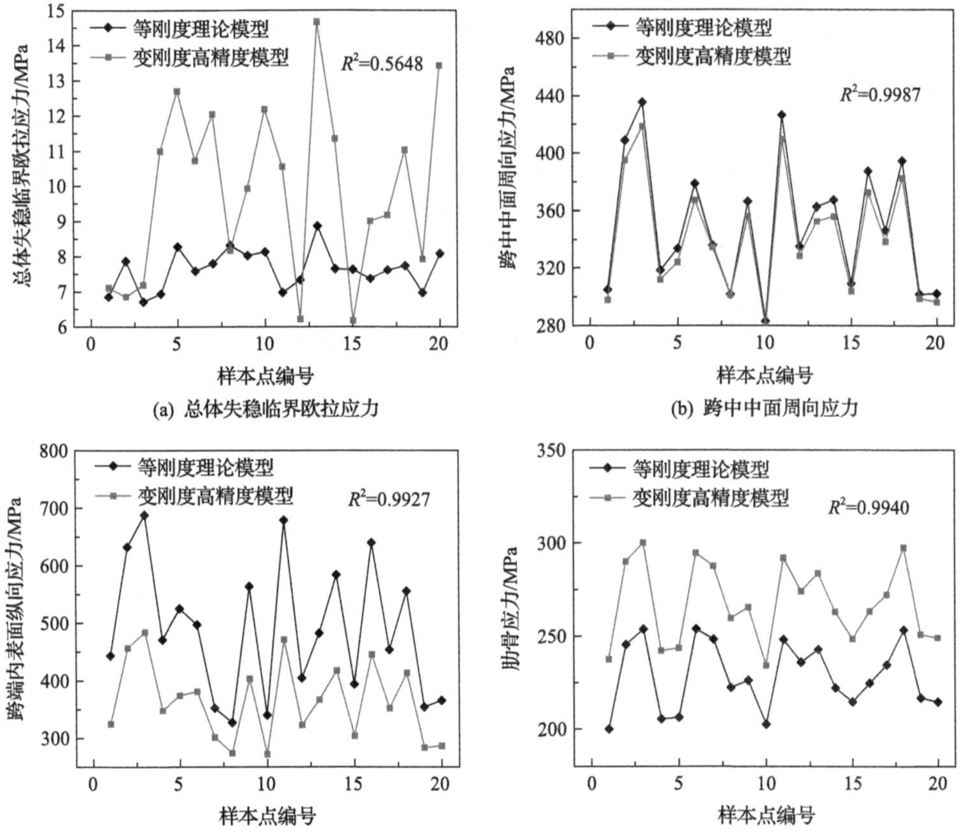

(a) 总体失稳临界欧拉应力　(b) 跨中中面周向应力
(c) 跨端内表面纵向应力　(d) 肋骨应力

图 9.9　等刚度理论模型和变刚度高精度模型各关键性能指标取值情况

高精度模型能够有较好的相关性，相关系数 R^2 取值分别为 0.9987 、0.9927 、0.9940，然而等刚度理论模型在总体失稳临界欧拉应力上和变刚度高精度模型之间的相关性较差，相关系数 R^2 取值为 0.5648。下面重点讨论将等刚度理论模型作为低精度模型时，不同变可信度近似模型关键指标的预测情况。

1. 跨中中面周向应力变可信度近似模型预测

选择前述提出的三种变可信度近似模型(DFM-Kriging 模型、KOH 模型、HK 模型)在设计空间中通过优化拉丁超立方试验抽取 100 个高精度样本点。由于等刚度理论模型的计算相对于变刚度高精度模型可以认为完全不耗时，因此分别在设计空间中抽取 100、200、300、400、500 个低精度样本点，并且讨论在不同低精度样本点搭配下不同变可信度近似模型的精度变化情况。为了验证不同变可信度近似模型的精度，额外在设计空间中随机抽取 100 个高精度样本点并计算其响应值。采用一个局部精度指标 MAE 和三个全局精度指标 MSE、RMSE 和 R^2 来验证变可信度近似模型精度。

图 9.10 为四个指标随低精度样本点数量变化情况。从图 9.10(a)可以看出，对于局部精度 MAE，KOH 模型在所有低精度样本点数量下都明显小于 DFM-Kriging 模型和 HK 模型。对于三个全局精度指标，如图 9.10(b)～(d)所示，KOH 模型也明显优于 DFM-Kriging 模型和 HK 模型。这说明在高精度样本点数量为 100 时，搭配等刚度理论模型，KOH 模型在跨中中面周向应力的局部预测和全局预测性能都要优于 DFM-Kriging 模型和 HK 模型。而 DFM-Kriging 模型和 HK 模型局部和全局精度指标基本相当，整体来说 HK 模型精度指标要略优于 DFM-Kriging 模型精度。

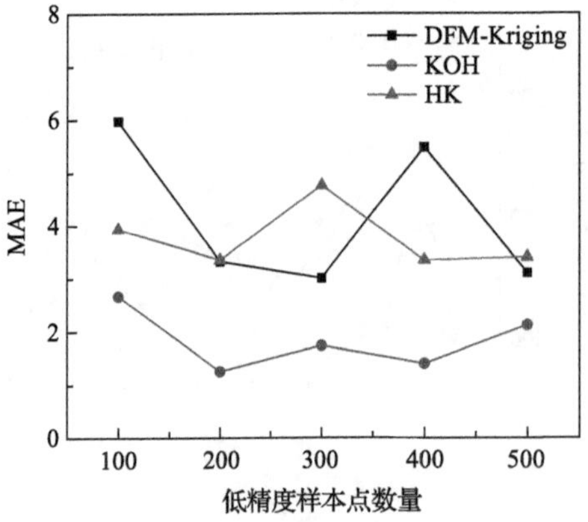

(a) MAE

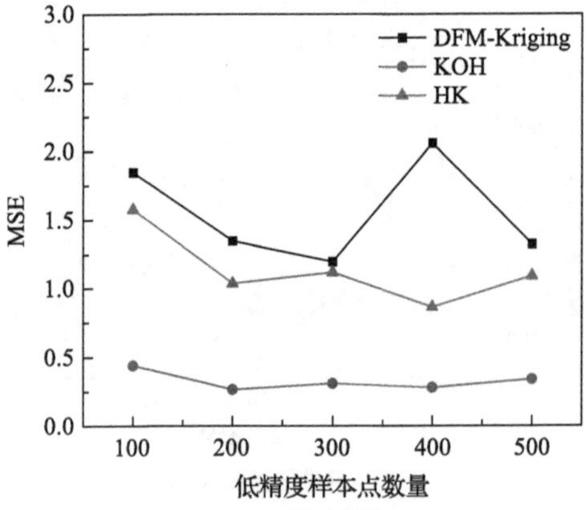

(b) MSE

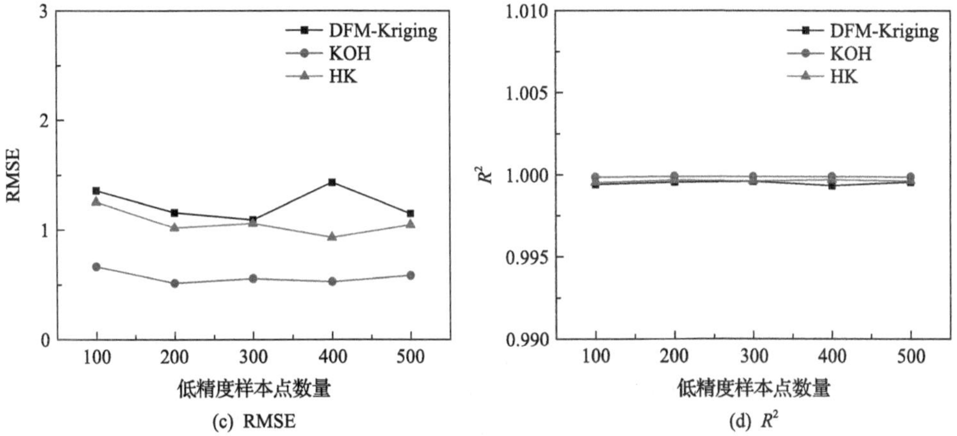

图 9.10　跨中中面周向应力各变可信度近似模型预测精度指标随低精度样本点数量变化情况

值得一提的是，三个变可信度近似模型对于跨中中面周向应力的预测随着低精度样本点的增加并没有呈现出一定的规律性。总体来说，KOH 模型局部精度随着低精度样本点的变化仍有略微波动，而全局精度基本不受低精度样本点数量的影响，基本已经达到收敛。对于 DFM-Kriging 模型和 HK 模型，不管是局部还是全局精度在低精度样本点数量发生变化时仍然有较大波动。

为了进一步探究 100 个高精度样本点是否已经足够使变可信度近似模型精度收敛，固定低精度样本点数量为 500，然后依次改变高精度样本点的数量，记录各精度指标的变化情况，如图 9.11 所示。从图中可以发现，随着高精度样本点数量的增加，三个变可信度近似模型的精度都明显提升，这说明当低精度样本点数量为 500 时，高精度样本点数量成为控制变可信度近似模型预测精度的主要因素。

具体分析三个变可信度近似模型对于跨中中面周向应力的预测精度，如图 9.11 (a) 所示，KOH 模型在初始只有 10 个高精度样本点时 MAE 取值约为 11，明显大于 DFM-Kriging 模型和 HK 模型约为 6.5 的取值。随着高精度样本点的增加，KOH 模型的局部精度提升很明显，当高精度样本点取值为 20～60 时，三种变可信度近似模型局部误差取值基本相当，但 KOH 模型略优于 DFM-Kriging 模型和 HK 模型。当高精度样本点数量取值为 60～100 时，KOH 模型局部精度明显优于 DFM-Kriging 模型和 HK 模型。对于 DFM-Kriging 模型和 HK 模型，当高精度样本点数量为 10～50 时，DFM-Kriging 模型局部精度略优于 HK 模型；当高精度样本点数量为 50～100 时，HK 模型精度略优于 DFM-Kriging 模型。对于三个模型全局精度，三个精度指标 MSE、RMSE 和 R^2 取值随高精度样本点数量变化如图 9.11 (b) ～ (d) 所示。整体来讲全局精度变化规律和局部精度变化规律基本一致。需要指出的是，当高精度样本点数量为 10 时，HK 模型的三项全局精度指标略优于 DFM-Kriging 模型的三项全局精度指标。

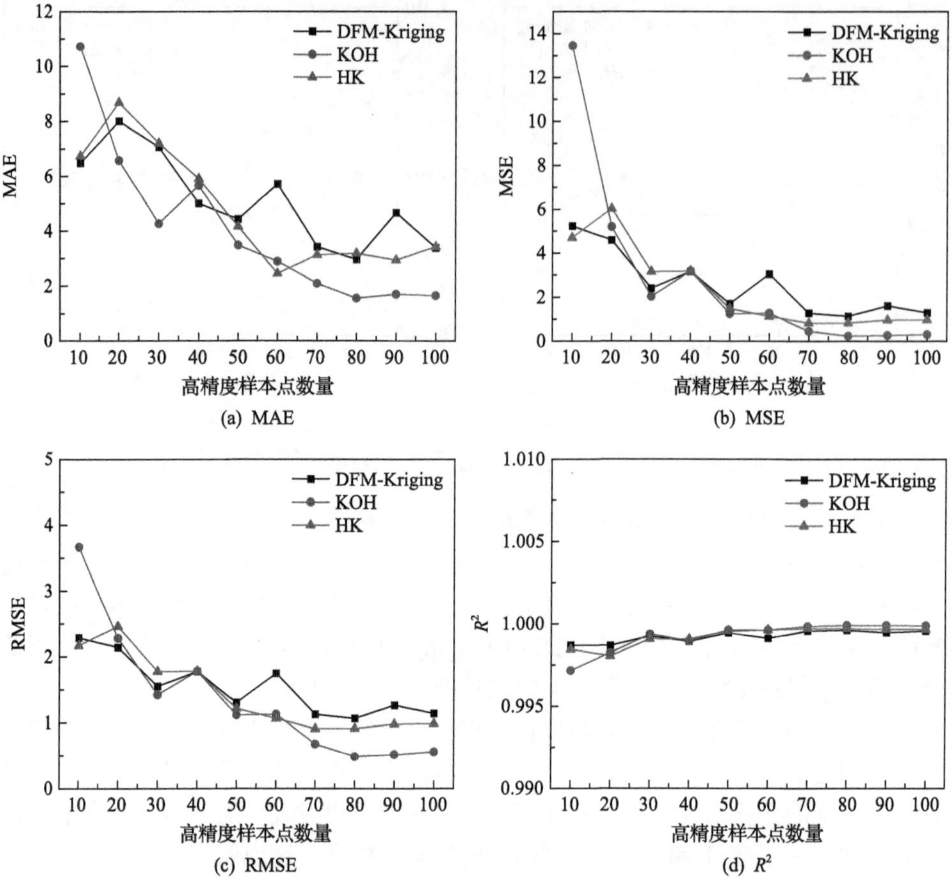

图 9.11　跨中中面周向应力各变可信度近似模型预测精度指标随高精度样本点数量变化情况

综合分析三个变可信度近似模型局部和全局精度随着高精度样本点数量变化，可以发现对于跨中中面周向应力，当高精度样本点数量到达 80 时，三个变可信度近似模型的精度基本达到收敛。在精度收敛后，KOH 模型精度明显优于 DFM-Kriging 模型和 HK 模型。

2. 跨端内表面纵向应力变可信度近似模型预测

对于跨端内表面纵向应力变可信度近似模型预测，同样首先在设计空间中分别抽取不同数量的低精度样本点，搭配 100 个高精度样本点建立变可信度近似模型。三个变可信度近似模型预测精度随低精度样本点数量变化如图 9.12 所示。

从图 9.12 中可以看出，对于局部精度指标，KOH 模型在所有低精度样本点数量下都明显小于 DFM-Kriging 模型和 HK 模型。KOH 模型对于跨端内表面纵向应力在高精度样本点数量为 100 时，MSE 取值接近 0，且低精度样本点数量变化

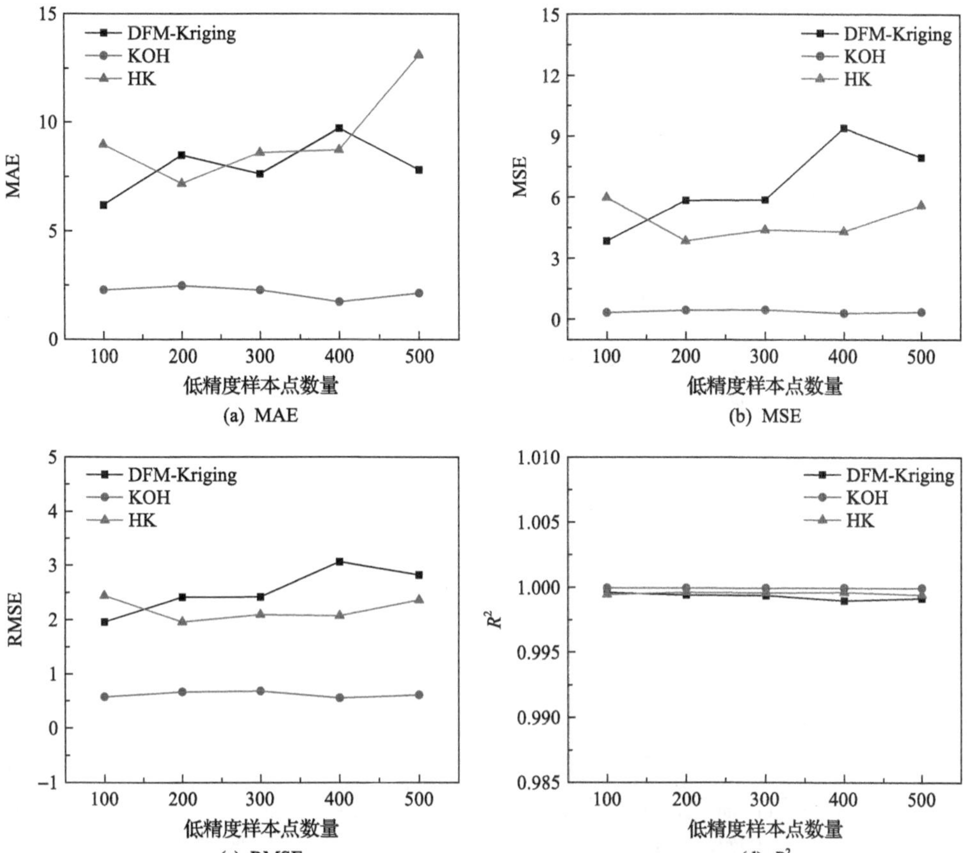

(a) MAE

(b) MSE

(c) RMSE

(d) R^2

图 9.12　跨端内表面纵向应力各变可信度近似模型预测精度指标随低精度样本点数量变化情况

对于 KOH 模型精度变化不明显。DFM-Kriging 模型和 HK 模型的 MAE 取值稍大于 KOH 模型，且随着低精度样本点数量变化，MAE 取值出现一定波动。对于三个全局精度指标，如图 9.12(b)～(d)所示，KOH 模型的取值也明显优于 DFM-Kriging 模型和 HK 模型。且随着低精度样本点数量变化，KOH 模型三个全局精度指标取值基本不变。对于 DFM-Kriging 模型和 HK 模型，其取值明显劣于 KOH 模型。随着低精度样本点数量的增加，DFM-Kriging 模型和 HK 模型全局精度指标会产生一定波动。具体来说，DFM-Kriging 模型全局精度指标先上升，然后略微下降；HK 模型全局精度指标则先下降，然后逐渐上升。但是总体来讲，两种模型精度指标变化幅度较小。

为了探究高精度样本点数量对于三种变可信度近似模型预测精度的影响，同样地固定低精度样本点数量为 500，逐步改变高精度样本点的数量，并且相应的四个精度指标取值变化情况如图 9.13 所示。

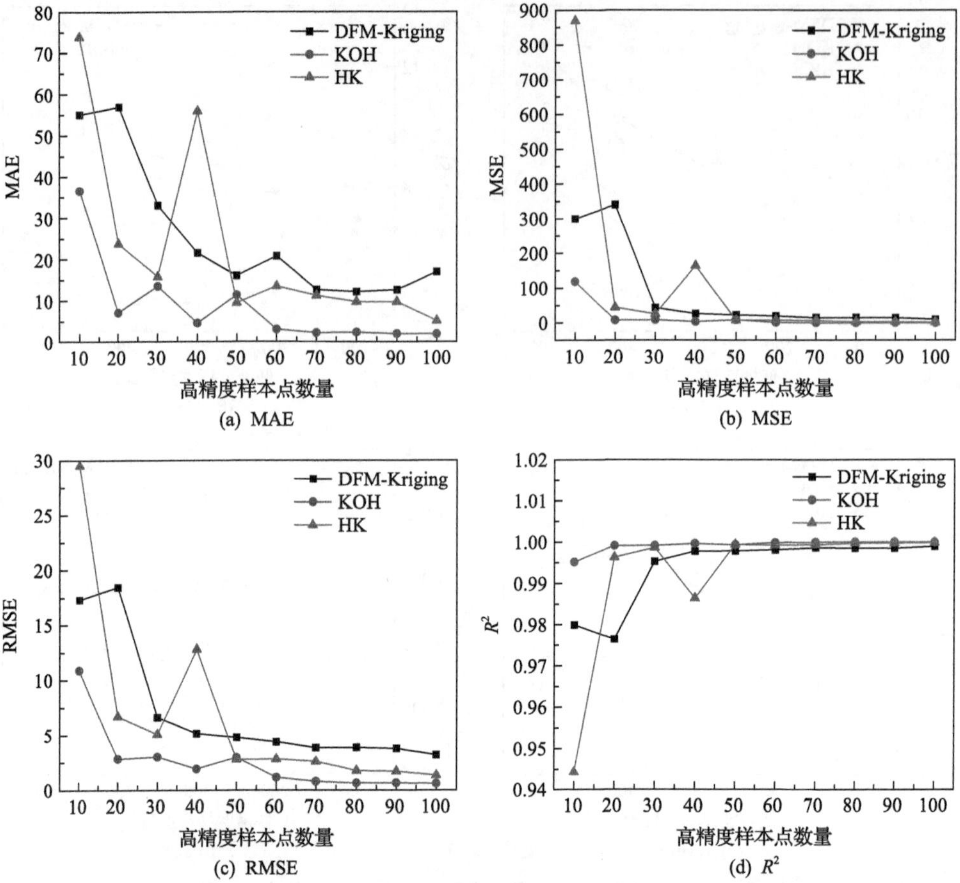

图 9.13　跨端内表面纵向应力各变可信度近似模型预测精度指标随高精度样本点数量变化情况

从图 9.13 中可以看出，对于跨端内表面纵向应力而言，三种变可信度近似模型的局部和全局精度指标受高精度样本点数量的影响较大。具体来说，三个变可信度近似模型在初始高精度样本点为 10 时，MAE 取值超过 30，而 MSE 取值超过 100(HK 模型超过 1000)。这说明当高精度样本点数量较少时，三种变可信度近似模型对于跨端内表面周向应力的预测极为不可靠。随着高精度样本点数量的增加，三种变可信度近似模型局部和全局精度指标都有明显提升。当高精度样本点数量达到 70 时，三种变可信度近似模型在局部和全局精度指标都达到较高水平，并且精度基本收敛。

仔细对比三个变可信度近似模型的预测情况，可以发现 KOH 模型不管在局部还是全局精度指标方面都优于 DFM-Kriging 模型和 HK 模型(需要指出，当高精度样本点数量为 50 时，KOH 模型预测精度稍差于 HK 模型)。KOH 模型和 DFM-Kriging 模型随着高精度样本点数量的增加，精度指标提升较为明显，且能够较快达到收敛。KOH 模型基本在高精度样本点数量大于 20 之后，全局精度指标变化较缓慢；DFM-Kriging 模型在高精度样本点数量大于 30 之后，全局精度变化基本收敛。但是 HK 模型精度在高精度样本点在 10～50 时变化仍然很剧烈。

3. 肋骨应力变可信度近似模型预测

对于肋骨应力变可信度近似模型预测，同样首先在设计空间中分别抽取不同数量的低精度样本点，搭配 100 个高精度样本点建立变可信度近似模型。三个变可信度近似模型预测精度指标随低精度样本点数量变化如图 9.14 所示。

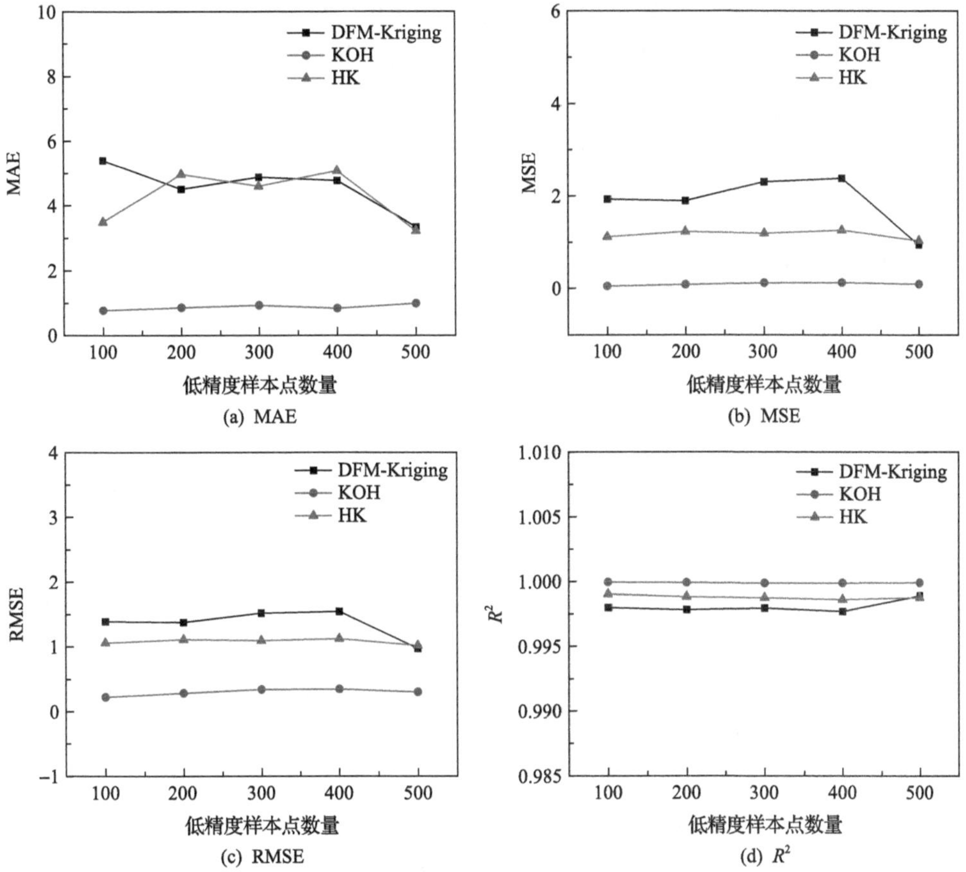

图 9.14　肋骨应力各变可信度近似模型预测精度指标随低精度样本点数量变化情况

从图 9.14 中可以看出，对于局部精度指标，KOH 模型在几乎所有低精度样本点数量下精度指标都明显小于 DFM-Kriging 模型和 HK 模型。在高精度样本点数量为 100 时，KOH 模型 MSE 取值接近 0，且低精度样本点数量变化对于 KOH 模型精度指标变化不明显。DFM-Kriging 模型和 HK 模型的 MAE 取值相当，且随着低精度样本点数量变化，MAE 取值出现一定波动。对于三个全局精度指标而言，如图 9.14(b)～(d)所示，KOH 模型的取值也明显小于 DFM-Kriging 模型和 HK 模型。随着低精度样本点数量变化，KOH 模型三个全局精度指标取值基本不变。对于 DFM-Kriging 模型和 HK 模型，其取值明显劣于 KOH 模型。随着低精度样本点数量的增加，DFM-Kriging 模型和 HK 模型全局精度指标会产生一定波动。具体来说，DFM-Kriging 模型全局精度指标随着低精度样本点数量上升先上升，然后略微下降；HK 模型全局精度指标则对于低精度样本点数量不敏感，精度基本收敛。

下面为了探究高精度样本点数量对于三种变可信度近似模型预测精度指标的影响，同样地固定低精度样本点数量为 500，逐步改变高精度样本点的数量，并且相应的四个精度指标取值变化情况如图 9.15 所示。

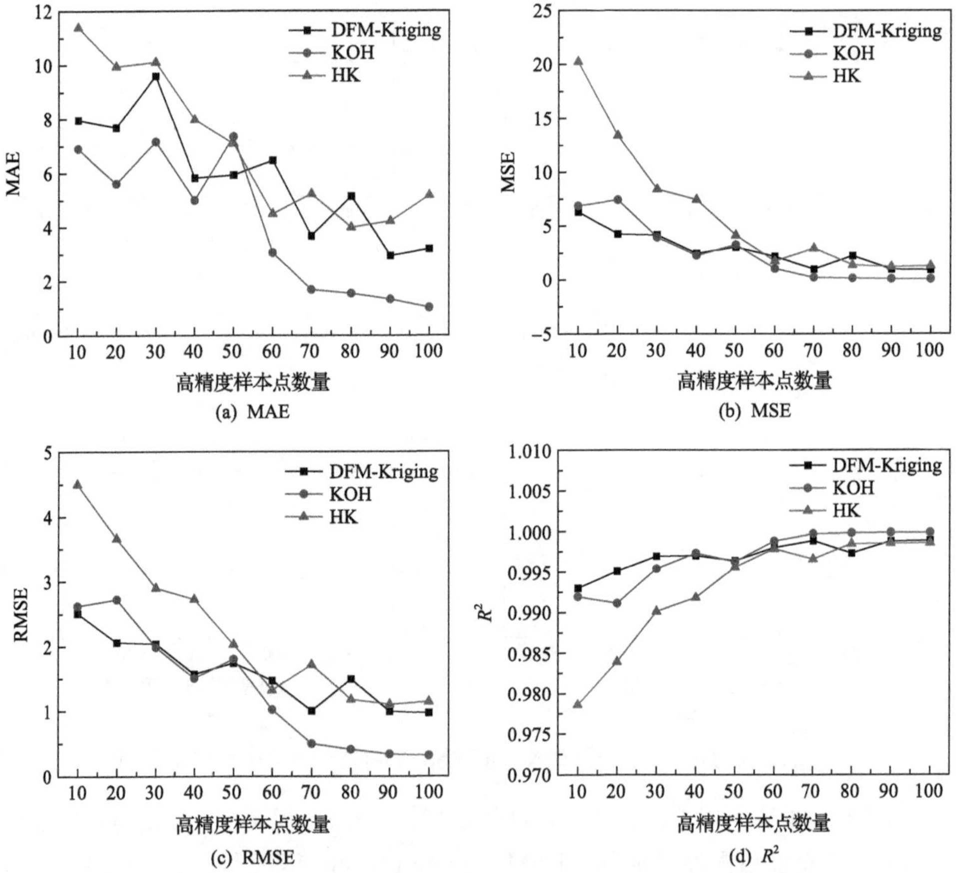

图 9.15　肋骨应力各变可信度近似模型预测精度指标随高精度样本点数量变化情况

从图 9.15 中可以看出，肋骨应力各变可信度近似模型的预测情况受高精度样本点数量的影响很大，即随着高精度样本点数量的增加，四个精度指标的变化都较为明显。如图 9.15(a)所示，三个变可信度近似模型的 MAE 取值随着高精度样本点数量的增多有一定波动但是总体下降较为明显。总体而言，KOH 模型的 MAE 取值要小于 DFM-Kriging 和 HK 模型的取值。对于 DFM-Kriging 模型和 HK 模型，在高精度样本点数量小于 50 时，DFM-Kriging 模型 MAE 取值小于 HK 模型；当高精度样本点数大于 50 时，DFM-Kriging 模型和 HK 模型 MAE 取值总体趋势下降，且取值交替领先。对于全局精度指标而言，当高精度样本点数量为 10～50 时，DFM-Kriging 模型精度指标和 KOH 模型相当，但是在高精度样本点数量大于 50 之后，DFM-Kriging 模型全局精度指标趋于收敛，而 KOH 模型全局精度指标能够进一步提高。最终，KOH 模型全局精度指标是三个变可信度近似模型之中最优的。对于 HK 模型，在高精度样本点数量少于 50 时，其全局精度指标明显劣于 DFM- Kriging 模型和 KOH 模型，但是 HK 模型精度指标随着高精度样本点数量的增加，最终收敛时的全局精度指标和 DFM-Kriging 模型全局精度指标相当。

4. 总体失稳临界欧拉应力变可信度近似模型预测

对于总体失稳临界欧拉应力，三个变可信度近似模型预测精度随低精度样本点数量变化如图 9.16 所示。

从图 9.16 中可以看出，对于局部精度指标而言，HK 模型在所有低精度样本点数量下都明显小于 DFM-Kriging 模型和 KOH 模型。HK 模型对于总体失稳临界欧拉应力在高精度样本点数量为 100 时，MAE 取值接近 0，且低精度样本点数量变化对于 HK 模型精度指标影响不明显。DFM-Kriging 模型的 MAE 取值小于 KOH 模型，且其取值随着低精度样本点数量变化在 0.5～0.6 波动。而 KOH 模型的局部精度指标 MAE 取值是三个模型之中最大的，基本稳定在 0.7 左右。对于三个全局精度指标而言，如图 9.16(b)～(d)所示，KOH 模型成为表现最好的变可信度

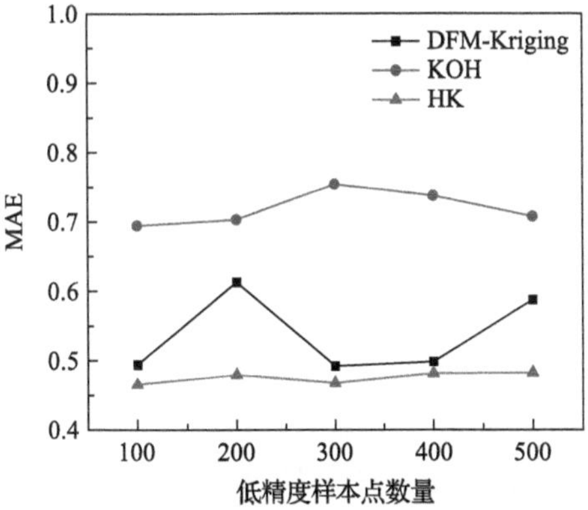

(a) MAE

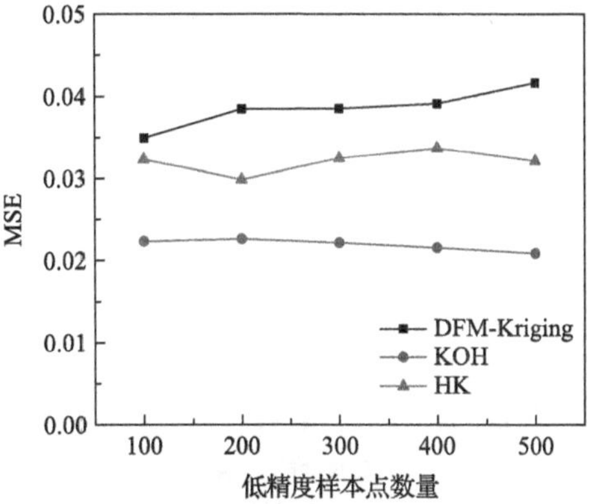

(b) MSE

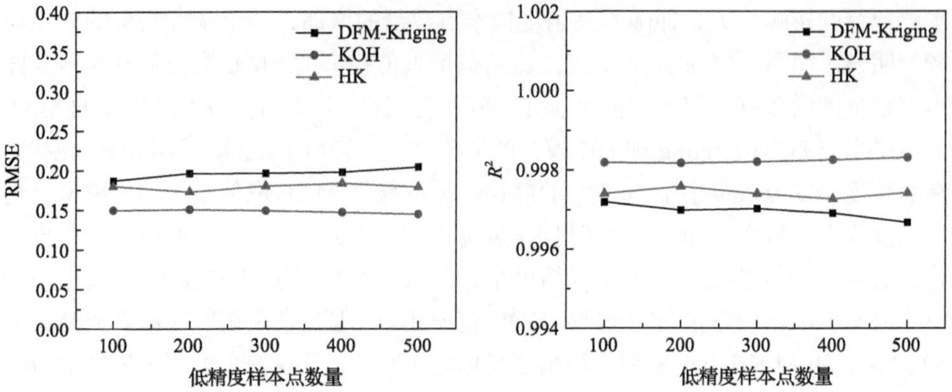

(c) RMSE　　(d) R^2

图 9.16　总体失稳临界欧拉应力各变可信度近似模型预测精度随低精度样本点数量变化情况

近似模型，取值上都明显优于 DFM-Kriging 模型和 HK 模型。HK 模型的全局精度指标要优于 DFM-Kriging 模型。随着低精度样本点数量的增加，三个变可信度近似模型的全局精度指标变化不明显，说明在高精度样本点数量为 100 时，三个变可信度近似模型的精度指标基本收敛。

同样地固定低精度样本点数量为 500，逐步改变高精度样本点的数量，以探究高精度样本点数量变化对于模型精度指标影响。四个精度指标取值变化情况如图 9.17 所示。

从图 9.17(a) 中可以看出，随着高精度样本点数量的增加，变可信度近似模型的 MAE 取值有一定波动但是总体下降较为明显。其中，当高精度样本点数量小于 60 时，KOH 模型是总体上表现最好的变可信度近似模型；当高精度样本点数量大于 60 时，HK 模型是表现最优的变可信度近似模型。DFM-Kriging 模型指标随着高精度样本点数量的增加，MAE 取值总体下降但是波动较大。对于全局精度

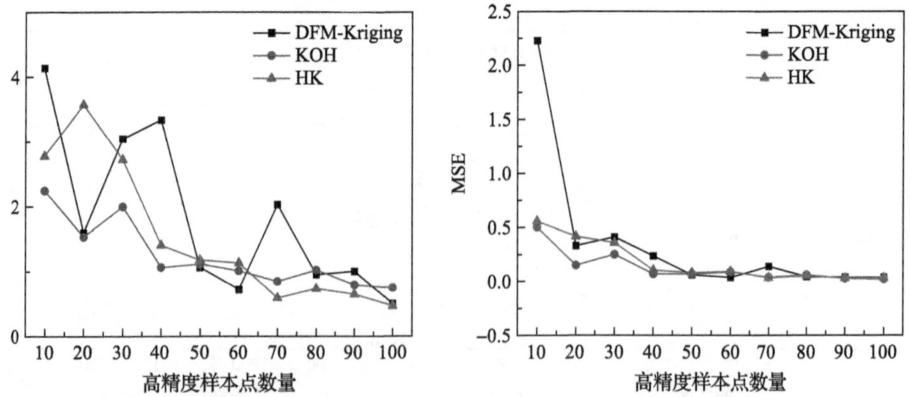

(a) MAE　　(b) MSE

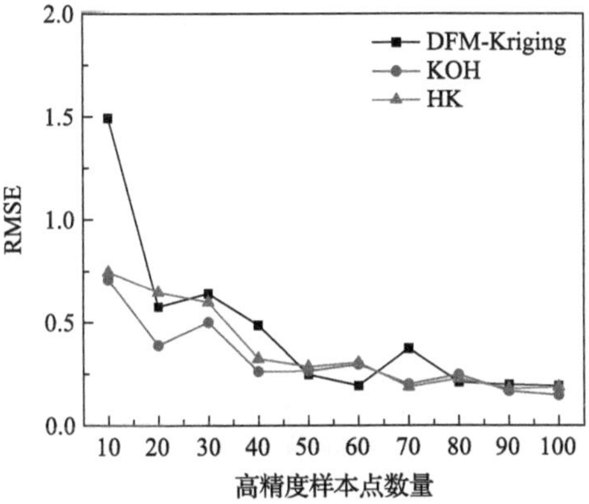

(c) RMSE

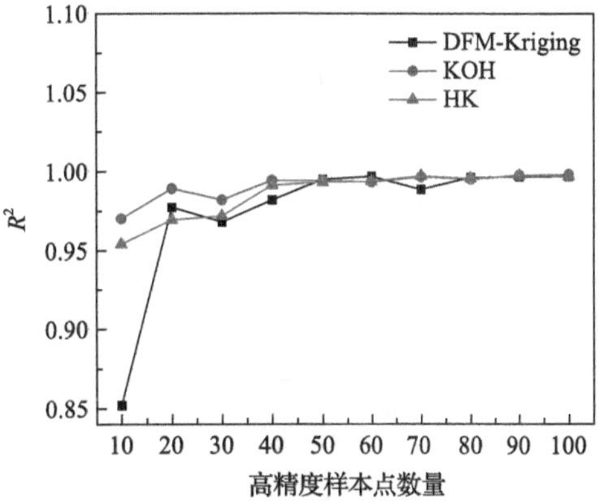

(d) R^2

图 9.17　总体稳定性失稳特征值各变可信度近似模型预测精度指标随高精度样本点数量变化情况

指标而言，当高精度样本点数量为 10～50 时，KOH 模型在三个全局精度指标的表现略优于 HK 模型，HK 模型略优于 DFM-Kriging 模型(需要指出的是，当高精度样本点数量为 10 时，DFM-Kriging 模型全局精度指标明显劣于其他两个变可信度近似模型)。在高精度样本点数量大于 50 之后，三个变可信度近似模型的全局精度指标基本相当，且基本达到收敛。

9.3.2　基于变刚度有限元粗网格模型的变可信度近似模型

在 9.3.1 节中，基于等刚度理论模型讨论了三个变可信度近似模型精度指标受高/低精度样本点数量变化的情况。经过分析，当高精度样本点数量足够时，低精度样本点数量对于变可信度近似模型精度影响不明显。本节综合 9.3.1 节结论，取高精度样本点数量为 80，低精度样本点数量为 200 来讨论基于变刚度有限元粗网格低精度模型的预测情况。该模型强度和总体稳定性粗网格划分情况如表 9.4 所示。

表 9.4　强度和总体稳定性粗网格划分情况

关键指标	计算分析模型	周向份数	肋骨间距份数	肋骨高度份数(所有肋骨)	网格数	计算时间/s
强度	高精度模型	500	20	8	206464	89.63
	低精度模型	100	5	2	56992	7.84
稳定性	高精度模型	300	2	2	35416	41.33
	低精度模型	80	1	1	2848	7.40

结合表 9.4 可知，对于强度分析而言，计算一个高精度样本点的时间，足够

计算约 11.4 个低精度样本。对于稳定性分析而言，计算一个高精度样本点的时间，足够计算约 5.6 个低精度样本点。为了验证变刚度加筋圆柱壳高/低精度模型数据在关键性能指标的相关性情况，在设计空间中随机产生 20 个样本点计算对应高/低精度模型性能取值，如图 9.18 所示。可以看出，低精度模型在三个强度关键指标上和总体稳定性上的取值几乎和变刚度高精度模型取值一致。经计算，四个关键性能指标的相关性 R^2 取值分别为 0.9980 、 0.9987 、 0.9997 、 0.9992 。

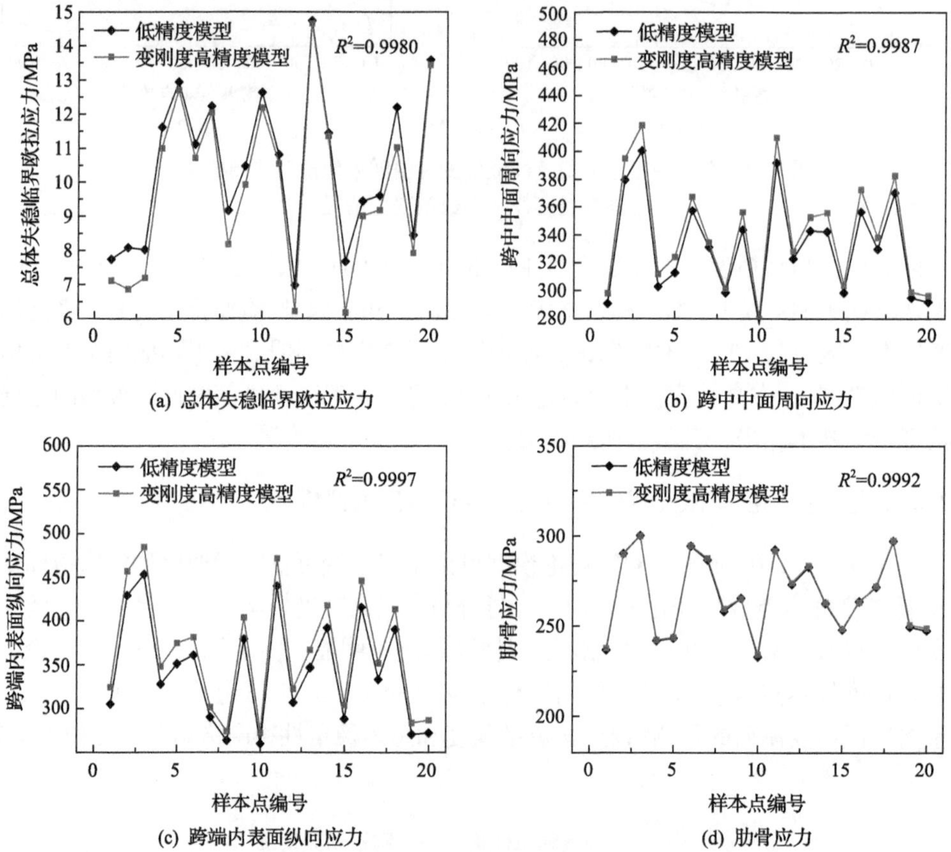

图 9.18　低精度模型和变刚度高精度模型各关键性能指标取值情况

1. 跨中中面周向应力变可信度近似模型预测

在本节中，从两个方面来探讨基于变刚度有限元粗网格模型的变可信度近似模型跨中中面周向应力的预测情况：①探讨在等样本点数量下，基于等刚度理论模型的变可信度近似模型和基于变刚度有限元粗网格模型的变可信度近似模型的精度情况；②探讨在等计算资源下，基于等刚度理论模型的变可信度近似模型和基于变刚度有限元粗网格模型的变可信度近似模型的精度情况。关于跨中中面周向应力三个变可信度近似模型在以上两种情况下的计算结果如表 9.5 所示。在表 9.5 中，每种变可信度近似模型前两种计算方案(80+200)为等样本点数量的基于等刚度理论模型和基于变刚度有限元粗网格模型的计算结果，第三种计算方案(98+200)为与基于变刚度有限元粗网格模型计算方案等计算资源下的计算结果。从表 9.5 中可以看出，在基于变刚度有限元粗网格模型的计算方案下，KOH 模型的预测精度明显优于 DFM-Kriging 模型和 HK 模型，且 DFM-Kriging 模型不管在局部还是全局精度指标下都优于 HK 模型。

表 9.5　跨中中面周向应力基于变刚度有限元粗网格模型对比结果

模型	样本点方案	MAE	MSE	RMSE	R^2
DFM-Kriging	80+200(解析模型)	4.1875	1.9223	1.3865	0.9994
	80+200(粗网格)	**3.3328**	**0.5213**	**0.7220**	**0.9998**
	98+200(解析模型)	3.7761	1.7139	1.3091	0.9994
KOH	80+200(解析模型)	2.9456	0.7907	0.8892	0.9997
	80+200(粗网格)	**1.4109**	**0.1540**	**0.3925**	**0.9999**
	98+200(解析模型)	1.6971	0.2136	0.4622	**0.9999**
HK	80+200(解析模型)	6.8655	2.9051	1.7044	0.9992
	80+200(粗网格)	5.2320	2.4744	1.5730	0.9992
	98+200(解析模型)	**4.4482**	**2.2323**	**1.4941**	**0.9993**

比较在相同样本点下，三个变可信度近似模型在不同低精度模型下的计算结果可以发现，三个变可信度近似模型结合变刚度有限元粗网格模型时，不管是局部还是全局精度指标都优于结合等刚度理论模型的预测。该结果符合对于跨中中面周向应力不同模型相关性分析结果，即变可信度近似模型在相同样本点设置下，结合相关性更优的低精度模型能够得到更好的预测结果。

比较在相同计算资源下三个变可信度近似模型的计算结果可以发现，在进行强度分析时，200 个变刚度有限元粗网格模型样本点的计算时间可以计算 18 个高精度样本点。倘若将这部分计算资源结合等刚度理论模型进行变可信度近似建模，三个变可信度近似模型的局部和全局精度指标都会得到一定程度的提升。但是，值得一提的是，在这种情况下对于跨中中面周向应力的预测精度仍然不如等计算资源下结合变刚度有限元粗网格模型的变可信度近似模型的预测精度。结果表明，变刚度有限元粗网格模型对于变可信度近似模型的精度提升作用更大。

2. 跨端内表面纵向应力变可信度近似模型预测

同样地，本节对于跨端内表面纵向应力的结果分析工况设置和 9.3.1 节中保持一致，计算结果如表 9.6 所示。可以看出，在基于变刚度有限元粗网格模型的计算方案下，KOH 模型的预测精度明显优于 DFM-Kriging 模型和 HK 模型，且 DFM-Kriging 模型不管在局部还是全局精度指标下都优于 HK 模型。在相同样本点下，三个变可信度近似模型局部和全局精度指标变化规律基本和跨中中面周向应力规律一致。比较在相同计算资源下三个变可信度近似模型的计算结果仍然可以发现，变刚度有限元粗网格模型对于变可信度近似模型的精度提升作用大于等刚度理论分析模型。

表 9.6 跨端内表面纵向应力基于变刚度有限元粗网格模型对比结果

模型	样本点方案	MAE	MSE	RMSE	R^2
DFM-Kriging	80+200（解析模型）	9.9306	10.8122	3.2882	0.9989
	80+200（粗网格）	**4.3604**	**1.5097**	**1.2287**	**0.9999**
	98+200（解析模型）	8.9229	7.1487	2.6737	0.9993
KOH	80+200（解析模型）	2.0602	0.4268	0.6533	**1.0000**
	80+200（粗网格）	**0.7639**	**0.0640**	**0.2530**	**1.0000**
	98+200（解析模型）	1.9129	0.2726	0.5221	**1.0000**
HK	80+200（解析模型）	13.5073	10.7302	3.2757	0.9990
	80+200（粗网格）	**9.7136**	**4.8395**	**2.1999**	**0.9995**
	98+200（解析模型）	9.8933	7.6595	2.7676	0.9992

3. 肋骨应力变可信度近似模型预测

本节对于肋骨应力的结果分析工况设置和 9.3.1 节中保持一致，计算结果如表 9.7 所示。从表 9.7 中可以看出，在基于变刚度有限元粗网格模型的计算方案下，KOH 模型的预测精度明显优于 DFM-Kriging 模型和 HK 模型，且 DFM-Kriging 模型不管在局部还是全局精度指标下都优于 HK 模型。在相同样本点下，三个变可信度近似模型局部和全局精度指标变化规律基本和跨中中面周向应力规律一致。比较在相同计算资源下三个变可信度近似模型的计算结果仍然可以发现，变刚度有限元粗网格模型对于变可信度近似模型的精度指标提升作用大于等刚度理论分析模型。

表 9.7 肋骨应力基于变刚度有限元粗网格模型对比结果

模型	样本点方案	MAE	MSE	RMSE	R^2
DFM-Kriging	80+200(解析模型)	4.5755	2.0121	1.4185	0.9976
	80+200(粗网格)	**1.7366**	**0.2272**	**0.4766**	**0.9997**
	98+200(解析模型)	4.0269	1.6685	1.2917	0.9981
KOH	80+200(解析模型)	1.5671	0.1604	0.4005	0.9998
	80+200(粗网格)	**0.2771**	**0.0070**	**0.0836**	**1.0000**
	98+200(解析模型)	1.5331	0.1563	0.3954	0.9998
HK	80+200(解析模型)	5.0433	2.3608	1.5365	0.9972
	80+200(粗网格)	**2.6461**	**0.7508**	**0.8665**	**0.9992**
	98+200(解析模型)	6.0090	2.6075	1.6148	0.9973

4. 总体失稳临界欧拉应力变可信度近似模型预测

同样地，本节对于总体失稳临界欧拉应力的结果分析工况设置和 9.3.1 节中保持一致，计算结果如表 9.8 所示。

表 9.8 肋骨应力基于变刚度有限元粗网格模型对比结果

模型	样本点方案	MAE	MSE	RMSE	R^2
DFM-Kriging	80+200(解析模型)	1.1895	0.0601	0.2451	0.9953
	80+200(粗网格)	**0.7470**	**0.0231**	**0.1521**	**0.9981**
	108+200(解析模型)	0.8847	0.0338	0.1838	0.9973
KOH	80+200(解析模型)	1.3303	0.0722	0.2686	0.9946
	80+200(粗网格)	**0.5235**	**0.0180**	**0.1340**	**0.9985**
	108+200(解析模型)	0.8101	0.0378	0.1944	0.9972
HK	80+200(解析模型)	1.5965	0.0774	0.2782	0.9939
	80+200(粗网格)	1.0334	0.0439	0.2096	0.9965
	108+200(解析模型)	**0.8555**	**0.0405**	**0.2012**	**0.9967**

对于总体失稳临界欧拉应力进行计算时，一个高精度样本点可以计算约 5.6 个变刚度有限元粗网格的低精度样本点。因此，为了保持和结合变刚度有限元粗网格模型相同的计算资源，结合等刚度理论模型的计算方案需要计算约 108 个高精度样本点。从表 9.8 可以看出，在基于变刚度有限元粗网格模型的计算方案下，KOH 模型的预测精度明显优于 DFM-Kriging 模型和 HK 模型，且 DFM-Kriging

模型不管在局部还是全局精度指标下都优于 HK 模型。对于总体稳定性建模，在相同计算资源下，结合等刚度理论模型的 HK 模型预测精度略大于结合变刚度有限元粗网格模型的 HK 模型预测精度。也就是说，对于总体稳定性而言，DFM-Kriging 模型和 KOH 模型在相同计算资源下，变刚度有限元粗网格模型带来的增益大于等刚度理论模型，而 HK 模型规律与此相反。

参 考 文 献

[1] 许辑平, 等. 潜艇强度[M]. 北京: 国防工业出版社, 1980.

[2] 程妍雪. 基于非均匀加肋理论的耐压壳优化设计[D]. 哈尔滨: 哈尔滨工程大学, 2012.

[3] 陈美霞, 徐鑫彤, 魏建辉, 等. 非均匀圆柱壳振动及声辐射特性优化设计[J]. 船舶力学, 2013, 17(S1): 164-170.

[4] 艾海峰, 陈志坚. 非均匀加筋圆柱薄壳圆截面内振动的径向模态机械阻抗分析[J]. 工程力学, 2012, 29(6): 332-337, 345.

[5] Yi J, Liu J, Cheng Y. A fast forecast method based on high and low fidelity surrogate models for strength and stability of stiffened cylindrical shell with variable ribs[C]. 2018 IEEE 8th International Conference on Underwater System Technology: Theory and Applications, Wuhan, 2018: 1-6.

[6] Yi J X, Zhou Q, Cheng Y S, et al. Efficient adaptive Kriging-based reliability analysis combining new learning function and error-based stopping criterion[J]. Structural and Multidisciplinary Optimization, 2020, 62(5): 2517- 2536.